SICHUANSHENG GONGCHENG JIANSHE BIAOZHUN SHEJI

四川省工程建设标准设计

四川省装配式混凝土结构公共建筑设计示例

四川省建筑标准设计办公室

图集号 川2017G127-TY

微信扫描上方二维码，
获取更多数字资源

西南交通大学出版社
·成都·

图书在版编目（CIP）数据

四川省装配式混凝土结构公共建筑设计示例／中国建筑西南设计研究院有限公司主编. —成都：西南交通大学出版社，2018.4

ISBN 978-7-5643-6160-0

Ⅰ. ①四… Ⅱ. ①中… Ⅲ. ①装配式混凝土结构 – 公共建筑 – 建筑设计 – 作品集 – 四川　Ⅳ. ①TU242

中国版本图书馆 CIP 数据核字（2018）第 075168 号

责 任 编 辑　　姜锡伟

封 面 设 计　　何东琳设计工作室

四川省装配式混凝土结构公共建筑设计示例

主编　中国建筑西南设计研究院有限公司

出 版 发 行	西南交通大学出版社 （四川省成都市二环路北一段 111 号 西南交通大学创新大厦 21 楼）
发 行 部 电 话	028-87600564　028-87600533
邮 政 编 码	610031
网　　　址	http://www.xnjdcbs.com
印　　　刷	四川森林印务有限责任公司
成 品 尺 寸	370 mm × 260 mm
印　　　张	21.5
字　　　数	535 千
版　　　次	2018 年 4 月第 1 版
印　　　次	2018 年 4 月第 1 次
书　　　号	ISBN 978-7-5643-6160-0
定　　　价	159.00 元

四川省住房和城乡建设厅

川建标发〔2017〕896号

四川省住房和城乡建设厅关于发布《四川省装配式混凝土结构公共建筑设计示例》为省建筑标准设计通用图集的通知

各市（州）及扩权试点县（市）住房城乡建设行政主管部门：

由四川省建筑标准设计办公室组织、中国建筑西南设计研究院有限公司主编的《四川省装配式混凝土结构公共建筑设计示例》，经审查通过，现批准为四川省建筑标准设计通用图集，图集编号为川2017G127-TY，自2018年3月1日起施行。

该图集由四川省住房和城乡建设厅负责管理，中国建筑西南设计研究院有限公司负责具体解释工作，四川省建筑标准设计办公室负责出版、发行工作。

特此通知。

四川省住房和城乡建设厅

2017 年 11 月 30 日

《四川省装配式混凝土结构公共建筑设计示例》

编审人员名单

主 编 单 位　中国建筑西南设计研究院有限公司

编制组负责人　李　峰　毕　琼
编 制 组 成 员　徐建兵　李　波　革　非　佘　龙　邓世斌　李　慧　朱　瑞
　　　　　　　倪先茂　王　周　李　浩　雷　雨　董　博　朱海军　赵建朋
　　　　　　　叶　琦　冯领军　陈建隆　王　蕾　钱成功　卿　菁

审 查 组 长　张　瀑
审 查 组 成 员　贺　刚　傅　宇　王家良　黄　洲　罗　于　冯身强
参 编 单 位　成都上筑建材有限公司
　　　　　　　北砼科技（北京）有限公司
　　　　　　　广州集泰化工股份有限公司

四川省装配式混凝土结构公共建筑设计示例

批准部门： 四川省住房和城乡建设厅 　　　　**批准文号：** 川建标发〔2017〕896号

主编单位： 中国建筑西南设计研究院有限公司

实施日期： 2018年3月1日 　　　　**图　集　号：** 川2017G127-TY

主编单位负责人：

主编单位技术负责人：

技　术　审　定　人：

设　计　负　责　人：

目　录

目录		图集号	川2017G127-TY
审核 李峰 李峰 校对 佘龙	设计 李浩 李浩	页	1

	目录	图集号	川2017G127-TY
审核 李峰 李峰 校对 佘龙 设计 李浩 李浩		页	3

总 说 明

1 编制依据

1.1 本图集是根据《四川省住房和城乡建设厅关于同意编制<四川省超限高层建筑抗震设计图示>等七部省标通用图集的批复》（川建标发〔2017〕195号）进行编制的。

1.2 设计依据：

《房屋建筑制图统一标准》	GB/T 50001-2010
《建筑设计防火规范》	GB 50016-2014
《屋面工程技术规范》	GB 50345-2012
《民用建筑设计通则》	GB 50352-2005
《无障碍设计规范》	GB 50763-2012
《工业化建筑评价标准》	GB/T 51129-2015
《装配式混凝土建筑技术标准》	GB/T 51231-2016
《装配式混凝土结构技术规程》	JGJ 1-2014
《商店建筑设计规范》	JGJ 48-2014
《旅馆建筑设计规范》	JGJ 62-2014
《办公建筑设计规范》	JGJ 67-2006
《四川省装配式混凝土建筑设计标准》	DBJ51/T 024-2017
《装配式混凝土结构住宅建筑设计示例(剪力墙结构)》	15J939-1
《建筑工程设计文件编制深度规定（2016版）》	

注：当依据的标准、规范进行修订或有新的标准、规范出版实施时，本图集与现行工程建设标准不符的内容、限制或淘汰的技术或产品，视为无效。工程人员在参考使用时，应注意加以区分，并应对本图集相关内容进行复核后选用。

2 编制目的

2.1 为四川省装配式建筑发展提供技术支持，实现建筑领域节能减排，改善人居环境的目标，并与《装配式混凝土建筑技术标准》（GB/T 1231-2016）相配套，提高四川省装配式公共建筑的设计水平，推广装配式混凝土结构公共建筑的设计方法，以及推动装配式混凝土技术的应用。

2.2 本图集提供装配式混凝土结构公共建筑的建筑设计要点及设计示例，可对广大设计、科研及教学人员深入了解装配式混凝土结构公共建筑的设计思路、方法及深度起到指导作用。

2.3 四川省内装配式建筑的工作正在起步及迅速发展中。目前暂无装配式公共建筑设计示例国家及四川省标准图集，设计人员需要此类图集作为相关设计工作的指导及参考。

3 适用范围

3.1 本图集适用于四川抗震设防烈度8度及以下地区装配式混凝土结构公共建筑的建筑设计。其他装配式混凝土结构民用建筑设计可参考。

3.2 适用于设计人员系统、全面地掌握装配式混凝土结构公共建筑设计的基本过程和图面表达的深度与形式，同时也可作为建筑院校师生的教学辅导资料。

4 编制原则

本图集所选示例在依据现行国家及地方标准规范前提下，满足装配式混凝土结构公共建筑的相关技术、工艺和工法要求，并在技术性、经济性上符合四川省目前的实际需求。

4.1 符合性原则：

本图集主要编制内容符合现行国家及地方标准和规范要求，并与《装配式混凝土建筑技术标准》（GB/T 51231-2016）及《四川省装配式混凝土建筑设计标准》（DBJ51/T 024-2017）的相关要求保持一致。

4.2 适用性原则：

4.2.1 本图集所选示例项目均包含了建筑方案及全部专业施工图的设计内容（不含预制混凝土构件加工图设计内容），对各专业装配式混凝土结构的公共建筑设计均有示例作用。

4.2.2 由于本图集中选取示例项目设计完成于2015及2016年，图纸表达内容及设计深度可能与《建筑工程设计文件编制深度规定（2016年版）》中部分要求不一致。不一致处以《建筑工程设计文件编制深度规定（2016年版）》为准，工程人员在参考使用时，应加以区分。

4.2.3 本图集中，由于图幅尺寸所限，为示例清晰方便，仅保留基本尺寸、标注，及与装配式相关表达，其余施工图传统标注均已省略。在正常装配式建筑施工图中，传统施工图所需的标注均需表达清晰、完整，工程人员在参考使用时，应加以注意。

4.3 多样性原则：

本图集所选取的两个示例分别为装配整体式混凝土框架结构体系多层办公建筑及装配整体式混凝土框架核心筒结构体系高层办公及酒店建筑。内容包括示例项目的方案设计要点说明及施工图设计示例。从建筑类型上包含了办公建筑及酒店、商业建筑；从建筑形式上包含了多层建筑及高层建筑；从结构形式上包含了装配整体式混凝土框架结构体系及装配整体式混凝土框架核心筒结构体系；在设计深度上体现了方案阶段的设计要点及施工图阶段的设计内容示例。

	总说明	图集号	川2017G127-TY
审核 李峰 姜峰 校对 佘龙 设计 李浩 李恺		页	5

4.4 可持续原则:

本图集是对当前四川省装配式混凝土结构公共建筑建设实践的梳理和总结,随着装配式混凝土结构公共建筑建造技术的进一步发展与提高,将持续完善更新本图集内容。

5 图集内容

5.1 本图集考虑公共建筑的经济性、空间适用性、土地的利用率等因素,选择了目前国内较为常用的装配式多层混凝土框架结构体系及装配式高层框架核心筒结构体系,在公共建筑工程设计示例的基础上加以适当调整进行编制。

5.2 本图集示例内容为装配式混凝土框架结构公共建筑方案阶段及施工图阶段设计示例,侧重点为施工图阶段。

5.3 本图集以一套采用装配整体式混凝土框架结构体系建造的多层办公建筑和一套采用装配整体式混凝土框架核心筒结构体系建造的高层酒店、办公建筑为蓝本,遵循相关标准和规范,重点突出图集的"示范"作用,体现装配式混凝土结构公共建筑设计的特点和设计方法。

5.4 考虑到装配式混凝土结构公共建筑设计的复杂性、多样性及可变性,图集对方案阶段的设计要点及重要注意事项进行了说明。由于装配式建筑的方案阶段图纸表达内容及深度要求与传统建筑差别不大,故本图集中方案阶段没有选取图纸作为示例。

5.5 示例一为装配整体式混凝土框架结构体系多层公共建筑。内容包含方案设计要点说明及施工图阶段的设计示例。方案设计要点说明重点表达标准化、模块化、系列化的平面、立面设计原理。通过示例一可让广大设计人员了解多层装配整体式混凝土框架结构体系公共建筑的基本设计思路,认识到技术策划阶段的重要性,掌握设计要点与方法。强调在技术策划、方案设计阶段,建设、设计、生产、施工、管理等单位均应全过程参与的必要性。施工图阶段与方案设计要点说明配套,使设计人员了解多层装配整体式混凝土框架结构体系公共建筑设计的基本方法,以及从方案到施工图设计的全过程,同时深入了解多层装配整体式混凝土框架结构体系公共建筑项目建筑、结构、给排水、暖通、强弱电等专业施工图在图纸设计深度及专业协同等方面的特点及要求。

5.6 示例二为装配整体式混凝土框架核心筒结构体系高层公共建筑。内容包含方案设计要点说明及施工图阶段的设计示例。方案设计要点说明重点表达对于装配式建筑构件拆分优化设计的方法。通过示例二使设计人员全面地认识到装配式混凝土结构体系可广泛应用于公共建筑多样性需求的设计及建造,深入了解装配整体式混凝土框架核心筒结构体系公共建筑项目建筑、结构、给排水、暖通、强弱电等专业施工图在图纸设计深度及专业协同等方面的特点及要求。

6 配套图集

本图集为四川省装配式建筑标准设计专项系列图集之一。

7 技术要点

本图集力求帮助建筑设计人员更加全面地了解装配式混凝土结构公共建筑的设计原则和方法,并应掌握以下技术要点:

7.1 工作流程:

7.1.1 装配式混凝土结构公共建筑设计应考虑实现标准化设计、工厂化生产、装配化施工、一体化装修和信息化管理,可以全面提升建筑品质、降低建造和维护的成本。

7.1.2 与采用现浇混凝土结构公共建筑的建设流程相比,装配式混凝土结构公共建筑的建设流程更全面、更精细、更综合,增加了技术策划、构件深化设计、构件生产等过程,两者的差异详见图1(现浇式建筑建设流程参考图)与图2(装配式建筑建设流程参考图)的对比。

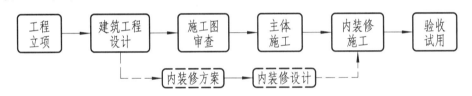

图1 现浇式建筑建设流程参考图

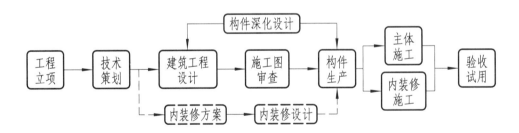

图2 装配式建筑建设流程参考图

7.1.3 影响装配式混凝土结构公共建筑实施的因素有设计水平、生产工艺、生产能力、运输条件、施工技术水平、工程管理水平、建设周期等方面。

7.1.4 在项目前期技术策划中应根据工业化目标、工艺水平和施工能力以及经济性等要求确定适宜的预制率及装配率。预制率及装配率在装配式建筑中是比较重要的控制性指标。预制率及装配率的定义及计算方式参照《工业化建筑评价标准》(GB/T 51129-2015),预制装配率的计算方式参照成都市城乡建设委员会《进一

总说明				图集号	川2017G127-TY
审核 李 峰	校对 佘 龙	设计 李 浩		页	6

步明确我市装配式混凝土结构单体预制装配率计算方法的通知》。（注：本示例图集中选用项目均位于成都市，故在选用示例中均按照成都市标准计算预制装配率。）

7.1.5 装配式混凝土结构公共建筑的建筑设计，应在满足公共建筑使用功能及外观的前提下，实现标准化设计，以提高部品与部件的重复使用率，从而提高生产及施工速度，降低建设成本。

7.1.6 在装配式混凝土结构公共建筑的建设流程中，需要建设、设计、生产、施工和项目管理等单位精心配合，协同工作。在方案设计阶段之前应增加前期技术策划环节，为配合预制构件的生产加工应增加构件深化设计内容。装配式混凝土结构公共建筑设计流程可参考图3。（注：图中构件加工图设计应由建筑设计方、构件深化设计公司或预制构件厂负责。）

7.1.7 在装配式混凝土结构公共建筑设计中，前期技术策划对项目的实施起到十分重要的作用，设计单位应在充分了解项目定位、建设规模、产业和目标、成本限额、外部条件等影响因素，确定大致的预制率、装配率，根据预制率、装配率制定需要预制及装配的部品部件方案，从而制定合理的建筑设计方案，提高预制构件的标准化程度，并与建设单位共同确定技术实施方案，为后续的设计工作提供依据。

7.1.8 在方案阶段应根据技术策划要点做好平面设计和立面设计。平面设计在保证满足使用功能的基础上，实现设计的标准化，遵循"少规格、多组合"的设计原则。立面设计宜考虑构件生产加工及安装的可能性，根据装配式建造方式的特点实现立面的个性化和多样化。

7.1.9 初步设计阶段应在方案设计的基础上，根据各专业的技术要求进行协同设计。优化预制构件的种类，复核预制率、装配率或预制装配率；充分考虑设备专业管线预留预埋要求，分析影响成本的因素；制定合理的技术措施，对连接节点部位从结构、防水、防火、隔声、节能等各方面进行可行研究并确定做法。

7.1.10 施工图设计阶段应按照各专业在初步设计阶段制定的协同设计条件开展工作。各专业根据预制构件、内装部品、设备设施等生产企业提供的设计参数，在施工图中充分考虑各专业预留预埋要求。各专业还应考虑连接节点处的防水、防火、节能、隔声及气密性等设计，并在此基础上由建筑专业完成预制构件尺寸控制图，由结构专业完成预制构件模板图及配筋。

7.1.11 装配式混凝土结构公共建筑宜采用装配式全装修一体化设计。装修宜采用由工厂生产、现场组装的单元模块化、集成化的内装部品以及管线分离技术。

7.1.12 预制构件深化设计宜采用BIM技术协同完成各专业设计内容，提高设计精度，以避免出现因设计原因导致预制构件报废的情况。

7.2 集成设计：

7.2.1 装配式混凝土结构公共建筑集成设计包括建筑结构系统、外围护系统、设备与管线系统、内装系统一体化的设计。

7.2.2 装配式混凝土结构公共建筑集成设计应符合现行国家标准、规范的有关规定。

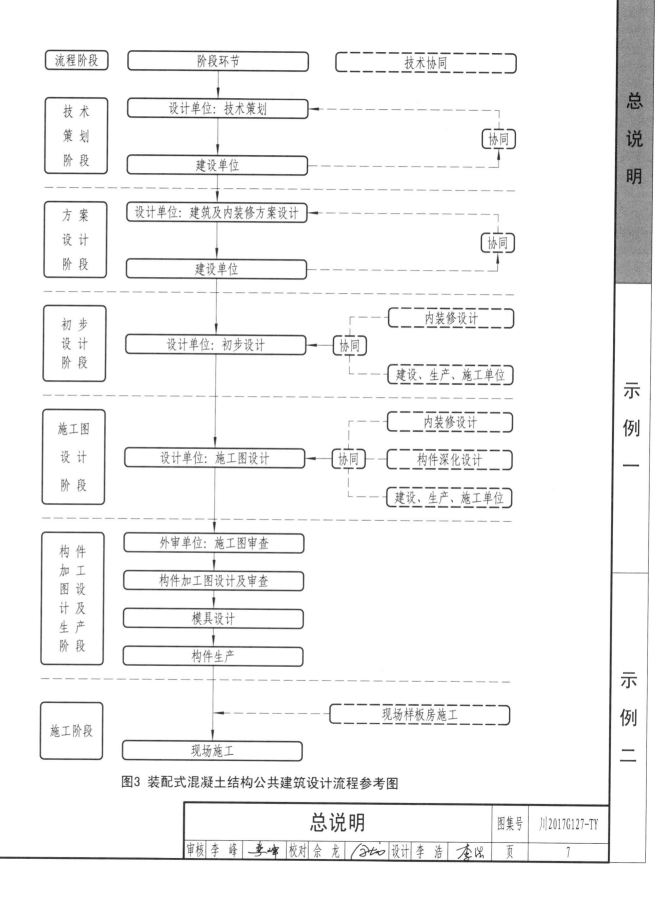

图3 装配式混凝土结构公共建筑设计流程参考图

总说明	图集号	川2017G127-TY

7.2.3 装配式混凝土结构公共建筑应做好集成设计及建筑、结构、设备协同设计，满足建筑给排水、消防、燃气、供暖、通风和空气调节设施、照明供电等机电各系统功能使用、运行安全、维护管理方便等要求。

7.2.4 装配式混凝土结构公共建筑的集成设计应贯穿全专业的方案设计、初步设计、施工图设计、构件深化设计全过程。

7.2.5 装配式混凝土结构公共建筑集成设计应遵循标准化设计和模数协调原则，同时宜采用一体化设计与管线分离体系。

7.2.6 装配式混凝土结构公共建筑的集成设计宜采用BIM技术协同完成。

7.2.7 由于装配式建筑混凝土预制构件难以现场修改的特点，在进行装配式混凝土建筑设计时，应进行管线综合设计。

7.2.8 装配式混凝土结构公共建筑内竖向管线宜集中布置在独立的管道井内，且布置在现浇楼板处。

7.2.9 当管线综合条件受限管线必须暗埋时，应结合叠合楼板现浇层以及建筑垫层进行设计。

7.2.10 当管线综合条件受限管线必须穿越时，预制构件内可预留套管或孔洞，预留位置不应影响结构安全。

7.2.11 建筑设备及其管线需要与预制构件连接时，宜采用预留埋件的安装方式。当采用其他安装固定方法时，不得影响构件完整性与结构安全。

7.2.12 建筑设备及其管线需要嵌入预制构件时，应采用适宜的安装方式及处理措施，不得影响构件的结构安全，并应满足相应防火、保温及隔声要求。

7.3 建筑设计：

7.3.1 总平面设计。

7.3.1.1 装配式混凝土结构公共建筑群体的规划设计在满足采光、通风、间距、退线等规划要求的情况下，宜优先采用相同功能模块组合而成的建筑单体进行规划设计。

7.3.1.2 装配式项目的实施受到项目周边运输条件的影响，应核实项目周边道路是否具备构件运输车辆顺利通过的条件。

7.3.1.3 规划设计时，应在总平面设计中合理布置预制构件临时堆场的位置与面积，尽量避开地下室顶板区域。在场地内，构件堆放场地的设计应满足构件进场及吊装环节的便利性与安全性。构件存放场地应具有一定承载力，保证构件在堆放期间受力均匀。

7.3.1.4 根据预制构件相关参数、预制构件临时堆场的位置及建筑总平面布置情况，合理选择适宜的塔吊位置和型号。塔吊位置的最终确定应根据现场施工方案进行调整。塔吊位置及型号的选用应考虑到安全性、可行性及经济性，并保证一定周期内构件存放空间充足，按序吊装，吊装一次起落到位等要求。

7.3.1.5 以安全、经济、合理为原则考虑施工组织流程，保证各施工工序的有效衔接，提高效率。

7.3.2 平面设计。

7.3.2.1 装配式混凝土结构公共建筑平面设计宜遵循模数协调原则，优化平面尺寸和种类，以实现预制构件和内装部品的标准化、系列化和通用化。

7.3.2.2 装配式混凝土结构公共建筑宜采用模块化设计，提高设计及施工效率，保证部品的质量和部品的通用性。模块宜满足模数协调的基本要求，采用标准化和通用化的部品部件，并为主体结构和内装部品尺寸协调、工厂生产和装配化施工安装创造条件。模块化设计方法利于提升工程质量、降低建造成本。

7.3.2.3 在方案设计阶段应对建筑空间按照不同的使用功能进行合理划分，结合设计规范、项目定位及预制装配率目标等要求，确定功能模块及其组合形式。

7.3.2.4 装配式混凝土结构公共建筑宜采用大空间的平面布局方式，合理集中布置管井、竖向交通体及核心筒的位置，实现功能空间的灵活性、可变性。主体结构布置宜尽量规整，竖向承重构件上下对应贯通，悬挑尺寸不宜过大。

7.3.3 立面设计。

7.3.3.1 装配式混凝土结构公共建筑的立面可采用预制外墙、现场组装骨架外墙、建筑幕墙等类型。如采用预制外墙时，应依据"少规格、多组合"的标准化预制原则尽量减少立面预制构件的规格种类。立面设计时，需考虑构件的尺寸及重量、经济性、迅速安装施工的可能性和现场吊装能力。

7.3.3.2 装配式混凝土结构公共建筑当外立面采取窗墙体系时，门窗应满足建筑的使用功能、经济美观、采光、通风、防火、节能等现行国家规范标准的要求。门窗洞口设计时，优先选用《建筑门窗洞口尺寸系列》（GB/T 5824-2008）中的基本规格，其次选用辅助规格。并减少规格数量，使其相对集中。采用组合门窗时，优先选用基本门窗组合而成的门或窗。减少门窗的类型，就是减少预制构件的种类，有利于降低工厂生产和现场装配的复杂程度，保证质量并提高效率。

7.3.3.3 立面材质选用。预制外墙板、外挂板、外角模等构件饰面宜采用清水混凝土、装饰混凝土、免抹灰涂料、反打面砖、石材等耐久性强且不易污染的材料。设计时应考虑外立面分格、饰面颜色与材料质感等细部设计要求，并体现装配式建筑立面造型的特点。

7.3.4 预制构件。

7.3.4.1 预制构件设计应充分考虑生产的便利性、可行性、成品保护的安全性以及构件生产厂的实际生产能力。

7.3.4.2 预制构件的设计应遵循标准化、模块化原则。应尽量减少构件类型，提高构件标准化程度，降低工程造价。对于开洞多、异形、降板等复杂部位应进行重点优化设计。

7.3.4.3 预制构件设计应充分考虑构件生产、施工、设备及管线安装等环节所需的预留预埋。当构件尺寸较大时，应增加构件脱模及吊装用的预埋吊点的数量。

7.3.4.4 装配式混凝土结构公共建筑的楼盖宜采用叠合楼板，平面复杂或开间较大的楼层、作为上部结构嵌固部位的地下室楼层宜采用现浇楼盖。楼板与楼板、楼板与墙体间的接缝应保证结构安全性。

总说明		图集号	川2017G127-TY
		页	8

7.3.4.5 无架空层时叠合楼板应考虑设备管线、吊顶、灯具安装点位的预留、预埋，以满足设备专业的要求。

7.3.4.6 预制空心楼板自身厚度较大，造价相比叠合楼板较低，适用于大跨度、层高较高的公共建筑。

7.3.4.7 预制外墙板应根据不同地区的保温隔热要求，同时结合构件厂生产能力、项目经济性等因素，合理选择适宜的构造做法。

7.3.4.8 预制阳台应确定栏杆留洞、预埋线盒、立管留洞、地漏等的准确位置。

7.3.4.9 预制楼梯应确定扶手栏杆的留洞及预埋，楼梯踏面的防滑构造应在工程预埋时一次成型，且采取成品保护措施。

7.3.5 部品部件。

7.3.5.1 装配式混凝土结构公共建筑宜采用装配式内隔墙。内墙宜选用自重轻、易于安装、拆卸且防火性能、隔声性能、吊挂性能以及抗裂性能良好的隔墙板。墙板与主体结构的连接应安全可靠，满足抗震及使用要求。

7.3.5.2 装配式混凝土结构公共建筑宜采用集成式卫生间。在设计时宜提前了解选用集成式卫生间产品的相关技术要求，如尺寸、结构降板、设备接口等。

7.3.6 构造节点。

7.3.6.1 预制构件连接节点的构造设计是装配式混凝土结构公共建筑的设计关键。构造节点与材料选用应满足建筑的物理性能、力学性能、耐久性能及装饰性能的要求。

7.3.6.2 预制外墙板垂直缝宜采用材料防水和构造防水相结合的做法，可采用槽口缝或平口缝；预制外墙板水平缝采用构造防水时宜采用企口缝或高低缝。

7.3.6.3 预制外墙板的连接节点应满足节能、防火、防水以及隔声的要求，外墙板连接节点处的密封胶应与混凝土具有相容性及符合规定的抗剪切和伸缩变形能力。常用的装配式构件密封胶为硅酮、改性硅烷或或聚氨酯建筑密封胶。连接节点处的密封材料在建筑使用过程中应定期进行检查、维护与更新。

7.3.6.4 外墙板接缝宽度应考虑热胀冷缩及风荷载、地震作用等外界环境的影响。同时在施工安装过程中应具备可调节空间。

7.3.6.5 预制外墙板上的门窗安装应确保连接的安全性、可靠性及密闭性，建议门窗安装采用预埋窗框或预埋窗框副框的方式。

7.3.6.6 装配式混凝土结构公共建筑的外围护结构热工计算应符合国家建筑节能设计标准的相关要求。当采用预制夹心外墙板时，其保温层宜连续，保温层技术标准及性能应满足《四川省装配式混凝土建筑设计标准》（DBJ/T 024-2017）中相关要求及项目所在地区建筑围护结构节能设计要求。

7.3.6.7 预制夹心外墙板中的保温材料及接缝处填充用保温材料的燃烧性能、导热系数及体积比吸水率等应符合现行国家标准《装配式混凝土建筑技术标准》（GB/T 51231-2016）、《四川省装配式混凝土建筑设计标准》（DBJ/T 24-2017）及其他相关规范的规定。

7.4 结构设计：

7.4.1 总则。

7.4.1.1 本说明应与结构平面图、预制构件详图以及节点详图等配合使用。

7.4.1.2 主要配套标准图集

《混凝土结构施工图平面整体表示方法制图规则和构造详图》	16G101-1、2、3
《装配式混凝土结构连接节点构造（楼盖和楼梯）》	15G310-1
《桁架钢筋混凝土叠合板》	川16G118-TY

7.4.2 材料。

7.4.2.1 混凝土。

1. 混凝土强度等级应满足"结构设计总说明"规定，且竖向预制构件的轴心抗压强度标准值高于设计要求的20%时，应由设计单位复核。

2. 对水泥、骨料、矿物掺合料、外加剂等的设计要求详见"结构设计总说明"，应特别保证骨料级配的连续性，未经设计单位批准，混凝土中不得掺加早强剂或早强型减水剂。

3. 混凝土配合比除满足设计强度要求外，尚需根据预制构件的生产工艺、养护措施等因素确定。

4. 预制混凝土出厂时试件抗压强度应达到设计混凝土强度等级值的100%。

5. 施工现场节点现浇部分的混凝土强度等级不应小于预制构件的混凝土强度等级。

7.4.2.2 钢筋、钢材、连接及锚固材料。

1. 预制构件使用的钢筋和钢材牌号及性能详见"结构设计总说明"。

2. 预制构件纵向受力钢筋连接宜采用钢筋套筒灌浆连接接头；接头使用灌浆套筒和套筒灌浆料。灌浆套筒和套筒灌浆料的性能应分别符合《钢筋连接用灌浆套筒》（JG/T 398-2012）、《钢筋连接用套筒灌浆料》（JG/T 408-2013）及《钢筋套筒灌浆连接应用技术规程》（JGJ 355-2015）。

3. 钢筋锚固板性能应符合《钢筋锚固板应用技术规程》JGJ 256-2011的要求；

4. 施工用预埋件的性能指标应符合相关产品标准，且应满足预制构件吊装和临时支撑等需要。

5. 露在混凝土外表面的钢板、钢连接件应进行防腐和防火处理，处理要求详设计总说明。

7.4.2.3 封堵及座浆材料。

1. 封堵材料应有足够的强度和刚度，防止漏浆和胀浆，且不能削弱构件的截面面积。

2. 座浆材料的强度等级不应低于被连接构件混凝土强度等级，必要时采用高强度膨胀水泥砂浆。座浆材料应满足下列要求：砂浆流动度（130~170 mm），1 d抗压强度值（30 MPa），预制楼梯与主体结构的找平层采用干硬性砂浆，其强度等级不低于M15。

7.4.3 结构布置。

7.4.3.1 装配整体式剪力墙结构的布置应满足下列要求：

			总说明			图集号	川2017G127-TY
审核	李峰		校对	佘龙			
			设计	李浩		页	9

1. 应沿两个方向布置剪力墙，且两个方向的侧向刚度不宜相差过大。
2. 剪力墙的平面布置宜简单、规则，自下而上宜连续布置，避免层间侧向刚度突变。
3. 门窗洞口宜上下对齐、成列布置，形成明确的墙肢和连梁；抗震等级为一、二、三级的剪力墙底部加强部位不应采用错洞墙，结构全高均不应采用叠合错洞墙。

7.4.3.2 叠合板应按现行国家标准《混凝土结构设计规范》（GB 50010）进行设计，并应符合下列规定：
1. 预制构件平面和立面布置图叠合板的预制板厚不宜小于60 mm，后浇混凝土叠合层厚度不应小于60 mm。
2. 当叠合板的预制板采用空心板时，板端空腔应封堵。
3. 跨度大于3 m的叠合板，宜采用桁架钢筋混凝土叠合板。
4. 跨度大于6 m的叠合板，宜采用预应力混凝土预制板。
5. 厚度大于180 mm的叠合板，宜采用混凝土空心板。

7.4.3.3 预制柱的设计应满足现行国家标准《混凝土结构设计规范》（GB 50010）的要求，并应符合下列规定：
1. 矩形柱截面边长不宜小于400 mm，圆形截面柱直径不宜小于450 mm，且不宜小于同方向梁宽的1.5倍。
2. 柱纵向受力钢筋直径不宜小于20 mm，纵向受力钢筋的间距不宜大于200 mm且不应大于400 mm。柱的纵向受力钢筋可集中于四角配置且宜对称。柱中可设置纵向辅助钢筋且直径不宜小于12 mm和箍筋直径；当正截面承载力计算不计入纵向辅助钢筋时，纵向辅助钢筋可不伸入框架节点。

7.4.3.4 装配整体式框架结构中，当采用叠合梁时，框架梁的后浇混凝土叠合层厚度不宜小于150 mm，次梁的后浇混凝土叠合层厚度不宜小于120 mm；当采用凹口截面预制梁时，凹口深度不宜小于150 mm，凹口边厚度不宜小于60 mm。

7.4.4 预制构件深化设计。

7.4.4.1 预制构件制作前应进行深化设计。深化设计文件应根据本项目施工图设计文件及选用的标准图集、生产制作工艺、运输条件和安装施工要求等进行编制。

7.4.4.2 预制构件详图中的各类预留孔洞、预埋件和机电预留管线须与相关专业图纸、生产厂家和施工单位仔细核对无误后方可下料制作。

7.4.4.3 深化设计文件应经设计单位书面确认，并报相关机构审查。深化设计文件应包括（但不限于）下述内容：
1. 预制构件平面和立面布置图。
2. 预制构件模板图、配筋图、材料和配件明细表。
3. 预埋件布置图和细部构造详图。
4. 带瓷砖饰面构件的排砖图。
5. 钢结构连接件加工详图。
6. 应按《混凝土结构工程施工规范》（GB 50666-2011）的有关规定，并根据设计要求和施工方案对脱模、吊运、运输、安装等环节进行施工验算。

7.4.5 预制构件的生产、检验、运输及堆放。

7.4.5.1 预制构件加工单位应根据设计要求、施工要求和相关规定制定生产方案，生产方案包括生产计划及生产工艺、模具方案及计划、技术质量控制措施、成品存放、运输、吊装及保护方案。

7.4.5.2 生产单位的检测、试验、张拉、计量等设备及仪器仪表均应鉴定合格，并应在有效期内使用。不具备试验能力的检验项目，应委托第三方检测机构进行试验。

7.4.5.3 预制构件和部品生产中采用新技术、新工艺、新材料、新设备时，生产单位应制定产生方案；必要时进行样品试验，经检验合格后方可实施。

7.4.5.4 所有预制构件与现浇混凝土的结合面应做粗糙面，预制板的粗糙面凹凸深度不小于4 mm，预制梁端、预制柱端、预制墙端的粗糙面凹凸深度不宜小于6 mm，且外露粗骨料的凹凸应沿整个结合面均匀连续分布。

7.4.5.5 原材料及配件应按照国家现行有关标准、设计文件等进行进厂检验。原材料及配件进厂检验的相关要求应满足《装配式混凝土建筑技术标准》（GB/T 51231-2016）的9.2节有关规定。

7.4.5.6 模具的设计、生产、尺寸允许偏差及定位相关要求应满足《装配式混凝土建筑技术标准》（GB/T 51231-2016）的9.3节有关规定。

7.4.5.7 钢筋宜采用自动化机械设备加工，其相关要求应满足《装配式混凝土建筑技术标准》（GB/T 51231-2016）的9.4节有关规定。

7.4.5.8 预制构件的成型、养护及脱模相关要求应满足《装配式混凝土建筑技术标准》（GB/T 51231-2016）的9.6节有关规定。

7.4.5.9 预制构件不应有外观质量缺陷，对于有质量缺陷的构件生产单位应根据不同的缺陷制定相应的修补方案，修补方案应包括材料选用、缺陷类型及对应修补方法、操作流程、检查标准等内容应经过监理单位和设计单位书面批准后方可实施，并满足DBJ 51/T008相关要求。

7.4.5.10 预制构件尺寸偏差及预留孔、预留洞、预埋件、预留插筋、键槽的等检验相关要求应满足《装配式混凝土建筑技术标准》（GB/T 51231-2016）的9.7节相关规定。

7.4.5.11 预制构件采用钢筋套筒灌浆连接时，在构件生产前应检查型式检验报告是否合格，应进行钢筋套筒灌浆连接接头的抗拉强度试验，并应符合现行行业标准《钢筋套筒灌浆连接应用技术规程》（JGJ 355-2015）的有关规定。

7.4.5.12 预制构件的存放、吊装、运输及防护相关要求应满足《装配式混凝土建筑技术标准》（GB/T 51231-2016）的9.8节有关规定。

7.4.6 预制构件的施工安装

7.4.6.1 装配式混凝土建筑应结合设计、生产、装配一体化的原则整体策划，协同建筑、结构、机电、装饰装修等专业，制定详细的施工方案，并报甲方、设计、监理等相关部门确认。

7.4.6.2 施工作业人员应具备岗位需要的基础知识和技能，施工单位应对管理人

总说明	图集号	川2017G127-TY

员、施工作业人员进行质量安全技术交底。

7.4.6.3 装配式混凝土建筑施工宜采用工具化、标准化的工装系统。

7.4.6.4 装配式混凝土建筑施工前，宜选择有代表性的单元进行预制构件试安装，并应根据安装结果及时调整施工工艺、完善施工方案。

7.4.6.5 装配式混凝土建筑施工中采用的新技术、新工艺、新材料、新设备，应按有关规定进行评审、备案。施工前应对新的或首次采用的施工工艺进行评价，并应制定专门的施工方案。

7.4.6.6 柱脚灌浆套筒连接时应采用压力灌浆，封堵应采用模板或充气膜，整个灌浆过程应有专人在现场值守检查和记录。

7.4.6.7 装配式混凝土结构的尺寸偏差及检验方法应符合《装配式混凝土建筑技术标准》（GB/T 51231-2016）的10.4.12的有关要求。

7.4.6.8 预制柱的安装应符合《装配式混凝土建筑技术标准》（GB/T 51231-2016）的10.3.6的有关要求。

7.4.6.9 叠合板的临时支撑应符合设计要求，最大支撑间距不大于2 m。

7.4.7 质量验收。

7.4.7.1 装配式混凝土结构工程应按混凝土结构子分部工程进行验收，装配式混凝土结构部分应按混凝土结构子分部工程的分项工程验收。

7.4.7.2 装配式混凝土结构工程的质量验收应符合现行国家标准《混凝土结构工程施工质量验收规范》（GB 50204-2015）及《装配式混凝土建筑技术标准》（GB/T 51231-2016）的有关规定。

7.5 给排水设计：

7.5.1 给排水设计应结合预制构件的拆分情况，优化给排水管线、设备布置，尽可能让构件标准化，在保证给排水系统合理、安装规范的同时，提高构件加工效率。

7.5.2 装配式混凝土建筑应根据给排水设备和管线走向，做好管道穿越预制板、梁和墙体的留洞和套管预埋设计，并采取防水、防火、隔声、密封措施，防火封堵应符合现行国家标准《建筑设计防火规范》（GB 50016-2014）的有关规定。

7.5.3 装配式混凝土建筑应选用耐腐蚀、使用寿命长、降噪性能好、便于安装及维修的管材、管件，以及连接可靠、密封性能好的管道阀门设备。

7.5.4 装配式混凝土建筑宜采用装配式的管线及其配件连接；当采用分水器时，给水分水器与用水器具的管道接口应一对一连接，在架空层或吊顶内敷设时，中间不得有连接配件，分水器设置位置应便于检修，并宜有排水措施。

7.5.5 装配式混凝土建筑给水横支管管宜布置在吊顶内，确需敷设在地板上时，不得直接设于叠合楼板预制层内，可于叠合楼板现浇层的面层内敷设。

7.5.6 当装配式酒店、公寓建筑卫生间和厨房采用标准化设计时宜优先考虑采用整体卫浴和整体厨房。

7.5.7 整体卫浴排水可根据项目设计情况采用同层排水或异层排水，且宜采用同层排水方式，施工图阶段应和土建专业密切配合采用不同排水方式所需要的降板深度。

7.5.8 整体卫浴的给水管道和排水管道，应在设计预留的安装空间内敷设，并预留和标识与外部管道接口的位置。

7.6 暖通设计：

7.6.1 装配式混凝土结构公共建筑的室内供暖、通风、空调及防排烟设计应符合现行国家标准的有关规定。

7.6.2 装配式混凝土结构公共建筑暖通部品与部品、部品与其配管之间、管线与其他专业交接处的连接应采用标准化接口，且应方便安装和使用维护。

7.6.3 装配式混凝土结构公共建筑暖通设备及管线设计与建筑设计同步进行，预留预埋应满足结构专业相关要求，不应在安装完成的预制构件上剔凿沟槽、打孔开洞等。穿越楼板管线较多且集中的区域可采用现浇楼板。

7.6.4 施工图阶段暖通配合设计要点。

7.6.4.1 配合土建专业设计穿墙管线的洞口尺寸和位置以及相关的预留预埋条件，土建做法措施及位置、尺寸条件详建施图。

7.6.4.2 通风机房、空调机房、竖向管井的位置除需满足本专业性能需求外，应满足减少管道交叉、减少管道穿土建构件数量、便于装配式施工。

7.6.4.3 分体空调室外机位置及百叶设置应满足暖通专业对冷媒管长度及设备散热的要求；室外机位置尺寸满足设备安装尺寸要求，冷媒管穿墙预留PVC套管，套管尺寸及位置详建施图。

7.6.4.4 房间、走道自然通风、自然排烟窗以及通风、空调系统的新、排风百叶位置及尺寸应与建筑装配式构件协同设计。

7.6.4.5 配合电气专业设置通风、空调设备配电及控制线路走向、位置，优化设备及控制点位的设置位置。

7.6.4.6 配合水专业设置空调冷凝水排水管，明确本专业与水专业冷凝水排水界面，排水交接处采用通用接口。

7.7 电气设计：

7.7.1 电气设计应本着设备、管线和预制构件分离的原则，结合每个工程的土建实际情况，采用合理的设备安装及管线敷设方式。尽可能使预制构件标准化、简单化，以提高预制构件的加工及安装效率，降低构件的生产及施工成本。

7.7.2 电气设备安装。

7.7.2.1 配电箱、智能化配线箱等尺寸较大、进出管线较多的电气设备，不宜嵌入安装在预制构件（预制剪力墙、预制隔墙等）上；当上述设备安装在预制构件上时，应在不削弱构件结构性能的情况下预留安装条件。

7.7.2.2 固定在预制构件上的大型灯具、桥架、母线、配电设备等，应根据荷载，采用预留预埋件进行固定。

7.7.2.3 在预制构件上设置的开关、电源插座、信息插座、接线盒、穿线管孔、

总说明		图集号	川2017G127-TY
审核 李峰 校对 佘龙 设计 李浩		页	11

操作空间等应准确定位，并与相关电气导管一起进行预留和预埋。

7.7.2.4 在叠合楼板底部设置电气设备（如灯具、探测器等）时，应在预制叠合楼板上预埋深型接线盒，接线盒深度应满足叠合楼板现浇层内管线进出要求。

7.7.2.5 在预制墙体的门、窗过梁钢筋锚固的区域内，不应埋设电气接线盒。

7.7.3 电气管线安装。

7.7.3.1 配电系统及智能化系统的竖向干线应在公共区域的电气竖井内设置；在预制构件内暗敷设的末端支线，应在预制构件内预埋导管。

7.7.3.2 预制构件内导管和外部导管连接时，应在构件内导管连接处设置连接头或接线盒，并应预留施工操作空间；管线穿越预制构件时，应预留穿线管孔。

7.7.3.3 应根据叠合楼板现浇层厚度进行水平布线设计，减少管线交叉。

7.7.4 集成式厨房及卫生间。

7.7.4.1 根据集成式厨房方案，在厨房侧墙或顶部夹层内预留电源。

7.7.4.2 根据集成式卫生间方案，在卫生间侧墙或顶部夹层内预留电源。

7.7.4.3 当集成式卫生间有洗浴功能时，应根据集成式卫生间方案，确定局部等电位联结端子箱位置。

7.7.5 装配式混凝土建筑的防雷接地措施除应满足现行《建筑物防雷设计规范》（GB 50057）相关规定外，尚应符合以下要求：

7.7.5.1 宜采用建筑物现浇混凝土内钢筋作为防雷、接地装置。当利用预制剪力墙、预制柱内的部分钢筋作为防雷、接地引下线时，该引下线钢筋，应在构件之间作可靠的电气连接，并与接闪装置、接地装置连接成可靠的电气通路，其连接处应预留连接条件（如钢筋、预埋件等）和施工空间，连接部位应有永久性明显标记。

7.7.5.2 建筑物预制外墙板上的金属管道、栏杆、门窗、设备等金属物需要与防雷装置连接时，应通过相应预制构件内的钢筋、预埋连接板与防雷装置连接成电气通路。

7.7.5.3 需设置局部等电位连接的场所，各构件内的钢筋应作可靠的电气连接，并与局部等电位连接箱连通；局部等电位连接箱不宜设置在预制墙板上。

7.7.6 各类线缆的保护套管穿越预埋套管及孔洞时，应做好防火封堵。防火封堵应符合现行国家标准《建筑设计防火规范》（GB 50016）的有关规定。

8 注意事项

8.1 装配式混凝土结构公共建筑设计应符合现行国家及地方标准，设计选用的构造做法应满足建筑的节能、防火、防水、隔声、气密性等各方面的要求。

8.2 建筑节能设计应满足现行国家级地方标准、细则要求。项目应根据各工程所在的气候区进行具体节能设计。

8.3 实际工程中生产及施工单位应结合实际施工方法采取相应的安全操作和防护措施。

8.4 本图集所编制的工程设计示例图中的尺寸不可尺量，设计内容和参数需结合实际工程需要进行调整，供设计人员参考使用。

8.5 为了保持各示例所选原工程设计图纸的完整性，各示例图纸目录中仍保留了原工程设计图纸的所有图名。本图集仅选择了原工程图纸中有关装配式混凝土结构公共建筑设计内容的部分图纸进行重点编制。

8.6 本图集仅选取了成都地区不同类型的具有代表性的项目作为示例，因此在参考本图集时应结合具体项目实际情况以及特定地区的设计要求参考使用。

8.7 为了使设计人员认识BIM技术在装配式混凝土结构公共建筑设计过程中可提供快速算量、可视化设计虚拟施工、高效协同、有效管控等作用。本图集在实例中适当选取了部分BIM设计图纸，促进设计人员在实际工程中逐步应用BIM技术。

9 制图规定

9.1 图例：
    本工程图纸图例均按GB/T 50001-2010及GB/T 50103-2010标准,图例详细各示例图说明。

9.2 尺寸单位：
    本图集中除注明外，所注尺寸均以毫米（mm）为单位。

示例项目一

项目名称：
成都某项目研究中心

建筑类型：
办公楼

总建筑面积：
5102.10㎡

建筑高度：
17.650m

建筑层数
4层

结构体系
装配整体式混凝土框架结构体系

备注：
本项目为成都市首个全装配框架结构公
共建筑、四川省建筑产业现代化示范基地

方 案 设 计 要 点 说 明

1 工程概况

本项目为成都某项目研究中心，位于四川省成都市，总用地面积182 915.42 ㎡，总建筑面积88 388.08 ㎡，其中建筑产业和研发中心办公楼位于厂区东南角，由办公楼、宿舍、食堂组成。本示例只选用办公楼部分。办公楼采用装配式混凝土框架结构，地上4层，建筑高度17.650 m，抗震设防烈度为7度。

2 设计依据

2.1 本项目工业化设计目标：

2.1.1 本项目为装配式混凝土框架结构建筑。

2.1.2 实现装配式标准化、模块化，尽量减少构件种类。

2.1.3 构配件生产工厂化，现场施工机械化，组织管理科学化。

2.1.4 在标准化设计的基础上，充分发掘生产和施工工艺特点，满足立面多样性和创新性的要求。

2.1.5 办公楼预制装配率目标达到80%。

2.2 国家及地方现行规范、标准

《建筑设计防火规范》	GB 50016-2014
《公共建筑节能设计标准》	GB 50189-2015
《屋面工程技术规范》	GB 50345-2012
《民用建筑设计通则》	GB 50352-2005
《无障碍设计规范》	GB 50763-2012
《工业化建筑评价标准》	GB/T 51129-2015
《装配式混凝土建筑技术标准》	GB/T 51231-2016
《装配式混凝土结构技术规程》	JGJ 1-2014
《办公建筑设计规范》	JGJ 67-2006
《装配式混凝土建筑设计标准》	DBJ51/T 024-2017
《建筑工程设计文件编制深度规定（2016版）》	

其他国家相关法律、法规。

3 技术策划

通过研究建设方提供的任务书和策划报告、产业和设计目标、远期发展目标，综合考虑了设计需求、构件生产、施工安装、内装修、信息管理、绿色建多个要素的协调关系，建立了适合本项目的技术配置表，见表1。

表1 装配式混凝土框架结构公共建筑技术配置表

阶段	技术配置选项	本项目落实情况
标准化设计	标准化模块、多样化组合	●
	模数协调	●
工厂化生产/装配化施工	预制外墙挂板	●
	装配式内墙	●
	预制叠合楼板	●
	预制叠合梁	●
	预制柱	●
	预制女儿墙	●
	预制楼梯	●
	预制装饰构件	●
	无传统外架施工	●
	预制装配率	≥80%
一体化装修	整体卫生间	—
	装配式内装修	●
信息化管理	BIM策划与应用	●
绿色建筑	绿色星级标准	设计评价三星级

3.1 本项目外墙采用外墙采用预制外墙挂板、预制女儿墙和幕墙。

3.2 内墙采用装配式轻质复合节能墙板和页岩多孔砖。

3.3 采用预制叠合梁、预制柱、预制叠合楼板、预制楼梯和预制装饰构件。

3.4 采用装配式内装修，土建设计和装修设计协同，装修施工图作为建筑施工图设计的依据。

3.5 本项目绿色星级目标是达到设计评价3星级标准。

4 规划设计适用范围

4.1 装配化施工对规划设计的要求：本方案设计考虑了构件运输、存放、吊装对总平面规划设计的影响。

4.1.1 本项目构件运输条件良好，项目位于装配式构件生产基地内，构件运输条件便利，且不存在构件临时存放场地问题。

4.1.2 本项目办公楼为L型布局，与周边其他建筑通过连廊连接，满足装配式建筑塔吊布置与吊装施工条件。

（余略）

方案设计要点说明（一）	图集号	川2017G127-TY
审核 李峰 李峰 校对 佘龙 设计 王周	页	14

方 案 设 计 要 点 说 明

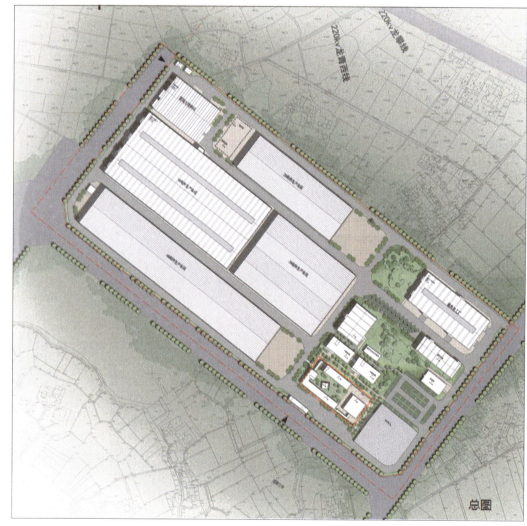

图1 方案总平面图

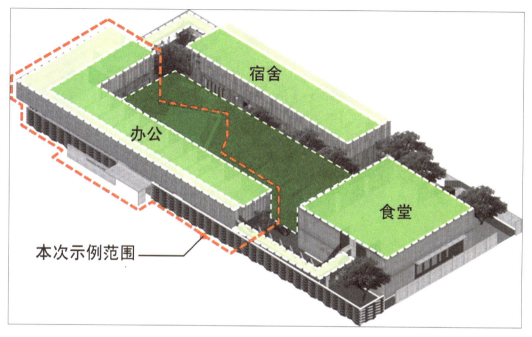

图2 方案建筑功能分区图

本设计采用装配整体式混凝土框架结构体系，所有结构构件均为工厂化预制。通过高预制率的设计控制，目标达到工业化评价标准AAA级建筑。详图4。

图3 项目实景照片

5 方案展示

5.1 总平面图及功能分区。

5.1.1 方案彩色总平面图详图1。

5.1.2 本工程办公楼子项功能分区为：西南侧为办公楼，北侧为宿舍，东南侧为食堂，详图2。

5.2 项目实景照片

项目实景照片详图3。

5.3 方案装配式建筑特点：

方案设计要点说明（二）		图集号	川2017G127-TY
审核 李峰 李峰 校对 佘龙	设计 王周	页	15

方 案 设 计 要 点 说 明

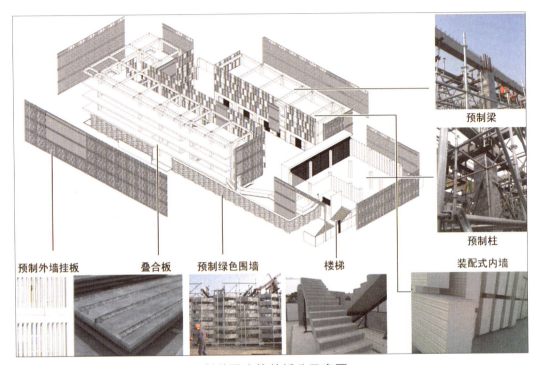

图4 预制装配式构件拆分示意图

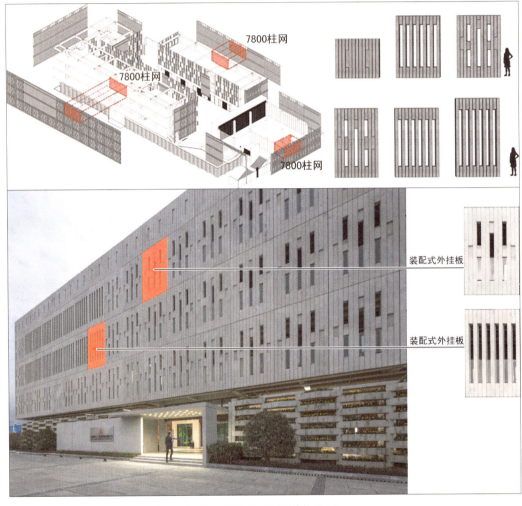

图5 立面的标准化及多样化设计

5.3.1 立面标准化设计

装配式建筑以预制模块为构件基础，每个模块的模板可以重复利用，因此可以在工厂生产出大批次的相同板块。对于装配式建筑，强化建筑构件的标准化有助于减少板块的类型，增加模板的利用率，因此可以保证建造的经济性。

对于本项目的建筑设计，以7800 mm柱网尺寸及4000 mm的层高作为基本模数控制尺寸可以保证建筑的标准化设计。设计希望在一个7800 mm×4000 mm的固定模数中完成建筑的板块设计，使板块类型精简的同时保证建筑外观的韵律感。详图5。

5.3.2 立面多样化设计

标准化设计限定了主体结构、内部空间的几何尺寸，相应也固化了外墙的集合尺寸，设计将其视为不变部分，但其构件和部品的外表面颜色、质感、纹理、凹凸、构件组合和前后顺序是可变的。

本项目中，立面以7800 mm×4000 mm的标准化模数为单块预制外墙挂板尺寸，在此基础上，利用开洞位置及立面纹理的变化形成两种不同的标准尺寸预制外墙挂板。通过两种预制外墙挂板的位置及组合方式的变化，可达到立面多样化设计的效果。详图5。

5.3.3 细部设计

（1）预制外墙挂板板缝构造宽度：预制构件间板缝宽度为20 mm；预制构件与现浇结

构间板缝宽度为30~40 mm，具体数值需要根据实际项目特点确定。

（2）预制外墙挂板使用位置：本子项中，所有预制外墙挂板位于办公室外廊或室外楼梯位置，具备以下优点：①预制外墙板不影响办公室功能使用，同时预制墙板内侧为外廊和室外楼梯，对外挂板遮风挡雨的要求较低；②位于外廊和室外楼梯位置的预制外墙板没有保温需求，预制外墙挂板可以不用做成带有保温层的"三明治"结构，大大节省了外墙挂板的制造难度及造价；③位于外廊和室外楼梯位置的预制外墙板没有外墙防水需求，预制构件间可不使用密封胶，节省了造价。

总说明

示例一

示例二

示例一

示例二

总说明

方 案 设 计 要 点 说 明

价,同时不使用密封胶也保证了外立面效果的美观;④外廊和室外楼梯位置不需要在预制外墙挂板上预留设备管线留洞,减少了预制外墙挂板的种类,提高了标准化程度及模具的重复使用率。

(3)预制外墙挂板需要结合使用位置,合理考虑防水、保温、气密性等方面处理方法,本示例中的具体处理方法详集节点大样图示例及构件图示例。

(4)装配式绿墙设计。 在围墙部分,将预制装配化生产、施工与垂直绿墙技术相结合,设计出了一种砌筑式的装配式绿墙。该体系以标准模块的预制混凝土花槽为基本单元,通过构件的咬合连接,形成力学上均稳定的"墙"。花槽之间埋设滴管及给排水系统。该设计已获得实用新型专利,专利号分别为ZL 2016 2 1145328.3及ZL 2016 2 1400556.0。详图7、图8。

(5)外挂板节点的隐藏。装配式建筑的节点连接具有特定的方式,其中混凝土预制外挂板通常通过干式连接悬挂在建筑主体结构上,并且通过钢构件将板面重量承托至主

体结构上,是相对特殊的一处节点,一般而言具有多种节点形式。在本项目中,为了不影响内部空间观感效果,将主梁设计为L型,将突出于板面的钢构件藏在凹入面中,并将外廊排水槽结合在节点设计中,解决了节点的观感问题,同时满足了外廊的飘雨排水问题。详图9。

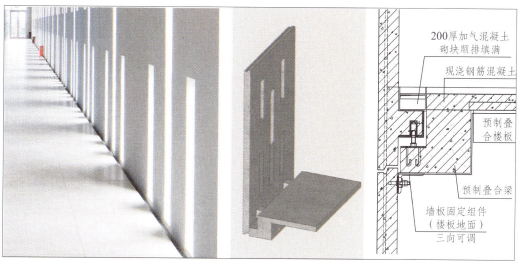

图9 外挂板节点的隐藏

6   消防设计   (略)

7   绿色建筑设计   (略)

8   主要经济技术指标   (略)

9   投资估算   (略)

10 BIM设计

装配式混凝土公共建筑是设计、生产、施工、装修和管理"五位一体"的体系化和集成化的建筑。通过BIM方法进行技术集成,贯穿包括设计、生产、施工、装修和管理的建筑全生命周期。最终的目的是整合建筑全产业链,实现建筑产业链的全过程,全方位的信息化集成,主要应用思路是以预制构件类型为基础进行拼装组合,实现集成化应用。在技术策划中主要有以下几方面应用:可视化设计、经济算量分析、预制率估算分析、性能化模拟等。

绿墙单元模型

图7 装配式绿墙方案设计

图8 装配式绿墙成品、构件生产及施工过程

方案设计要点说明（四）

	图集号	川2017G127-TY
审核 李峰 校对 佘龙 设计 王周	页	17

施工图图纸目录

序号	图纸名称	备 注	序号	图纸名称	备 注	序号	图纸名称	备 注
1	图纸目录（A-W-CL001）	本图集18页	17	办公、食堂、宿舍门窗大样（A-W-LS003）	本图集略	33	食堂外挂板模板图（A-W-3D009- 010）	本图集略
2	设计说明（A-W-NT001）	本图集19~21页	18	宿舍楼外饰面拼装展开图、办公楼外饰面拼装展开图1 办公楼外饰面拼装展开图2、3-3剖面图（A-W-LS004）	本图集略	34	宿舍外挂板模板图（A-W-3D011 - 015）	本图集略
3	措施表（A-W-NT002）	本图集22页				35	女儿墙NEQ2623模板图（A-W-3D016）	本图集39页
4	一层平面图（A-W-FP001）	本图集23页（部分）	19	办公楼花槽立面展开图、展厅花槽立面展开图 花槽压顶平面图（A-W-LS005）	本图集略	36	女儿墙NEQ2623a模板图（A-W-3D017）	本图集40页
5	二层平面图（A-W-FP002）	本图集24~25页				37	女儿墙NEQ2623F模板图（A-W-3D018）	本图集略
6	三层平面图（A-W-FP003）	本图集26页（部分）	20	办公楼1号楼梯放大平面图、办公楼1号楼梯1-1剖面图 （A-W-ST001）	本图集32~33页	38	女儿墙NEQ3423模板图（A-W-3D019）	本图集略
7	四层平面图（A-W-FP004）	本图集27页（部分）				39	女儿墙NEQ0623模板图（A-W-3D020）	本图集略
8	屋顶层平面图（A-W-FP005）	本图集28页（部分）	21	办公楼2号楼梯放大图（A-W-ST002）	本图集略	40	女儿墙NEQ3423a模板图（A-W-3D021）	本图集略
9	轴网定位图（A-W-FP006）	本图集略	22	食堂楼梯放大图（A-W-ST003）	本图集略	41	围墙WQ3030模板图（A-W-3D022 - 027）	本图集略
10	(1-1)-(1-9)立面图、(1-E)-(1-A)立面图、 (1-9)-(1-1)立面图、(1-A)-(1-E)立面图（A-W-EL001）	本图集29~30页 （部分）	23	宿舍楼梯放大图（A-W-ST004 - 005）	本图集略	42	花槽模板图（A-W-3D028）	本图集略
			24	外挂板统计表（A-W-3D000）	本图集34页	43	雨棚模板图（A-W-3D029）	本图集略
11	(2-4)-(2-1)立面图、(2-D)-(2-A)立面图、 (2-1)-(2-4)立面图、(2-A)-(2-D)立面图（A-W-EL002）	本图集略	25	外挂板细部放大图（A-W-3D001）	本图集35页	44	节点详图1（A-W-DT001）	本图集41页（部分）
			26	女儿墙外挂板细部放大图（A-W-3D002）	本图集36页	45	节点详图2（A-W-DT002）	本图集略
12	(3-7)-(3-1)立面图、(3-C)-(3-A)立面图、 (3-1)-(3-7)立面图、(3-A)-(3-C)立面图（A-W-EL003）	本图集略	27	办公室外挂板WGB2640模板图（A-W-3D003）	本图集略	46	节点详图3（A-W-DT003）	本图集42页（部分）
			28	办公室外挂板WGB2640a模板图（A-W-3D004）	本图集略	47	节点详图4（A-W-DT004）	本图集42页（部分）
13	1-1剖面图、2-2剖面图（A-W-SC001）	本图集31页（部分）	29	办公室外挂板WGB2640aF模板图（A-W-3D005）	本图集略	48	节点详图5 - 8（A-W-DT005 - 008）	本图集略
14	4-4剖面图、5-5剖面图、连廊隔墙大样（A-W-SC002）	本图集略	30	办公室外挂板WGB1040模板图（A-W-3D006）	本图集37页	49	节点详图9（A-W-DT009）	本图集42页（部分）
15	卫生间放大图、宿舍放大图（A-W-LS001）	本图集略	31	办公室外挂板WGB2640b模板图（A-W-3D007）	本图集38页	50	节点详图10（A-W-DT010）	本图集42页（部分）
16	MQ1A、MQ1B、MQ2、MQ3玻璃幕墙展开图（A-W-LS002）	本图集略	32	办公室外挂板WGB3440模板图（A-W-3D008）	本图集略			

注：由于示例图集图幅限制，本图中略去常规施工图图纸目录中的图纸版本及出图时间等信息。

设 计 说 明 （一）

1 项目概况和设计范围

1.1 项目名称：（略）

1.2 建设单位：（略）

1.3 建设地点：（略）

1.4 主要使用功能：办公楼

1.5 本工程总用地面积：18 2915.42 m²，总建筑面积：88 388.08 m²，容积率：1.01，建筑密度：49.16%。

1.6 本项目设计号：（略）；本子项为建筑产业化研发中心部分，子项名称建筑产业化研发中心，子项设计号(略)，本子项建筑面积：5102.10 m²，其中办公楼部分建筑面积：2465.40 m²。

1.6.1 建筑层数：4层。

1.6.2 建筑高度：17.650 m。

1.6.3 项目设计规模等级：中型。

1.6.4 建筑设计使用年限：50年。

1.6.5 建筑类别：办公 耐火等级：二级。

1.6.6 主要结构类型：框架，抗震设防烈度：7度。

1.7 工业化建筑设计特征：装配整体式混凝土框架结构办公楼。

1.8 绿色建筑评价等级：办公楼设计阶段绿色三星、运营阶段绿色三星。

1.9 本项目设计范围：建筑、结构、给排水、电气、暖通、建物施各专业施工图设计。

1.10 室内外二次精装修设计、景观设计、幕墙设计、厨房工艺、绿建由专业设计公司配合设计。

2 设计依据

2.1 主管部门的立项批复文件。

2.2 建设单位提供的有关资料（包括项目设计任务书等）。

2.3 建设单位与设计单位签定的《建筑工程设计合同》。

2.4 相关政府机构提供的项目红线图。

2.5 相关政府机构提供的规划设计条件通知书。

2.6 相关政府机构对方案的批复。

2.7 建设单位提供的现状地形图和相关市政资料。

2.8 地勘单位提供的工程勘察报告。

2.9 主要采用的设计规范、规程、标准：

2.9.1 国家现行标准规范：

《建筑设计防火规范》 GB 50016—2014

《公共建筑节能设计标准》 GB 50189—2015

《民用建筑设计通则》 GB 50352—2005

《屋面工程技术规范》 GB 50345—2012

《无障碍设计规范》 GB 50763—2012

《工业化建筑评价标准》 GB/T 51129—2015

《装配式混凝土建筑技术标准》 GB/T 51231—2016

《装配式混凝土结构技术规程》 JGJ 1—2014

《办公建筑设计规范》 JGJ 67—2006

《四川省装配式混凝土建筑设计标准》 DBJ/T 024—2017

《建筑工程设计文件编制深度规定》 2016年版

《工程建设标准强制性条文房屋建筑部分》 2013年版

2.9.2 国家颁布的相关法律法规、现行的设计规范、技术标准和四川省及成都市颁布的相关政策、技术规定。

3 设计标高及放线定位 （略）

4 设计总则及施工要求 （略）

5 用料说明及室内装修

5.1 墙体：

（1）办公楼内隔墙采用120厚轻质复合节能墙板，采用配套专用砂浆砌筑。其构造及技术要求详有关内隔墙－轻质条板（一）构造详图（GB 10J113-1）和结施要求，并符合隔声、防水和耐火极限要求以及达到《建筑材料放射卫生防护标准》要求。

（2）轻质墙板均应由生产厂家根据相关规范及设计要求进行深化设计，并经设计院审核后方可施工。

余略

5.2 墙面及墙身防潮：

（1）轻质复合节能墙板安装所有事项均按国标GB 10J113-1严格执行。

余略

5.3 楼地面 （略）。

5.4 屋面工程 （略）。

5.5 外墙面

（1）外墙饰面使用材料概况：办公楼部分为铝合金隐框玻璃幕墙、金属组合幕墙、钢筋混凝土外挂板色彩及规格见建施立面图，做法详措表。

设计说明（一）（A-W-NT001）		图集号	川2017G127-TY
审核 李 峰	校对 佘 龙	设计 王 周	页 19

设 计 说 明 （二）

（2）办公楼外墙面装修应结合外墙内保温系统要求，采用可靠的技术措施。

（3）外墙面装修选用的各项材料的材质、规格、颜色等，均由施工单位按设计要求（颜色、肌理、性能参数等）提供样板，并做1：1足尺样板，经建设和设计单位确认后进行封样，并据此验收。

余略。

5.6 砂浆（本条适用于成都市五城区（含高新区）及禁止施工现场搅拌砂浆的相关区（市）县的房屋建筑工程）（略）。

5.7 勒脚、散水、台阶、坡道做法详技术措施表、建施图及节点大样。

5.8 油漆、涂料 （略）。

5.9 室内装修 （略）。

6 门窗 （略）

7 幕墙设计详幕施 （略）

8 建筑防火设计 （略）

9 无障碍设计 （略）

10 建筑节能设计

本项目建筑节能设计详建物施。

11 装配式建筑设计

11.1 设计依据：

（1）《工业化建筑评价标准》　　　　　GB/T 51129—2015

（2）《装配式混凝土建筑技术标准》　　GB/T 51231—2016

（3）《装配式混凝土结构技术规程》　　JGJ 1—2014

（4）《四川省装配式混凝土建筑设计标准》DBJ51/T 024—2017

（5）《内隔墙－轻质条板（一）构造详图》GB10J113—1

11.2 设计目标：

（1）建成西南地区第一个装配式混凝土框架结构体系全装配式建筑。

（2）实现装配式标准化、模块化，尽量减少构件种类。

（3）构配件生产工厂化，现场施工机械化，组织管理科学化。

（4）办公楼预制装配率达到82.93%。

11.3 总则：

（1）本工程办公楼为装配整体式混凝土框架结构体系，装配式技术及预制装配式部品、部件选用详表1装配式建筑技术配置表。

（2）本工程轻质复合节能墙板由生产厂家负责进行深化设计，构造做法可以参照《内隔墙－轻质条板（一）构造详图》（GB 10J113-1），并且必须结合本工程结构类型和抗震设防烈度考虑地震和风荷载等各种工况下的要求，必须满足国家和地区的现行相关法规、规程、规范等以及业主的使用要求。

（3）预埋件、内外墙成品墙板、耐候密封胶、灌浆料等均为装配式混凝土结构专用，且需满足相关规范要求，并经过相关机构检测合格，并由设计确认后，施工单位在现场选择一层局部安装实验，明确强度、可靠性和安全性等标准后，方可大规模施工。

11.4 设计范围：

本子项所有部位。

11.5 预制构件范围：预制外墙挂板、预制梁、预制叠合楼板、预制柱、预制楼梯、装配式内墙、预制装饰构件等。

11.6 标准化设计：对平面柱网、立面单元、房间分隔、细部尺寸进行优化统一，减少结构构件种类，以适合墙板、地砖等成品材料规格，减少现场切割。

11.7 构造细部：对不同材料交接处应重点处理，防止因墙板开裂影响美观。绿化外墙防水、防潮、防腐处理等，确保建筑安全性及使用舒适性。

11.8 预制装配率计算书（按成都市标准）：

表1 装配式建筑技术配置表

阶段	技术配置选项	本项目落实情况
标准化设计	标准化模块、多样化组合	●
	模数协调	●
工厂化生产/装配化施工	预制外墙挂板	●
	装配式内墙	●
	预制叠合楼板	●
	预制叠合梁	●
	预制柱	●
	预制女儿墙	●
	预制楼梯	●
	预制装饰构件	●
	无传统外架施工	●
	预制装配率	82.93%
一体化装修	整体卫生间	—
	装配式内装修	●
信息化管理	BIM策划与应用	●
绿色建筑	绿色星级标准	设计评价三星级

设计说明（二）（A-W-NT001）	图集号	川2017G127-TY
审核 李 峰 李峰　校对 佘 龙　设计 王 周	页	20

《成都市城乡建设委员会关于进一步明确我市装配式混凝土结构单体预制装配率计算方法的通知》：

单体建筑预制装配率：装配式建筑中，±0.000以上部分，使用预制构件（指在工厂或现场预先制作的构件，如墙体、梁柱、楼板、楼梯、阳台、雨篷等）体积占全部构件（指包括预制构件在内的所有构件）体积的比例。

本项目预制装配率计算数据详表2预制装配率计算表。

$$预制装配率=\frac{预制构件体积}{全部构件体积}=\frac{1247.33\,m^3}{1504.02\,m^3}$$

表2 预制装配率计算表

部件	单类构件体积（m³）	全部构件体积（m³）	单类构件预制装配率	预制装配率
预制外墙挂板	407.12		27.07%	
预制叠合楼板	132.86		8.83%	
预制叠合梁	220.14		14.64%	
预制柱	154.59	1504.02	10.28%	82.93%
预制女儿墙	34.00		2.26%	
预制楼梯	58.41		3.88%	
装配式内墙	240.21		15.97%	
现浇/砌筑部分	256.69			

12 绿色建筑设计 （略）

13 其他

13.1 图名编号原则：

A-W-FP001

- 专业代码
  - 建筑:A 结构:S 电气:E
  - 暖通:M 给排水:P
- 图纸编号
- 设计阶段代码
  - 初步设计:P 方案:C
  - 施工图设计:W
- 图纸类型代码
  - 图纸目录:CL 设计说明:NT
  - 总平面图:SP 平面图:FP
  - 立面图:EL 剖面图:SC

13.2 门窗编号原则：

材料 + 性能 + - + 类型 + 尺寸代号

木质:W 钢、不锈钢:S
铝制:A 玻璃:G

甲级防火门: F甲
乙级防火门: F乙
丙级防火门: F丙
隔声:G 密闭:T 保温:K
防盗:P 防爆:E

门:M 窗:C

例如:SF甲-M1522代表1500×2200的钢质甲级防火门

13.3 预制板编号原则：

类型 + 尺寸代号

外挂板:WGB
女儿墙:NEQ; 梯段: TD

例如:WGB3441代表3380X4115的外挂板

13.4 本工程图纸图例均按GB/T 50001-2001及GB/T 50103-2001标准,图例如下：

大样：			
小样：			
装配式轻质墙板	页岩多孔砖	预制外墙挂板	现浇钢筋混凝土

余略。

技 术 措 施 表

类别	编号	名称	材料及做法	使用部位	备注
屋面	屋1	保温上人屋面（Ⅰ级防水）（燃烧性能等级A）	略	办公楼屋面（非种植屋面）	
	屋2	保温非上人屋面（Ⅰ级防水）（燃烧性能等级A）	略	楼梯间等不上人屋面	
	屋3	非保温非上人屋面（Ⅱ级防水）（燃烧性能等级A）	略	空调位	
	屋4	种植屋面　保温上人屋面（Ⅰ级防水）（燃烧性能等级A）	略	办公楼屋面绿化	
楼地面	地1	水泥砂浆地面（一）（燃烧性能等级A）	略	水井、电井、走道、设备机房等有水房间	
	地2	水泥砂浆地面（二）（燃烧性能等级A）	略	除地1、地3外其他无水房间	
	地3	水泥砂浆地面（三）（燃烧性能等级A）	略	办公卫生间	
	楼1	水泥砂浆楼面（一）（燃烧性能等级A）	略	水井、电井、走道、设备机房等有水房间	
	楼2	水泥砂浆楼面（二）（燃烧性能等级A）	略	除楼1、楼3外其他无水房间	
	楼3	水泥砂浆楼面（三）（燃烧性能等级A）	略	办公卫生间	
踢脚	踢1	水泥砂浆踢脚（燃烧性能等级A）	略	用于同材质地面有内墙砖的除外	
内墙面	内1	水泥砂浆内墙面（一）（燃烧性能等级A）	略	办公楼公共卫生间临走道侧	
	内2	水泥砂浆内墙面（二）（燃烧性能等级A）	1.轻质墙板基层处理 2.耐碱玻纤网格布一道，刮腻子两道 3.详二装	详图	
	内3	水泥砂浆内墙面（一）（燃烧性能等级A）	略	办公楼天窗侧墙	
	内4	水泥砂浆内墙面（二）（燃烧性能等级A）	1.轻质墙板基层处理 2.耐碱玻纤网格布一道，刮腻子两道 3.1.5厚合成高分子防水涂膜 4.水：水泥：粗砂：805胶水=0.6：1：0.5：0.08刷一道（防水涂料面） 5.详二装	办公楼公共卫生间	1.面层详二装图纸 2.防水上翻至完成面1.2m 3.面层由三方看样后确定，且其燃烧性能达到等级A
	内5	一体板内墙面（一）（燃烧性能等级A）	1.轻质墙板、预制梁柱基层处理 2.50厚B1级挤塑聚苯板+8厚高密度无石棉硅钙板组合的一体板（具体位置详平面图），粘贴并用专用固定件锚固在墙基层上 3.耐碱玻纤网格布一道，刮腻子两道 4.详二装	办公楼有保温层内墙（详图）	一体板做法由专业厂家二次设计，并经三方确定后方可实施
	内6	一体板内墙面（二）（燃烧性能等级A）	略	办公楼公共卫生间有保温层内墙（详图）	一体板做法由专业厂家二次设计，并经三方确定后方可实施
	内7	清水墙面（燃烧性能等级A）	1.钢筋混凝土清水预制构件 2.刷专用无机混凝土保护剂	办公楼预制构件（详图）	专用无机混凝土保护剂需要三方看样后确定

类别	编号	名称	材料及做法	使用部位	备注
外墙面	外1	清水混凝土外墙（燃烧性能等级A）	1.钢筋混凝土预制外挂板 2.刷专用无机混凝土保护剂	办公楼预制外墙面	1.专用无机混凝土保护剂需要三方看样后确定
	外2	一体板外墙（一）（燃烧性能等级A）	1.轻质墙板或页岩多孔砖或钢筋混凝土预制外挂板基层处理 2.耐碱玻纤网格布一道，刮耐水腻子两道 3.1.5厚合成高分子防水涂膜 4.50厚岩棉板+8厚高密度无石棉硅钙板组合的一体板（具体位置详平面图），粘贴并用专用固定件锚固在墙基层上	办公楼（详图）	
	外3	一体板外墙（二）（燃烧性能等级A）	略		非本图集示例部分
	外4	真石漆外墙（燃烧性能等级A）	略		非本图集示例部分
	外5	玻璃幕墙	略	外立面，详图	
	外6	金属幕墙	略	外立面，详图	
顶棚	顶1	清水顶棚（燃烧性能等级A）	略	除顶2外其他顶棚	1.采用清水模板 2.三方看样后确定 3.面层燃烧性能达到等级A
	顶2	一体板顶棚（燃烧性能等级A）	略	办公楼一层大厅	
	顶3	镁岩板顶棚（燃烧性能等级A）	略	详图	
油漆	油1	沥青漆	均按高级油漆工艺要求进行	用于防腐木砖及防腐构件	本色
	油2	防锈漆		用于钢构件及预埋件的防锈处理	本色
	油3	银粉漆		用于露明金属管道	本色
	油4	醇酸磁漆		所有室内木装修、木门	详装修设计
	油5	特殊装修漆		用于构件装饰，详小样及大样	按外观设计
	油6	金属氟碳漆	详国标05J909/TL20/油31	用于金属栏杆、钢爬梯	按外观设计

注：一、凡措施表中墙面、楼地面未做找平层，基层处理须清水模板并保证基层的平整度，若无法满足下一步工序的平整度时，须根据国家标准增加找平层。
二、本措施表中的防水材料性能须满足相关规范要求；
三、乳胶漆、油漆等的施工工序和要求在《建筑装修工程质量验收规范》（GB 50210-2001）中已有规定，在做法表中不再列出，照该规范执行。
四、墙体基层处理：

1.现浇钢筋混凝土墙
（1）浇水一遍，冲去墙面渣末.
（2）刷素水泥浆一遍，水灰比1：0.37~0.40（加建筑胶适量）.
（3）用1：2.5水泥砂浆在墙上刮糙，即用铁抹子将砂浆刮成鱼鳞状，厚度3~5.

2.页岩多孔砖/页岩实心砖
（1）抹灰前24小时在墙上喷水2~5遍，每遍喷水之间的间隔时间应不少于15分钟，喷水量以渗入砌体内深度8~10为宜。喷水面要均匀，不得漏面.
（2）抹灰前再喷水一遍，喷水后立即刷素水泥浆，水灰比1：0.37~0.40.
（3）刷素水泥浆后应立即抹灰，不得在浆面干燥后再抹灰.

3.轻质墙板详生产厂家.

				措施表（A-W-NT002）			图集号	川2017G127-TY
审核	李峰	李峰	校对	佘龙		设计	王周	页 22

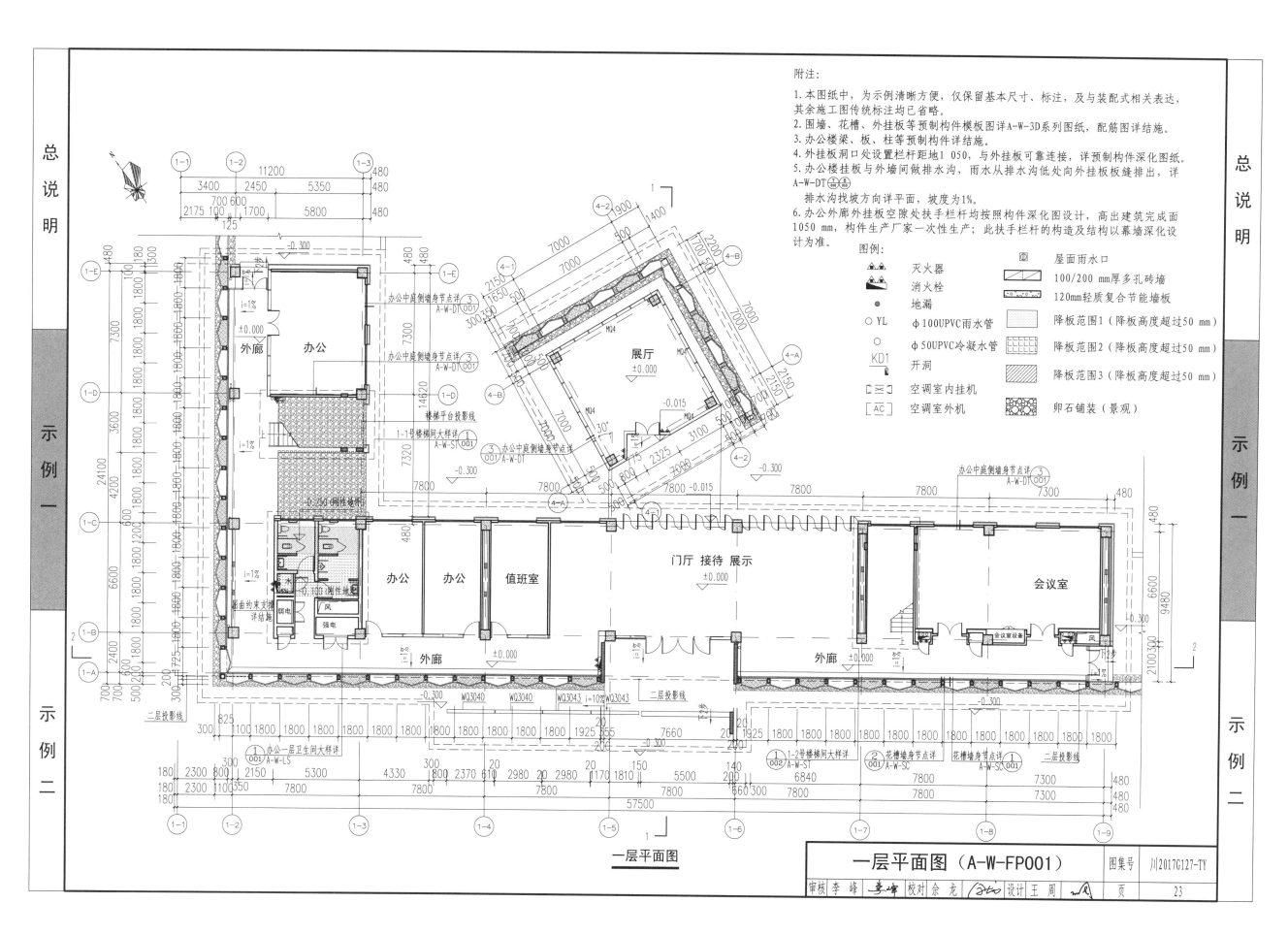

附注:
1. 本图纸中，为示例清晰方便，仅保留基本尺寸、标注，及与装配式相关表达，其余施工图传统标注均已省略。
2. 围墙、花槽、外挂板等预制构件模板图详A-W-3D系列图纸，配筋图详结施。
3. 办公楼梁、板、柱等预制构件详结施。
4. 外挂板洞口处设置栏杆距地1 050，与外挂板可靠连接，详预制构件深化图纸。
5. 办公楼挂板与外墙间做排水沟，雨水从排水沟低处向外挂板板缝排出，详A-W-DT
排水沟找坡方向详平面，坡度为1%。
6. 办公外廊外挂板空隙处扶手栏杆均按照构件深化图设计，高出建筑完成面1050 mm，构件生产厂家一次性生产；此扶手栏杆的构造及结构以幕墙深化设计为准。

图例:

灭火器	屋面雨水口
消火栓	100/200 mm厚多孔砖墙
地漏	120mm轻质复合节能墙板
YL φ100UPVC雨水管	降板范围1（降板高度超过50 mm）
φ50UPVC冷凝水管	降板范围2（降板高度超过50 mm）
KD1 开洞	降板范围3（降板高度超过50 mm）
空调室内挂机	卵石铺装（景观）
AC 空调室外机	

办公中庭侧墙身节点详 3/001 A-W-DT

外廊　办公

办公中庭侧墙身节点详 3/001 A-W-DT

展厅
±0.000

楼梯平台投影线

1-1号楼梯间大样详 1/001 A-W-ST

办公中庭侧墙身节点详 3/001 A-W-DT

办公　办公　值班室

门厅 接待 展示
±0.000

会议室

外廊

屈曲约束支撑详结施

弱电

强电

外廊 ±0.000

办公中庭侧墙身节点详 3/001 A-W-DT

二层投影线

二层投影线

WQ3040　WQ3040　WQ3043 i=10% WQ3043

二层投影线

办公一层卫生间大样详 1/001 A-W-LS

1-2号楼梯间大样详 1/002 A-W-ST

花槽墙身节点详 2/001 A-W-SC

花槽墙身节点详 1/001 A-W-SC

二层投影线

57500

一层平面图

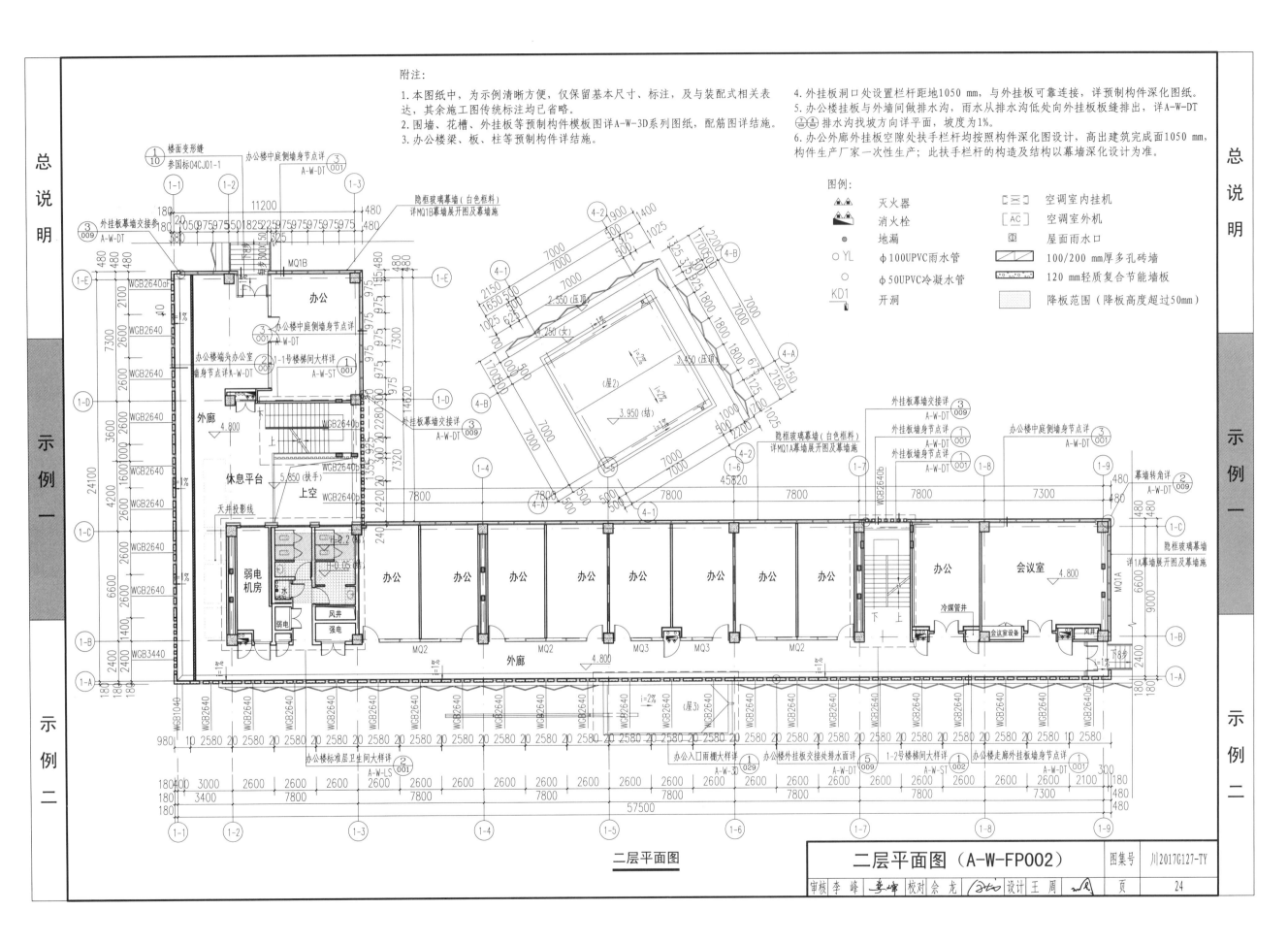

二层平面图

二层平面图（A-W-FP002）

图集号 川2017G127-TY

审核 李峰　校对 佘龙　设计 王周　页 24

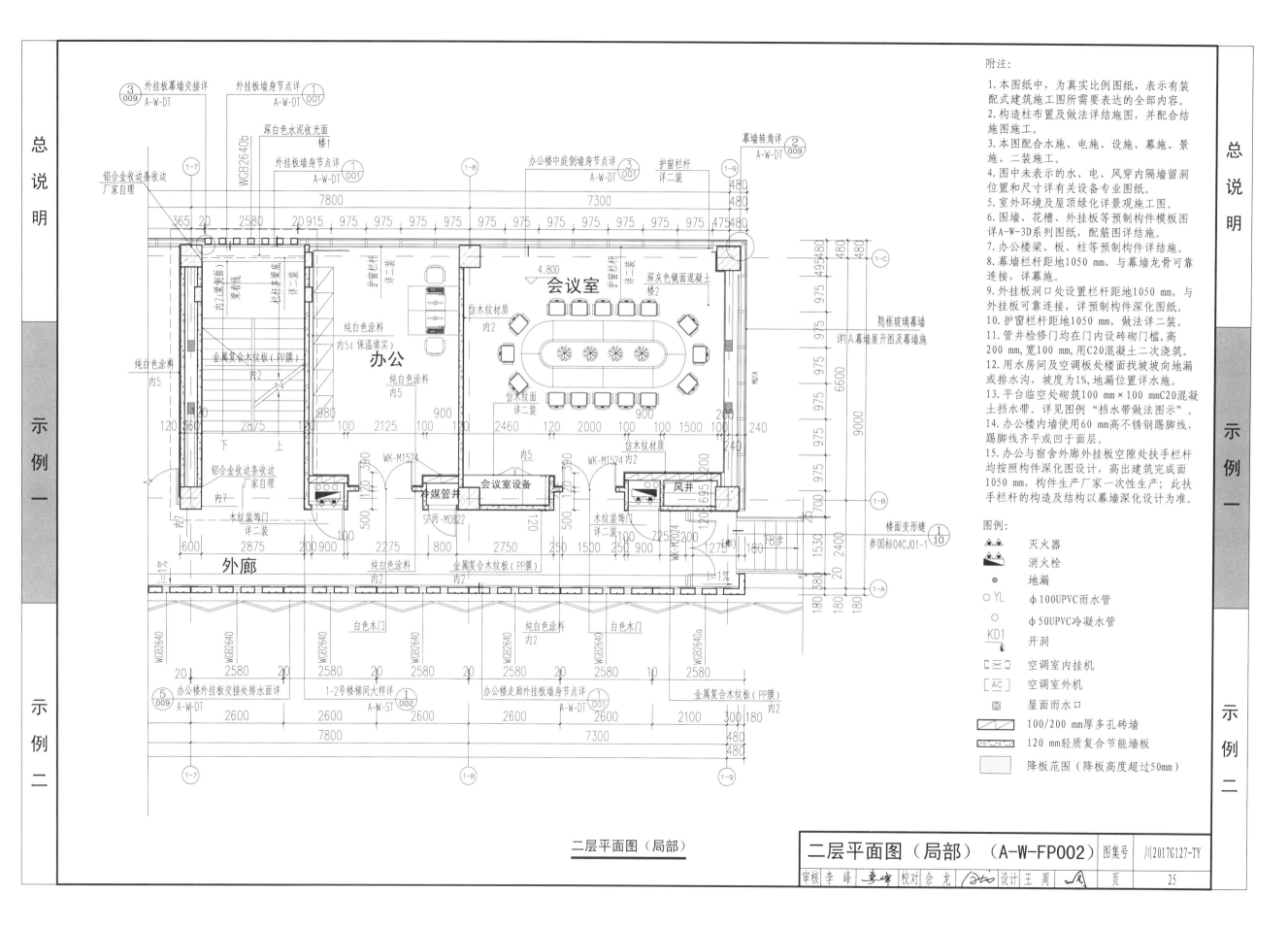

附注:
1. 本图纸中,为真实比例图纸,表示有装配式建筑施工图所需要表达的全部内容。
2. 构造柱布置及做法详结施图,并配合结施图施工。
3. 本图配合水施、电施、设施、幕施、景施、二装施工。
4. 图中未表示的水、电、风穿内隔墙留洞位置和尺寸详有关设备专业图纸。
5. 室外环境及屋顶绿化详景观施工图。
6. 围墙、花槽、外挂板等预制构件模板图详A-W-3D系列图纸,配筋图详结施。
7. 办公楼梁、板、柱等预制构件详结施。
8. 幕墙栏杆距地1050 mm,与幕墙龙骨可靠连接,详幕施。
9. 外挂板洞口处设置栏杆距地1050 mm,与外挂板可靠连接,详预制构件深化图纸。
10. 护窗栏杆距地1050 mm,做法详二装。
11. 管井检修门均在门内设砖砌门槛,高200 mm,宽100 mm,用C20混凝土二次浇筑。
12. 用水房间及空调板处楼面找坡向地漏或排水沟,坡度为1%,地漏位置详水施。
13. 平台临空处砌筑100 mm×100 mmC20混凝土挡水带。详见图例"挡水带做法图示"。
14. 办公楼内墙使用60 mm高不锈钢踢脚线,踢脚线齐平或凹于面层。
15. 办公与宿舍外廊外挂板空隙处扶手栏杆均按照构件深化图设计,高出建筑完成面1050 mm,构件生产厂家一次性生产;此扶手栏杆的构造及结构以幕墙深化设计为准。

图例:
▲▲▲ 灭火器
▦▦ 消火栓
● 地漏
○ YL φ100UPVC雨水管
○ φ50UPVC冷凝水管
KD1 开洞
▭⊠▭ 空调室内挂机
[AC] 空调室外机
▣ 屋面雨水口
▨ 100/200 mm厚多孔砖墙
▩ 120 mm轻质复合节能墙板
▨ 降板范围(降板高度超过50mm)

4.800
会议室
办公
外廊

二层平面图(局部)

二层平面图(局部)(A-W-FP002)	图集号	川2017G127-TY

审核 李峰 李峰 校对 佘龙 设计 王周

页 25

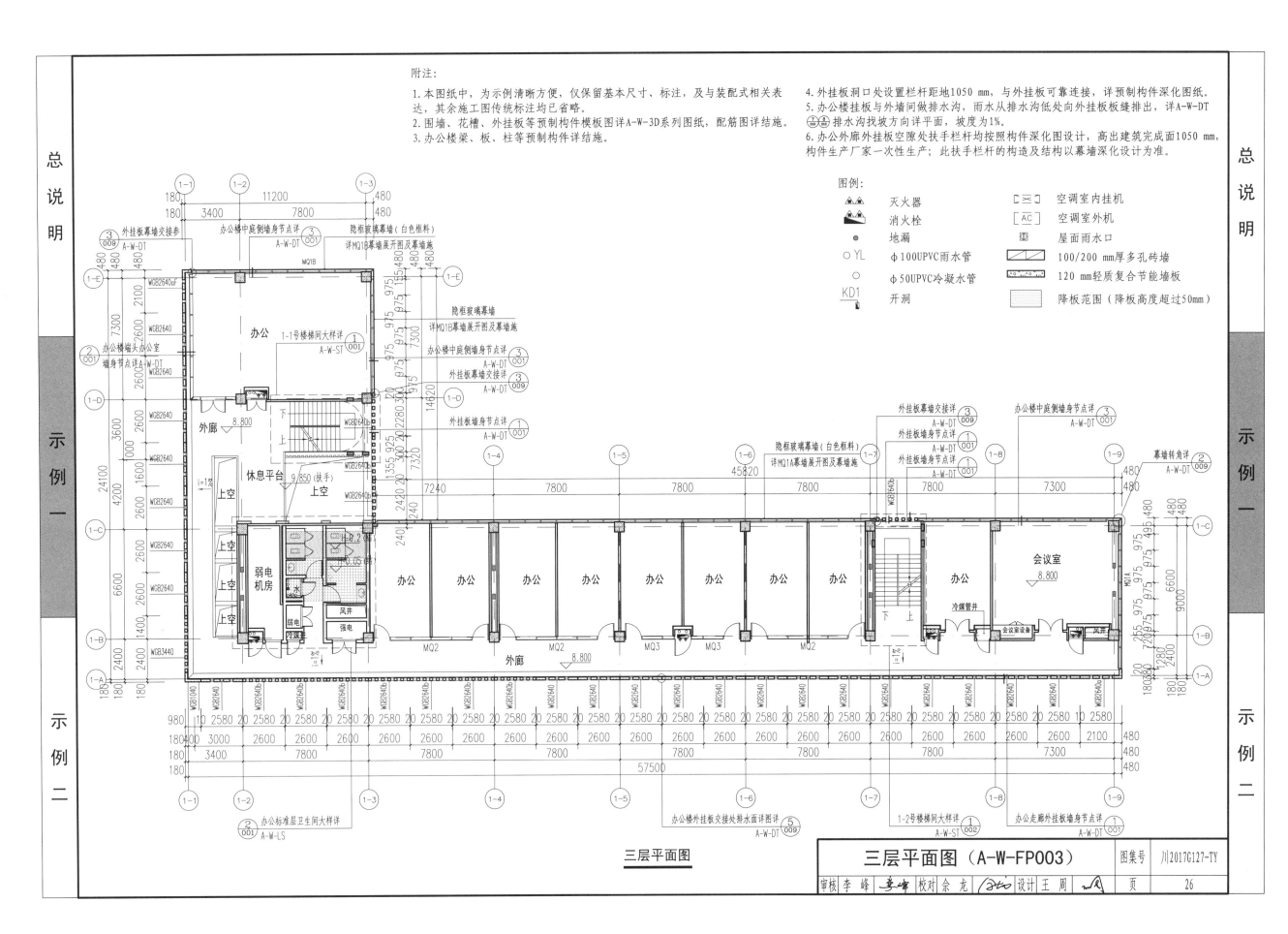

附注：
1. 本图纸中，为示例清晰方便，仅保留基本尺寸、标注、及与装配式相关表达，其余施工图传统标注均已省略。
2. 围墙、花槽、外挂板等预制构件模板图详A-W-3D系列图纸，配筋图详结施。
3. 办公楼梁、板、柱等预制构件详结施。

4. 外挂板洞口处设置栏杆距地1050 mm，与外挂板可靠连接，详预制构件深化图纸。
5. 办公楼挂板与外墙间做排水沟，雨水从排水沟低处向外挂板板缝排出，详A-W-DT⑦，排水沟找坡方向详平面，坡度为1%。
6. 办公外廊外挂板空隙处扶手栏杆均按照构件深化图设计，高出建筑完成面1050 mm，构件生产厂家一次性生产；此扶手栏杆的构造及结构以幕墙深化设计为准。

图例：
灭火器
消火栓
地漏
○YL φ100UPVC雨水管
○ φ50UPVC冷凝水管
KD1 开洞

空调室内挂机
空调室外机
屋面雨水口
100/200 mm厚多孔砖墙
120 mm轻质复合节能墙板
降板范围（降板高度超过50mm）

三层平面图

三层平面图（A-W-FP003）

图集号 川2017G127-TY

审核 李峰　校对 佘龙　设计 王周

页 26

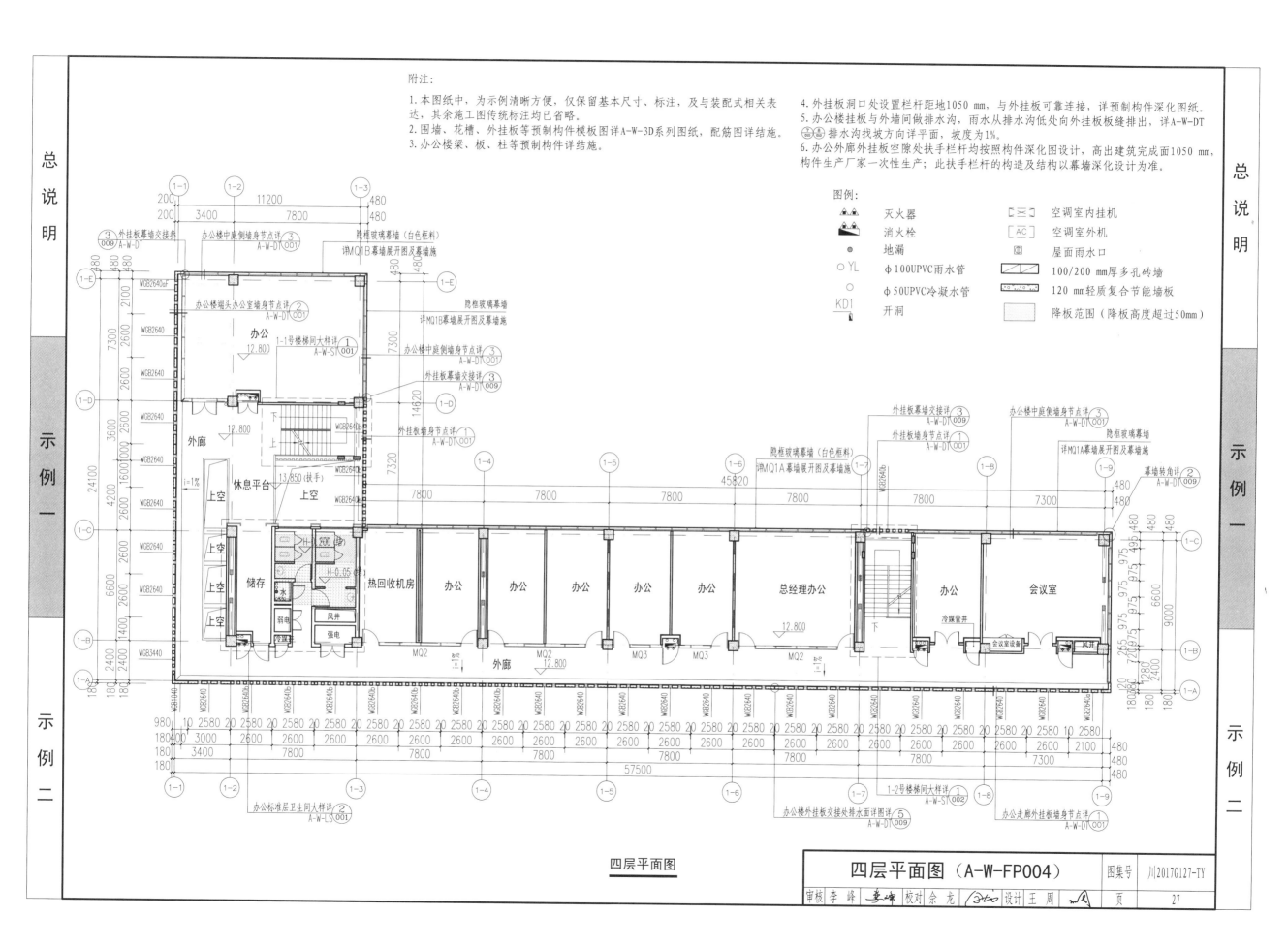

附注：

1. 本图纸中，为示例清晰方便，仅保留基本尺寸、标注，及与装配式相关表达，其余施工图传统标注均已省略。
2. 围墙、花槽、外挂板等预制构件模板图详A-W-3D系列图纸，配筋图详结施。
3. 办公楼梁、板、柱等预制构件详结施。

4. 外挂板洞口处设置栏杆距地1050 mm，与外挂板可靠连接，详预制构件深化图纸。
5. 办公楼挂板与外墙间做排水沟，雨水从排水沟低处向外挂板板缝排出，详A-W-DT⑤排水沟找坡方向详平面，坡度为1%。
6. 办公外廊外挂板空隙处扶手栏杆均按照构件深化图设计，高出建筑完成面1050 mm，构件生产厂家一次性生产；此扶手栏杆的构造及结构以幕墙深化设计为准。

图例：
- 灭火器
- 消火栓
- 地漏
- YL φ100UPVC雨水管
- φ50UPVC冷凝水管
- KD1 开洞
- 空调室内挂机
- AC 空调室外机
- 屋面雨水口
- 100/200 mm厚多孔砖墙
- 120 mm轻质复合节能墙板
- 降板范围（降板高度超过50mm）

四层平面图

四层平面图（A-W-FP004）

图集号	川2017G127-TY
审核 李峰	校对 佘龙	设计 王周
页	27

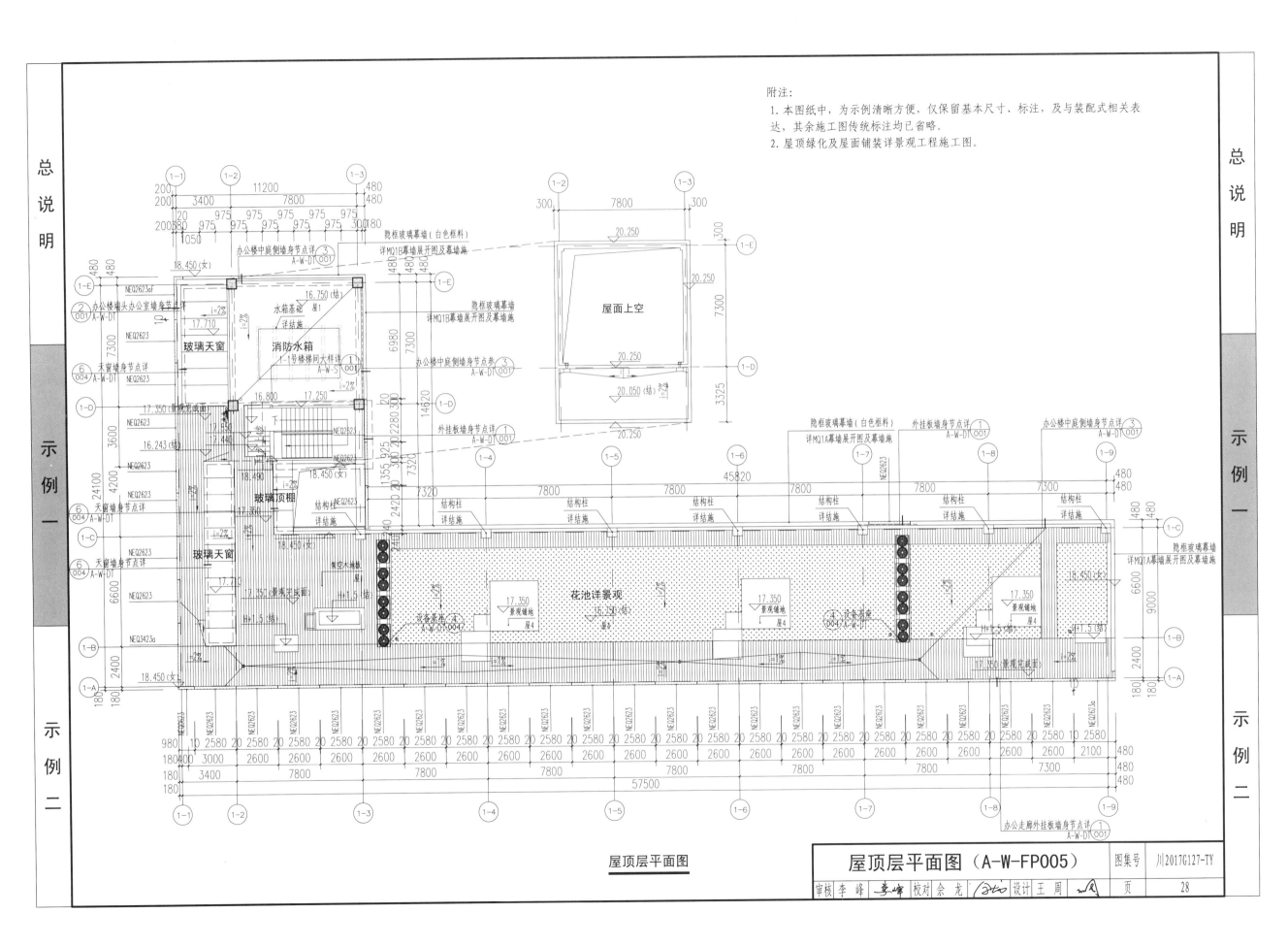

附注：
1. 本图纸中，为示例清晰方便，仅保留基本尺寸、标注，及与装配式相关表达，其余施工图传统标注均已省略。
2. 屋顶绿化及屋面铺装详景观工程施工图。

屋面上空

屋顶层平面图

屋顶层平面图（A-W-FP005）

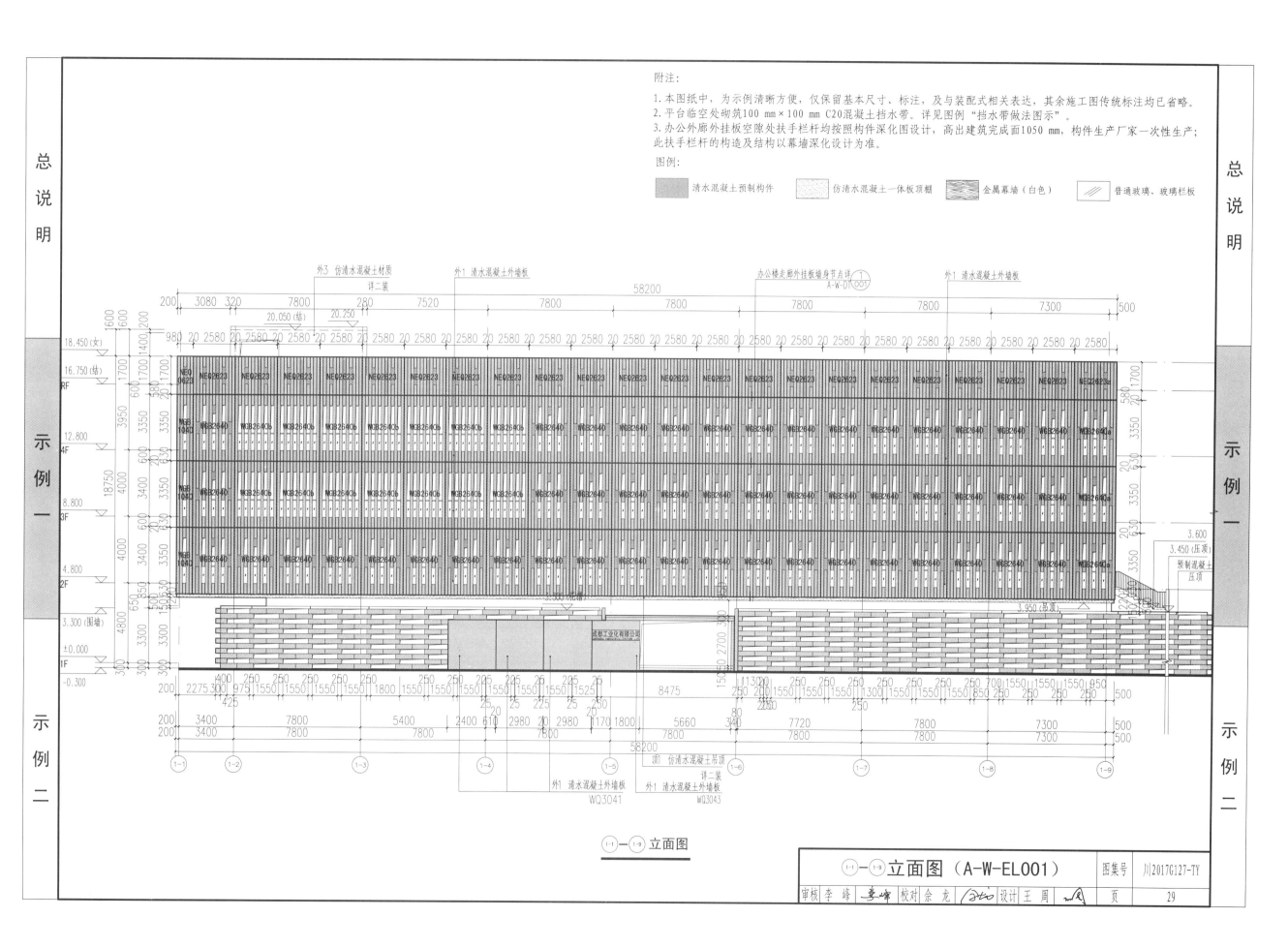

附注:

1. 本图纸中，为示例清晰方便，仅保留基本尺寸、标注，及与装配式相关表达，其余施工图传统标注均已省略。
2. 平台临空处砌筑100 mm×100 mm C20混凝土挡水带。详见图例"挡水带做法图示"。
3. 办公外廊外挂板空隙处扶手栏杆均按照构件深化图设计，高出建筑完成面1050 mm，构件生产厂家一次性生产；
此扶手栏杆的构造及结构以幕墙深化设计为准。

图例:

清水混凝土预制构件　　　仿清水混凝土一体板顶棚　　　金属幕墙（白色）　　　普通玻璃、玻璃栏板

①-①—①-⑨ 立面图

①-①—①-⑨ 立面图（A-W-EL001）

图集号 川2017G127-TY

审核 李峰　校对 佘龙　设计 王周

页 29

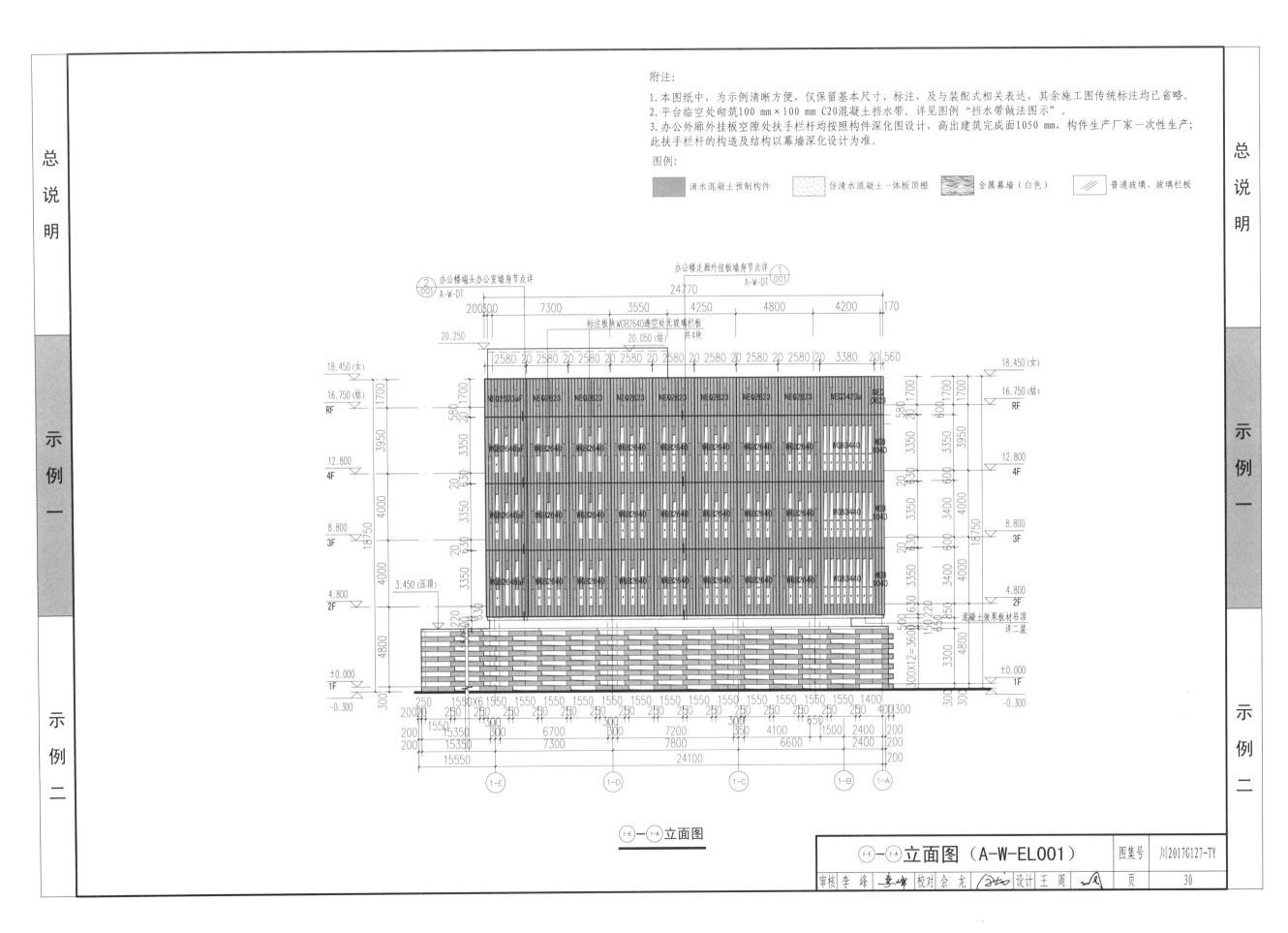

附注：

1. 本图纸中，为示例清晰方便，仅保留基本尺寸、标注、及与装配式相关表达，其余施工图传统标注均已省略。
2. 平台临空处砌筑100 mm×100 mm C20混凝土挡水带。详见图例"挡水带做法图示"。
3. 办公外廊外挂板空隙处扶手栏杆均按照构件深化图设计，高出建筑完成面1050 mm，构件生产厂家一次性生产；此扶手栏杆的构造及结构以幕墙深化设计为准。

图例：

清水混凝土预制构件　　仿清水混凝土一体板顶棚　　金属幕墙（白色）　　普通玻璃、玻璃栏板

①-E — ①-A 立面图（A-W-EL001）

图集号	川2017G127-TY
审核 李峰　校对 佘龙　设计 王周	页 30

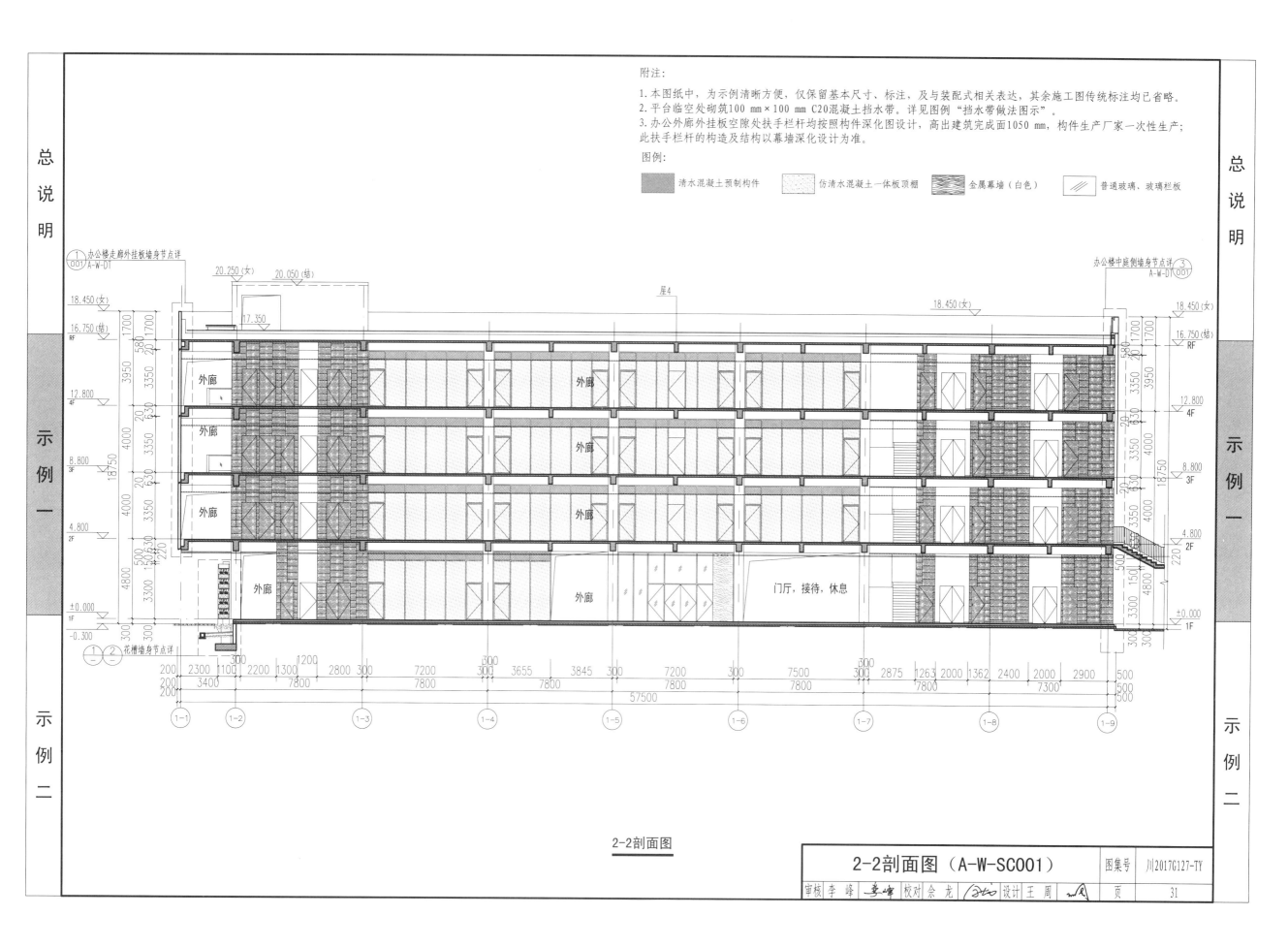

附注：

1. 本图纸中，为示例清晰方便，仅保留基本尺寸、标注，及与装配式相关表达，其余施工图传统标注均已省略。
2. 平台临空处砌筑100 mm×100 mm C20混凝土挡水带。详见图例"挡水带做法图示"。
3. 办公外廊外挂板空隙处扶手栏杆均按照构件深化图设计，高出建筑完成面1050 mm，构件生产厂家一次性生产；此扶手栏杆的构造及结构以幕墙深化设计为准。

图例：

清水混凝土预制构件	仿清水混凝土一体板顶棚	金属幕墙（白色）	普通玻璃、玻璃栏板

2-2剖面图

2-2剖面图（A-W-SC001）

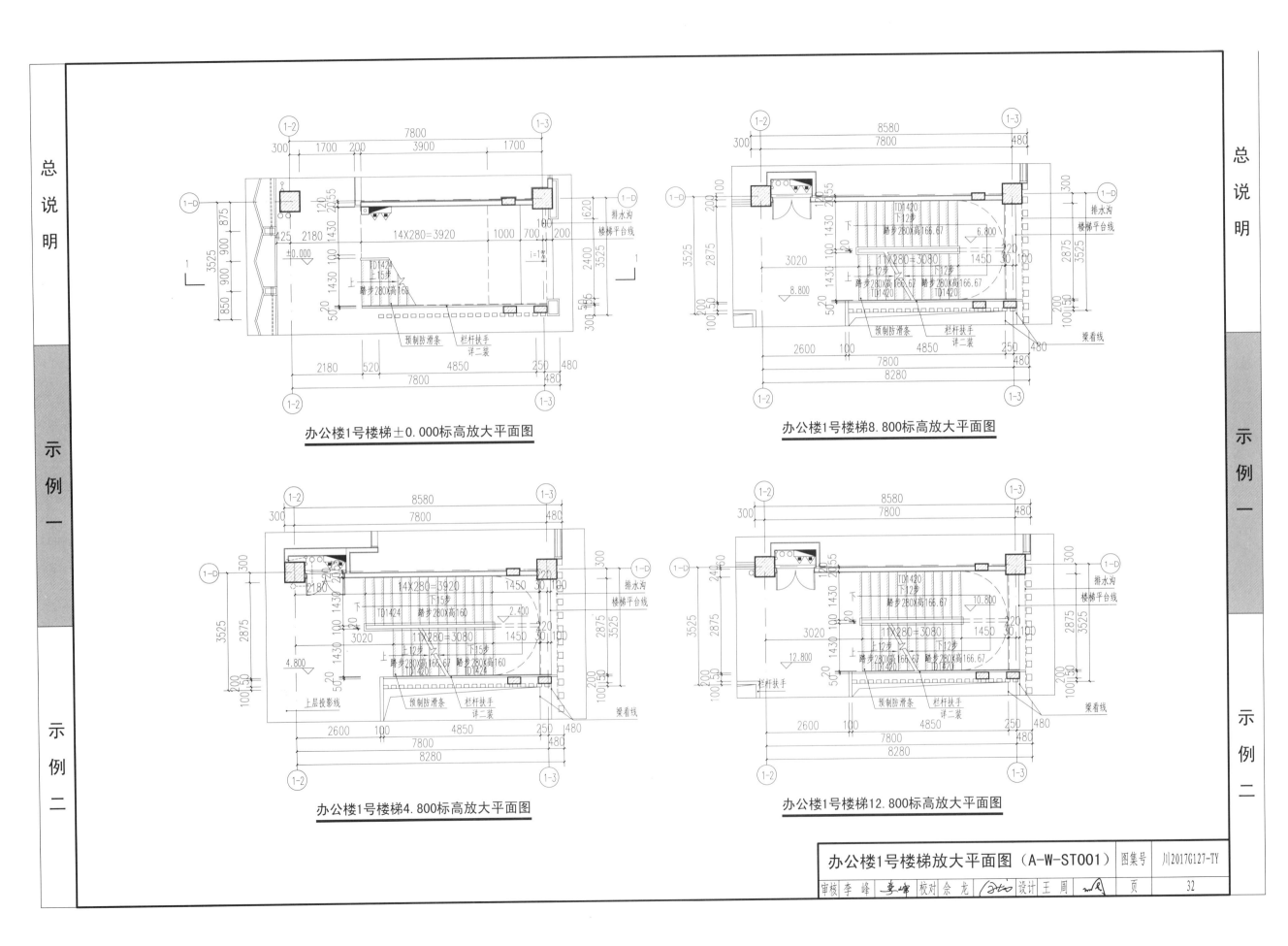

办公楼1号楼梯±0.000标高放大平面图

办公楼1号楼梯8.800标高放大平面图

办公楼1号楼梯4.800标高放大平面图

办公楼1号楼梯12.800标高放大平面图

办公楼1号楼梯放大平面图（A-W-ST001）	图集号	川2017G127-TY
审核 李峰　校对 佘龙　设计 王周	页	32

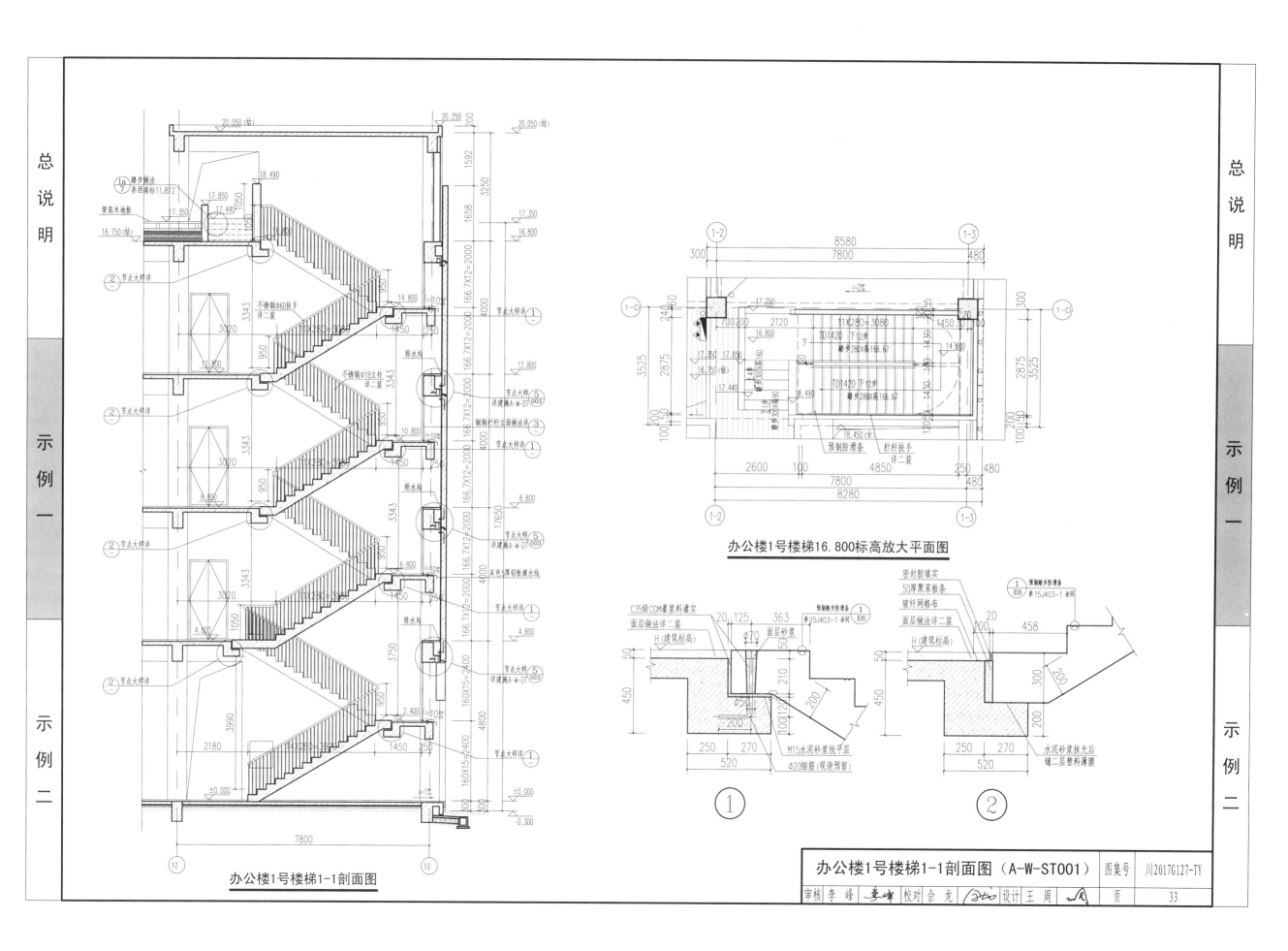

办公楼1号楼梯16.800标高放大平面图

办公楼1号楼梯1-1剖面图

办公楼1号楼梯1-1剖面图（A-W-ST001）

图集号 川2017G127-TY
审核 李峰 李峰 校对 佘龙 设计 王周
页 33

外挂板统计表

	外挂板编号	图示	数量
办公楼（外墙）	WGB2640		70
	WGB2640a		3
	WGB2640aF		3
	WGB1040		3
	WGB2640b		26
	WGB3440		3
食堂（外墙）	WGB2646		36
	WGB0746		4
宿舍（外墙）	WGB2636	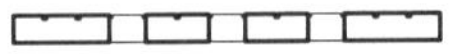	27
	WGB2636a		2
	WGB2636aF	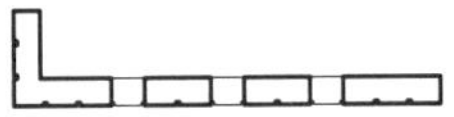	2
	WGB3436	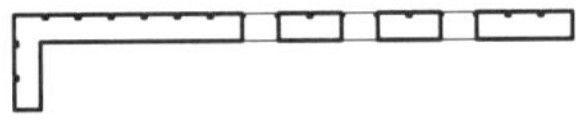	2
	WGB2636b		8

	外挂板编号	图示	数量
女儿墙	NEQ2623		85
	NEQ2623a	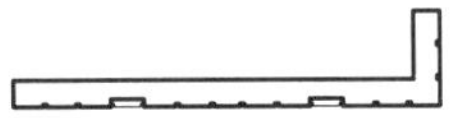	2
	NEQ2623F	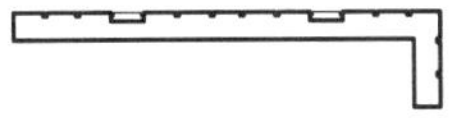	2
	NEQ3423		1
	NEQ0623		1
	NEQ3423a		1
围墙	WQ3030		15
	WQ3041		22
	WQ3043		3
	WQ3043a		1
	WQ1343		1
	WQ2440		1
	WQ2440F	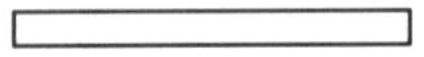	1

	外挂板编号	图示	数量
花槽	H-1	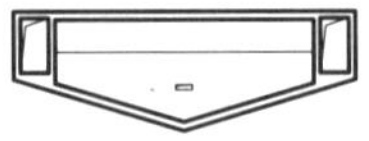	435
	H-2	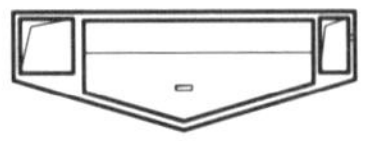	33
	H-3		33
	H-4	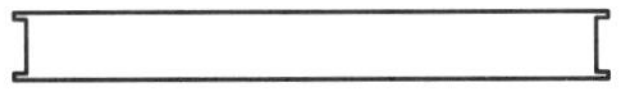	31
	H-5	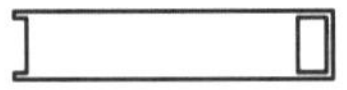	3
	H-6	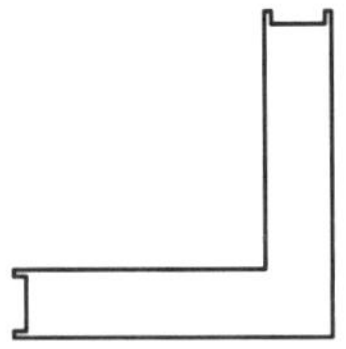	3
雨棚	YP-1	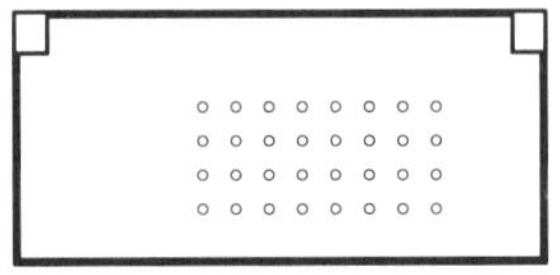	1

外挂板统计表（A-W-3D000）

审核 李 峰 李峰 校对 佘 龙 设计 王 周

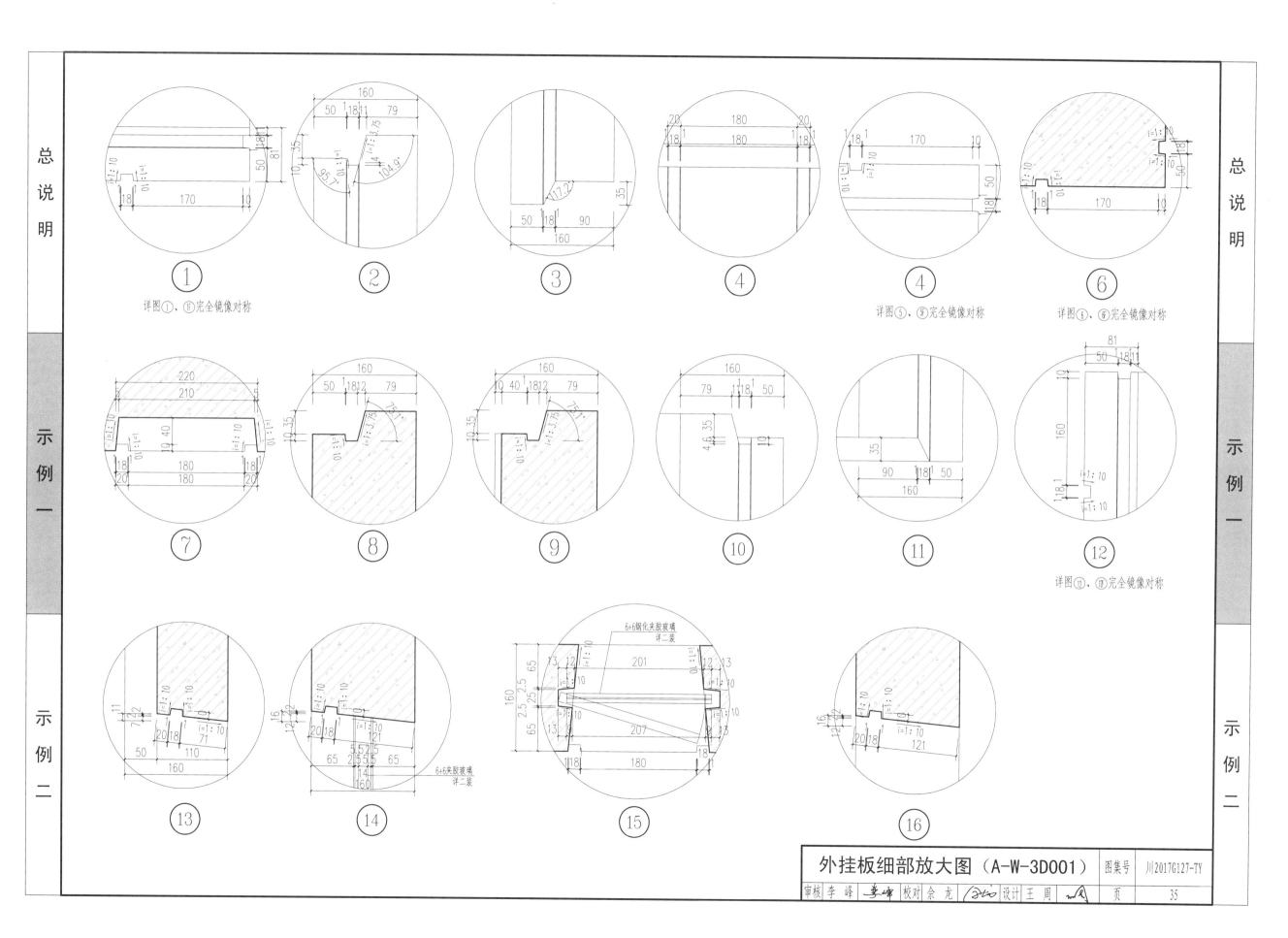

①

②

③

④

④

⑥

详图①、⑤完全镜像对称

详图⑤、⑤完全镜像对称

详图⑥、⑤完全镜像对称

⑦

⑧

⑨

⑩

⑪

⑫

详图⑫、⑤完全镜像对称

⑬

⑭

6+6夹胶玻璃
详二装

⑮

6+6钢化夹胶玻璃
详二装

⑯

外挂板细部放大图（A-W-3D001）

图集号	川2017G127-TY

审核 李峰　校对 佘龙　设计 王周

页 35

示例一

示例一

示例二

示例二

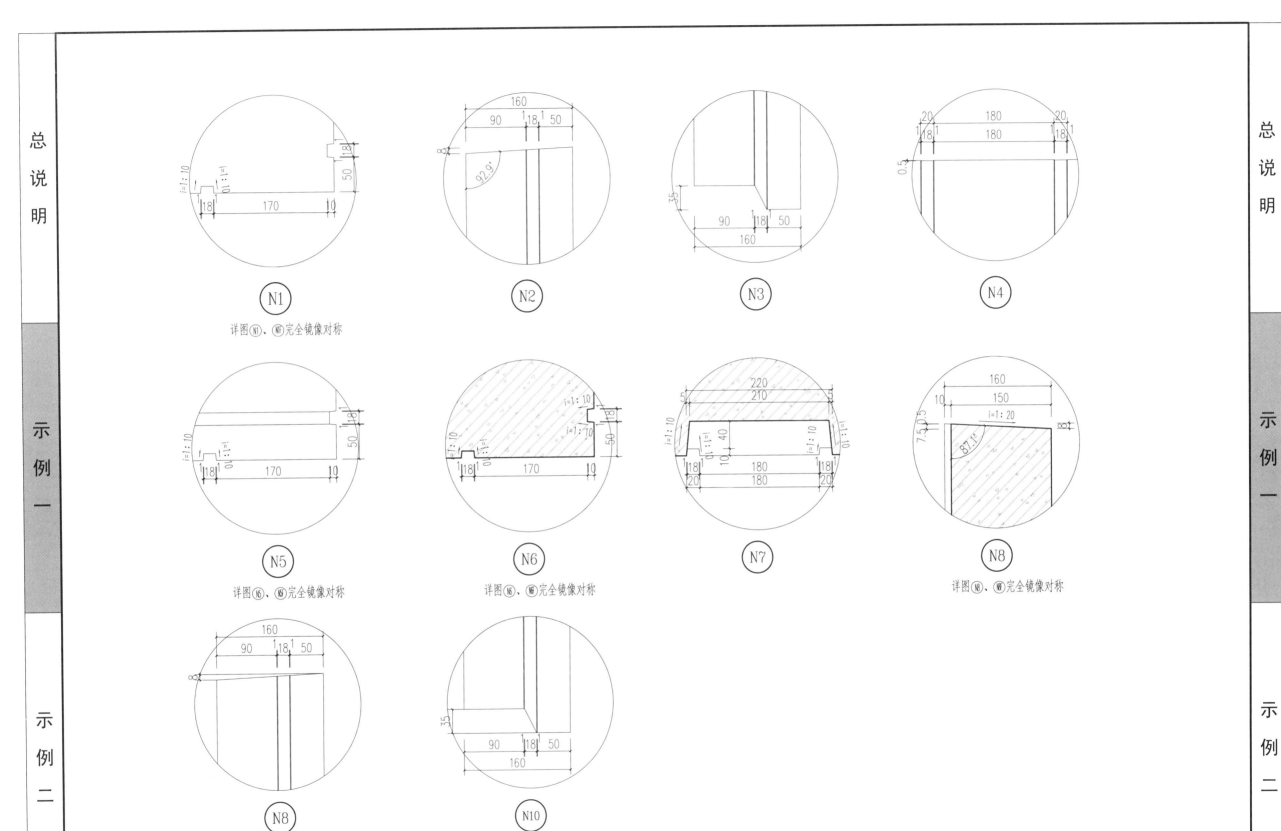

N1

详图(N1)、(N1')完全镜像对称

N2

N3

N4

N5

详图(N5)、(N5')完全镜像对称

N6

详图(N6)、(N6')完全镜像对称

N7

N8

详图(N8)、(N8')完全镜像对称

N8

N10

女儿墙外挂板细部放大图（A-W-3D002）

图集号 川2017G127-TY

审核 李峰 李峰 校对 佘龙 设计 王周

页 36

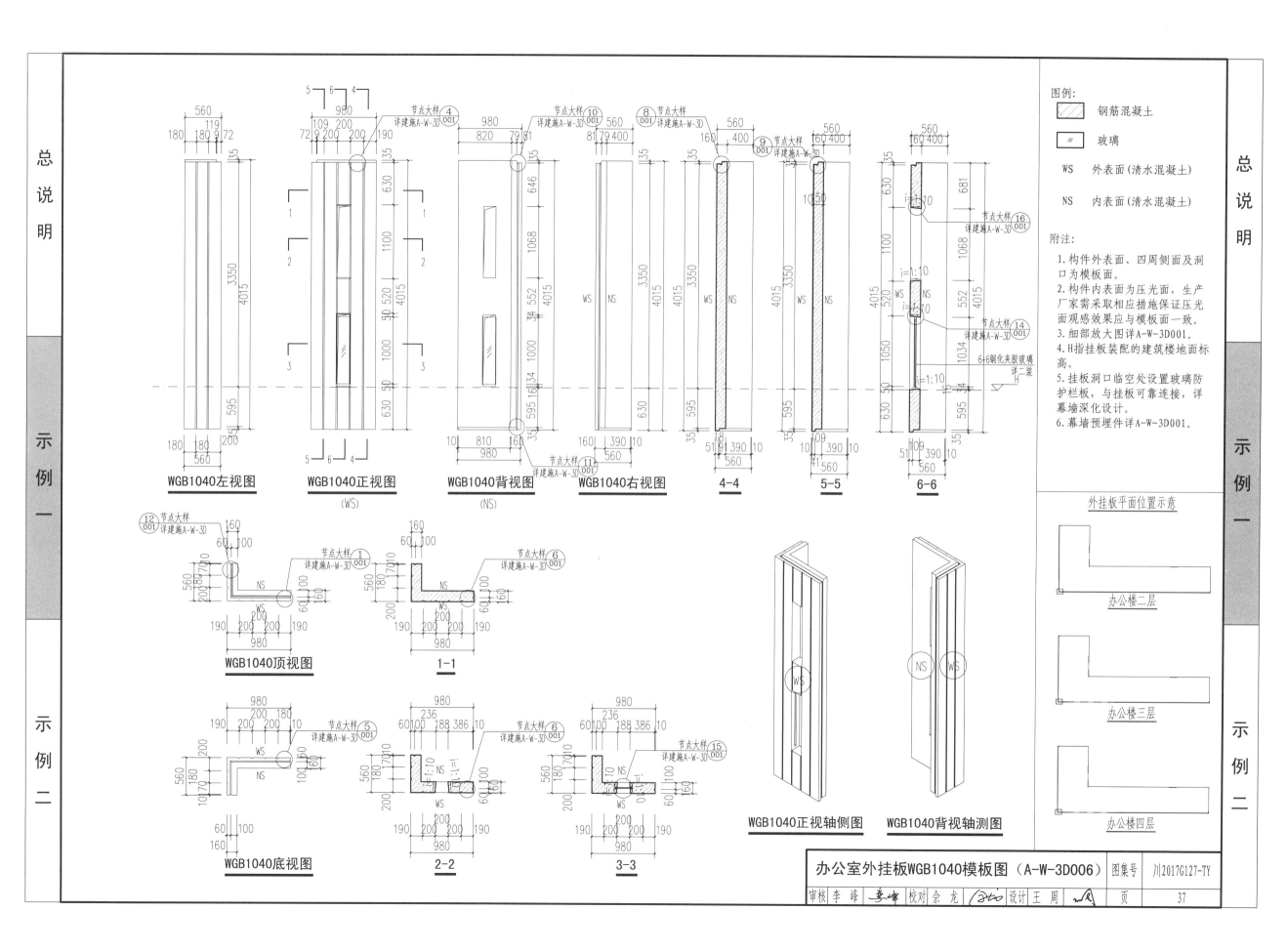

图例:
钢筋混凝土
玻璃

WS 外表面(清水混凝土)

NS 内表面(清水混凝土)

附注:
1. 构件外表面、四周侧面及洞口为模板面。
2. 构件内表面为压光面,生产厂家需采取相应措施保证压光面观感效果应与模板面一致。
3. 细部放大图详A-W-3D001。
4. H指挂板装配的建筑楼地面标高。
5. 挂板洞口临空处设置玻璃防护栏板,与挂板可靠连接,详幕墙深化设计。
6. 幕墙预埋件详A-W-3D001。

WGB1040左视图

WGB1040正视图
(WS)

WGB1040背视图
(NS)

WGB1040右视图

4-4

5-5

6-6

WGB1040顶视图

1-1

WGB1040底视图

2-2

3-3

WGB1040正视轴侧图

WGB1040背视轴测图

外挂板平面位置示意

办公楼二层

办公楼三层

办公楼四层

办公室外挂板WGB1040模板图(A-W-3D006)

图集号 川2017G127-TY

审核 李峰 李峰 校对 佘龙 设计 王周

页 37

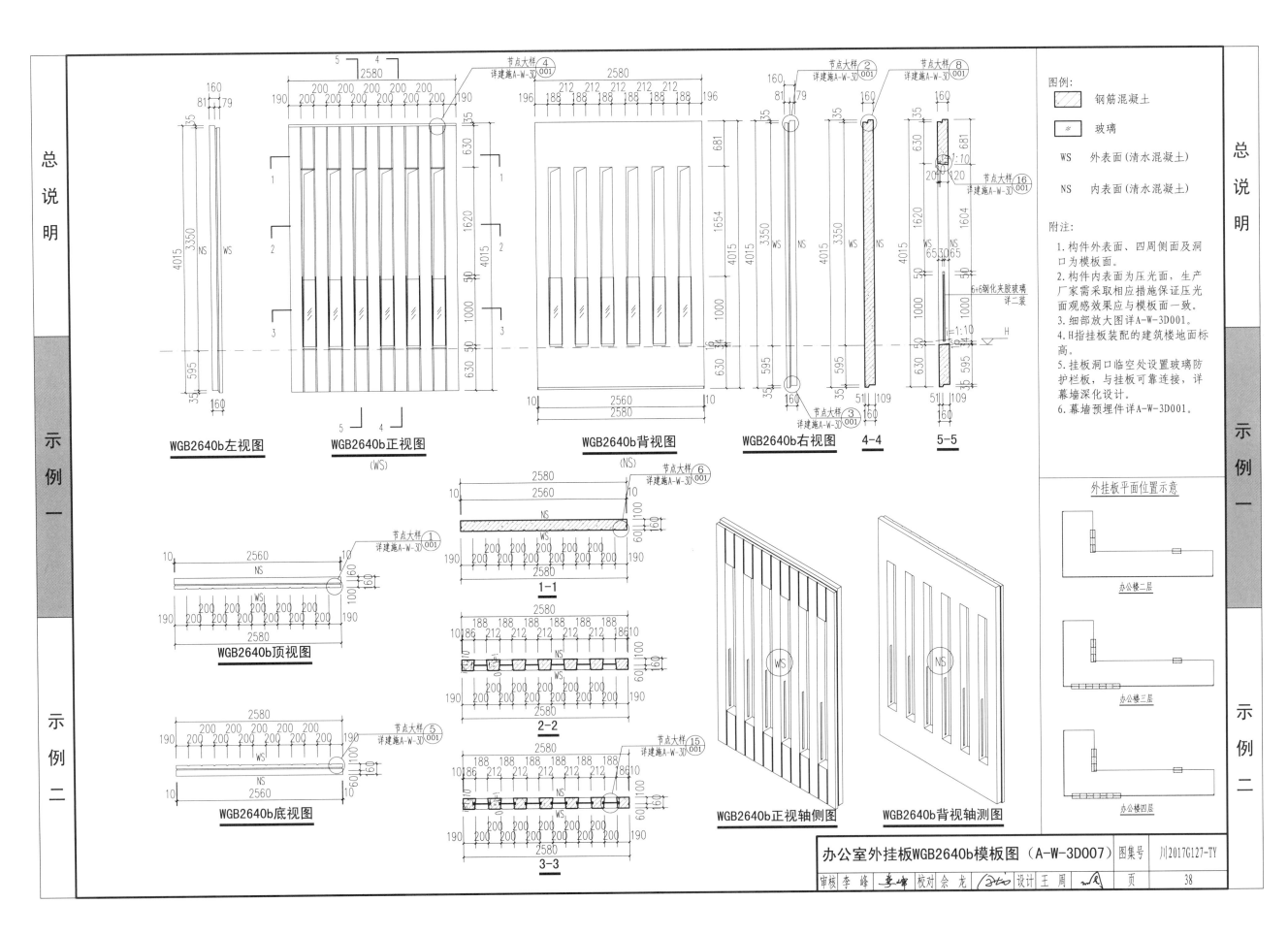

图例：
钢筋混凝土
玻璃

WS 外表面（清水混凝土）

NS 内表面（清水混凝土）

附注：
1. 构件外表面、四周侧面及洞口为模板面。
2. 构件内表面为压光面，生产厂家需采取相应措施保证压光面观感效果应与模板面一致。
3. 细部放大图详A-W-3D001。
4. H指挂板装配的建筑楼地面标高。
5. 挂板洞口临空处设置玻璃防护栏板，与挂板可靠连接，详幕墙深化设计。
6. 幕墙预埋件详A-W-3D001。

WGB2640b左视图

WGB2640b正视图
（WS）

WGB2640b背视图
（NS）

WGB2640b右视图

4-4

5-5

6+6钢化夹胶玻璃
详二装

节点大样
详建施A-W-3D001

WGB2640b顶视图

1-1

2-2

3-3

WGB2640b底视图

外挂板平面位置示意

办公楼二层

办公楼三层

办公楼四层

WGB2640b正视轴侧图

WGB2640b背视轴测图

办公室外挂板WGB2640b模板图（A-W-3D007）

图集号 川2017G127-TY

审核 李峰 李峰 校对 佘龙 设计 王周

页 38

图例：

▨ 钢筋混凝土

WS 外表面(清水混凝土)

NS 内表面(清水混凝土)

附注：

1. 构件外表面、四周侧面及洞口为模板面。

2. 构件内表面为压光面,生产厂家需采取相应措施保证压光面观感效果应与模板面一致。

3. 细部放大图详A-W-3D001。

4. H指挂板装配的建筑楼地面标高。

5. 挂板洞口临空处设置玻璃防护栏板,与挂板可靠连接,详幕墙深化设计。

6. 幕墙预埋件详A-W-3D001。

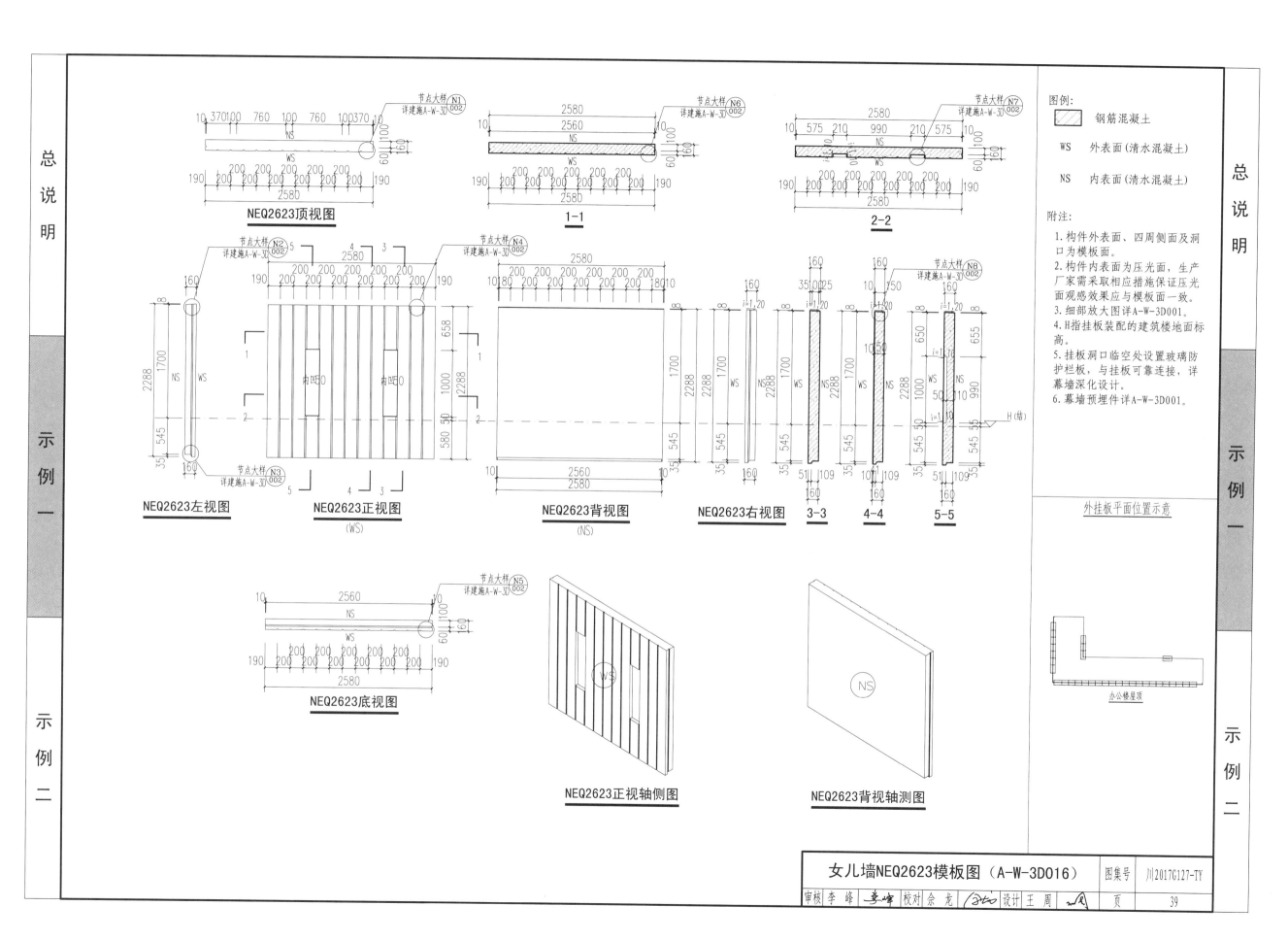

NEQ2623顶视图

1-1

2-2

NEQ2623左视图

NEQ2623正视图
(WS)

NEQ2623背视图
(NS)

NEQ2623右视图

3-3

4-4

5-5

NEQ2623底视图

NEQ2623正视轴侧图

NEQ2623背视轴测图

外挂板平面位置示意

办公楼屋顶

女儿墙NEQ2623模板图（A-W-3D016）

图集号　川2017G127-TY

审核　李峰　　校对　佘龙　　设计　王周　　页　39

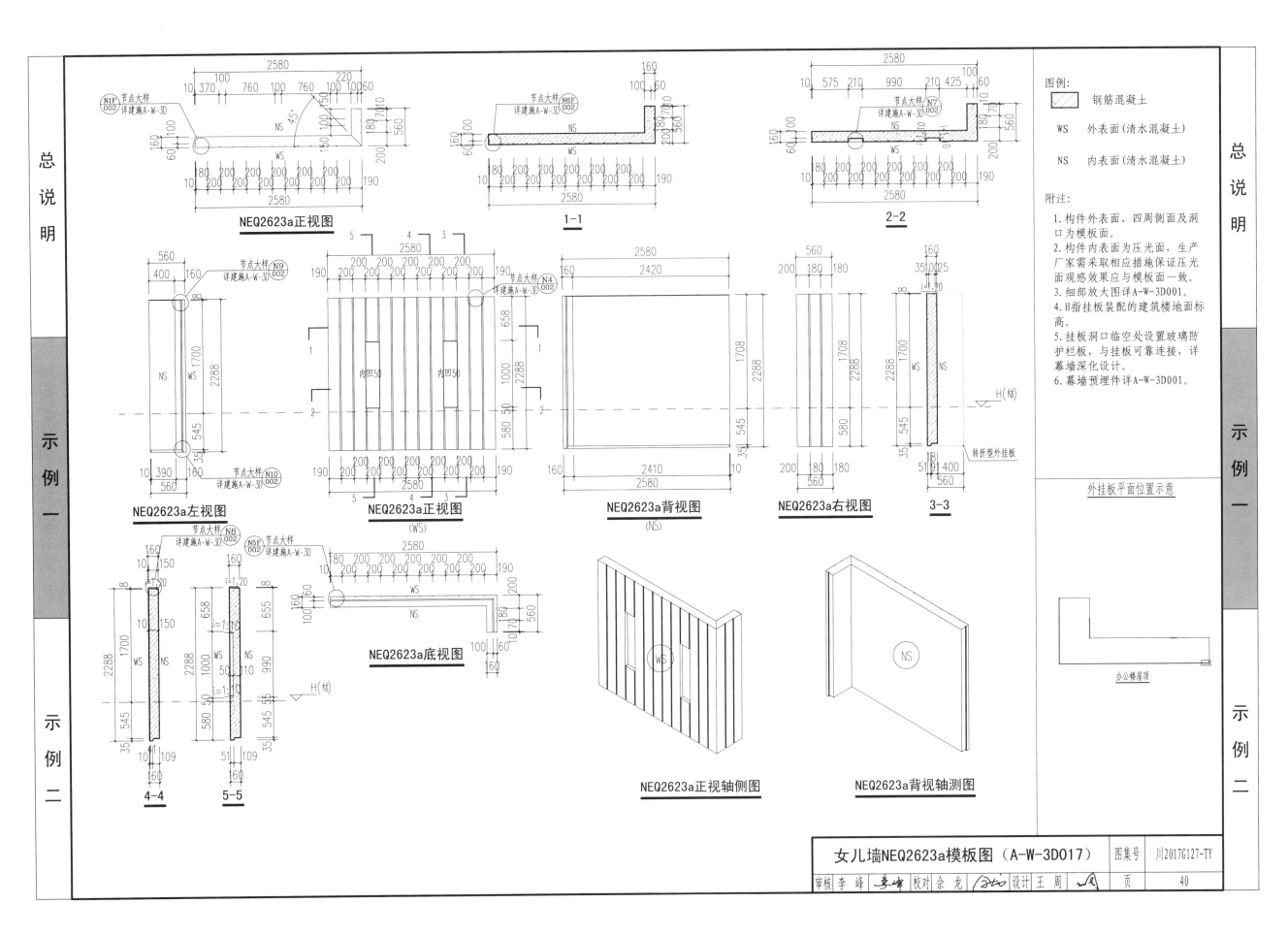

图例：

钢筋混凝土

WS 外表面(清水混凝土)

NS 内表面(清水混凝土)

附注：
1. 构件外表面、四周侧面及洞口为模板面。
2. 构件内表面为压光面，生产厂家需采取相应措施保证压光面观感效果应与模板面一致。
3. 细部放大图详A-W-3D001。
4. H指挂板装配的建筑楼地面标高。
5. 挂板洞口临空处设置玻璃防护栏板，与挂板可靠连接，详幕墙深化设计。
6. 幕墙预埋件详A-W-3D001。

NEQ2623a正视图

1-1

2-2

节点大样 N1F/002 详建施A-W-3D

节点大样 N6F/002 详建施A-W-3D

节点大样 N7/002 详建施A-W-3D

NEQ2623a左视图

节点大样 N9/002 详建施A-W-3D

节点大样 N10/002 详建施A-W-3D

NEQ2623a正视图
(WS)

节点大样 N4/002 详建施A-W-3D

内凹50   内凹50

转折型外挂板

NEQ2623a背视图
(NS)

NEQ2623a右视图

3-3

外挂板平面位置示意

办公楼屋顶

节点大样 N8/002 详建施A-W-3D

节点大样 N5F/002 详建施A-W-3D

4-4

5-5

NEQ2623a底视图

NEQ2623a正视轴侧图

NEQ2623a背视轴测图

女儿墙NEQ2623a模板图（A-W-3D017）

图集号 川2017G127-TY

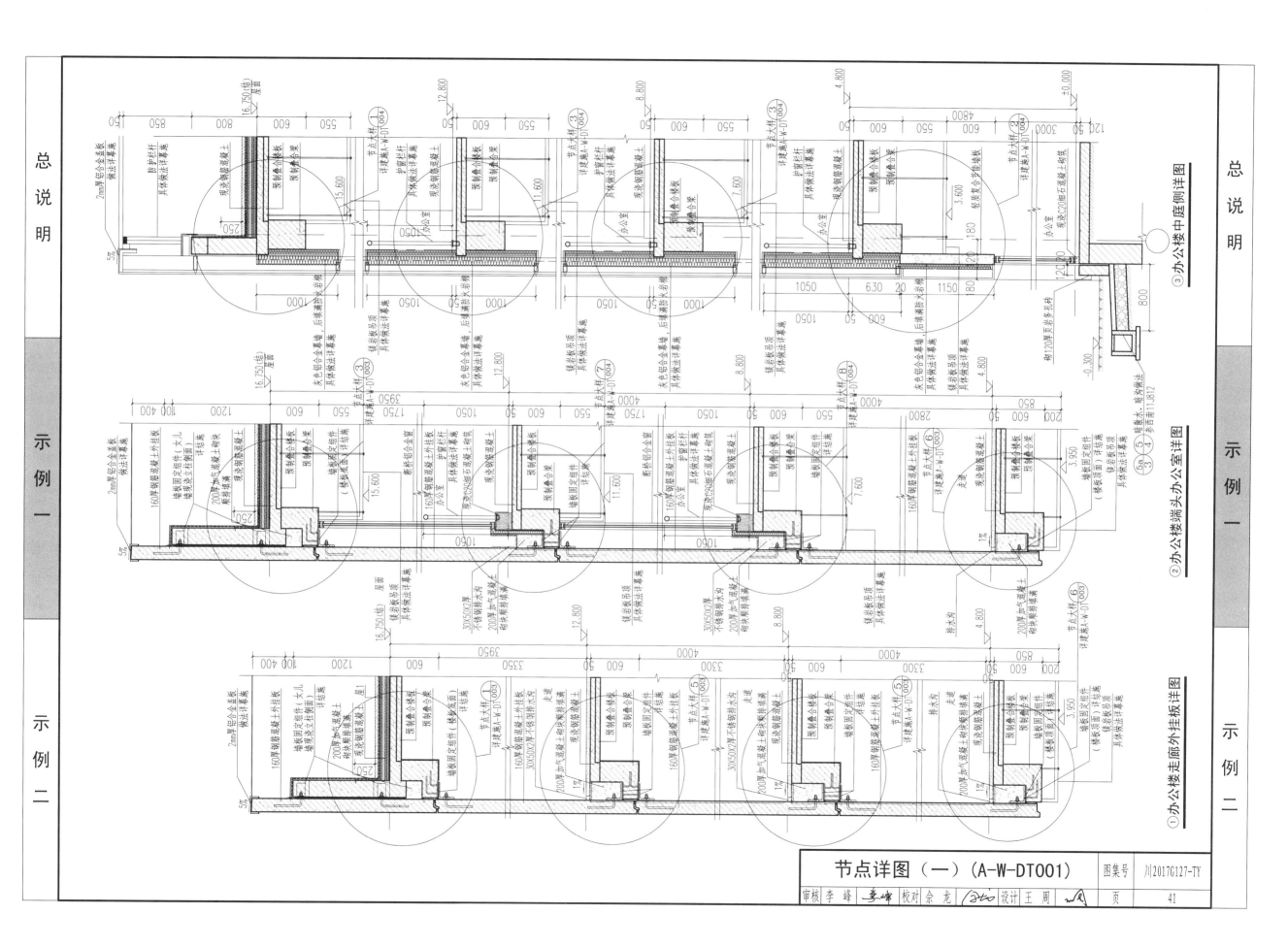

③办公楼中庭侧详图

②办公楼端头办公室详图

①办公楼走廊外挂板详图

节点详图（一）（A-W-DT001）

图集号　川2017G127-TY

审核　李峰　校对　佘龙　设计　王周

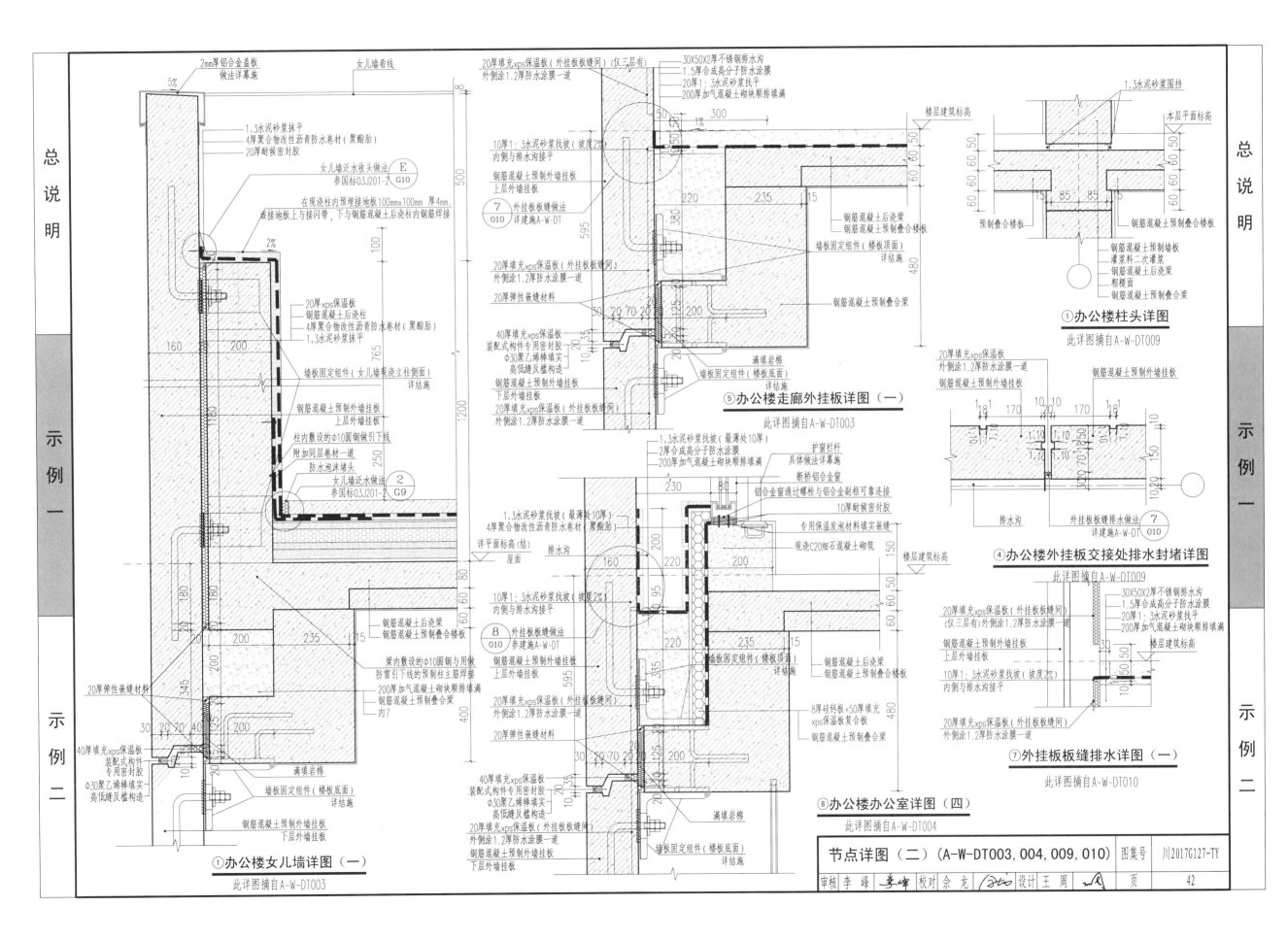

① 办公楼女儿墙详图（一）

此详图摘自A-W-DT003

⑤ 办公楼走廊外挂板详图（一）

此详图摘自A-W-DT003

⑧ 办公楼办公室详图（四）

此详图摘自A-W-DT004

① 办公楼柱头详图

此详图摘自A-W-DT009

④ 办公楼外挂板交接处排水封堵详图

此详图摘自A-W-DT009

⑦ 外挂板板缝排水详图（一）

此详图摘自A-W-DT010

节点详图（二）（A-W-DT003、004、009、010）	图集号	川2017G127-TY
审核 李峰 李峰 校对 佘龙 设计 王周	页	42

施工图图纸目录

设 计 说 明

1 项目概况和设计范围

1.1 项目名称：（略）。

1.2 建设单位：（略）。

1.3 建设地点：（略）。

1.4 主要使用功能：办公楼。

1.5 本项目设计号：（略）；本工程采用装配式框架结构，地上4层，大屋面标高为16.750 m。建筑平面外形为"L"形，"L"形的每肢均为单跨，其跨度为7.8 m，框架轴网基本尺寸为7.8 m×7.8 m。为了增强单跨框架结构的抗震能力，提高其抗震延性，在结构薄弱方向设置了"人"字形布置的屈曲约束支撑。办公楼梁、柱均采用预制，楼板采用桁架钢筋混凝土叠合板。内墙采用蒸压加气混凝土板，外墙采用预制混凝土墙板。

2 设计依据

2.1 主管部门的立项批复文件。

2.2 建设单位提供的有关资料（包括项目设计任务书等）。

2.3 地勘单位提供的工程勘察报告。

2.4 主要采用的设计规范、规程、标准：

2.4.1 国家现行标准规范：

《房屋建筑制图统一标准》	GB/T 50001-2010
《建筑地基基础设计规范》	GB 50007-2011
《建筑结构荷载规范》	GB 50009-2012
《混凝土结构设计规范》	GB 50010-2010
《建筑抗震设计规范》	GB 50011-2010
《建筑设计防火规范》	GB 50016-2014
《钢结构设计规范》	GB 50017-2003
《装配式混凝土结构技术规程》	JGJ 1-2014
《装配整体式混凝土结构设计规程》	DBJ51/T 024-2014
《水泥基灌浆材料应用技术规范》	GB/T 50448-2008
《钢筋连接用套筒灌浆料》	JG/T 408-2013
《钢筋连接用灌浆套筒》	JG/T 398-2012

2.4.2 本工程按现行国家设计标准进行设计，施工时除应遵守本说明及各设计图纸说明外，尚应严格执行现行国家及工程所在地区的有关设计、施工验收规范或规程。当各规范、规程、标准和规定之间有不同规定时应按较严格的要求施工。

3 自然条件 （略）

4 建筑结构安全等级及设计使用年限 （略）

5 荷载标准值 （略）

6 材料 （略）

7 预制混凝土部分

7.1 本说明应与结构平面图、预制构件大样图等配合使用。

7.2 主要材料：

7.2.1 混凝土强度等级应满足"结构设计总说明"规定，且竖向预制构件的轴心抗压强度标准值高于设计要求的20%时，应由设计单位复核。

7.2.2 施工现场节点现浇部分的混凝土强度等级不应小于预制构件的混凝土强度等级。

7.2.3 预制构件纵向受力钢筋连接宜采用钢筋套筒灌浆连接接头；接头使用灌浆套筒和套筒灌浆料。灌浆套筒和套筒灌浆料的性能应分别符合《钢筋连接用灌浆套筒》（JG/T 398-2012）、《钢筋连接用套筒灌浆料》（JG/T 408-2013）及《钢筋套筒灌浆连接应用技术规程》（JGJ 355-2015）。

7.2.4 封堵材料应有足够的强度和刚度，防止漏浆和胀浆，且不能削弱构件的截面面积。

7.2.5 座浆材料的强度等级不应低于被连接构件混凝土强度等级，必要时采用高强度膨胀水泥砂浆。座浆材料应满足下列要求：砂浆流动度（130~170 mm），1天抗压强度值（30 MPa），预制楼梯与主体结构的找平层采用干硬性砂浆，其强度等级不低于M15。

7.3 施工总承包单位应根据本施工图设计要求和加工单位的要求编制专项施工方案。

7.4 预制构件的生产单位应按照生产计划连续生产，保证施工进度，并保证预制构件的质量稳定。

7.5 预制构件的设计要求（略）。

7.6 预制构件的深化设计（略）。

7.7 预制构件在现场的运输线路和存放位置需经设计确认。

7.8 施工构件在吊装、安装就位和连接施工中的误差控制详《装配式混凝土结构技术规程》（JGJ 1-2014）第13章相关要求。

8 其他 （略）

设计说明（S-W-NT001）	图集号	川2017G127-TY
审核 毕琼　校对 邓世斌　设计 董博	页	44

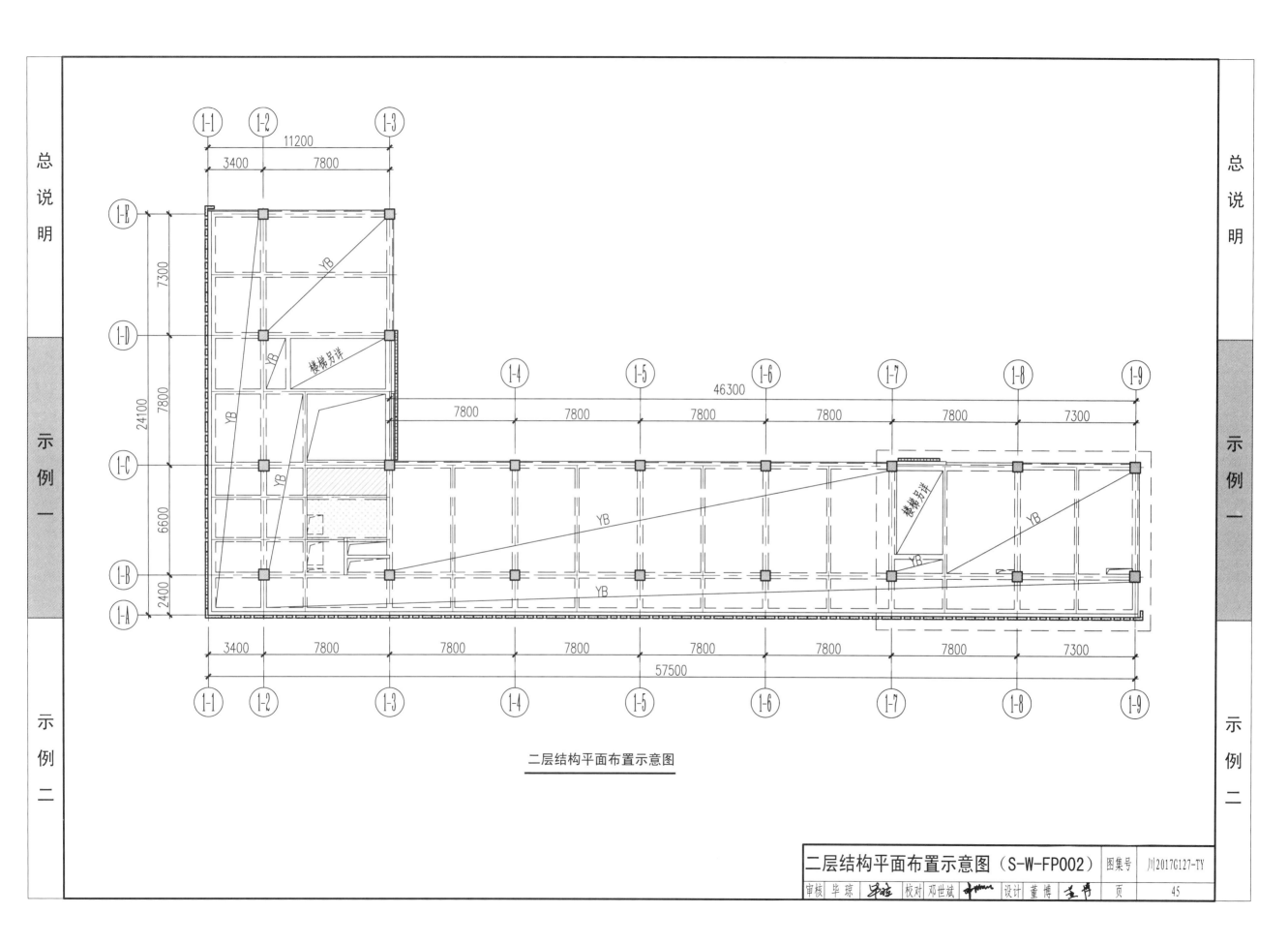

二层结构平面布置示意图

二层结构平面布置示意图（S-W-FP002）

审核 毕琼　校对 邓世斌　设计 董博

总说明

示例一

示例二

总说明

示例一

示例二

层号	标高（m）	层高(m)	柱砼等级
小屋面	20.050		
屋面层	16.750	3.300	4.750~20.650 m
4	12.750	4.000	柱混凝土等级
3	8.750	4.000	为C30
2	4.750	4.000	
1	-0.700	5.450	基顶~8.750 m
基础	（详基础）		柱混凝土等级
			为C45

结构层楼面标高
结 构 层 高

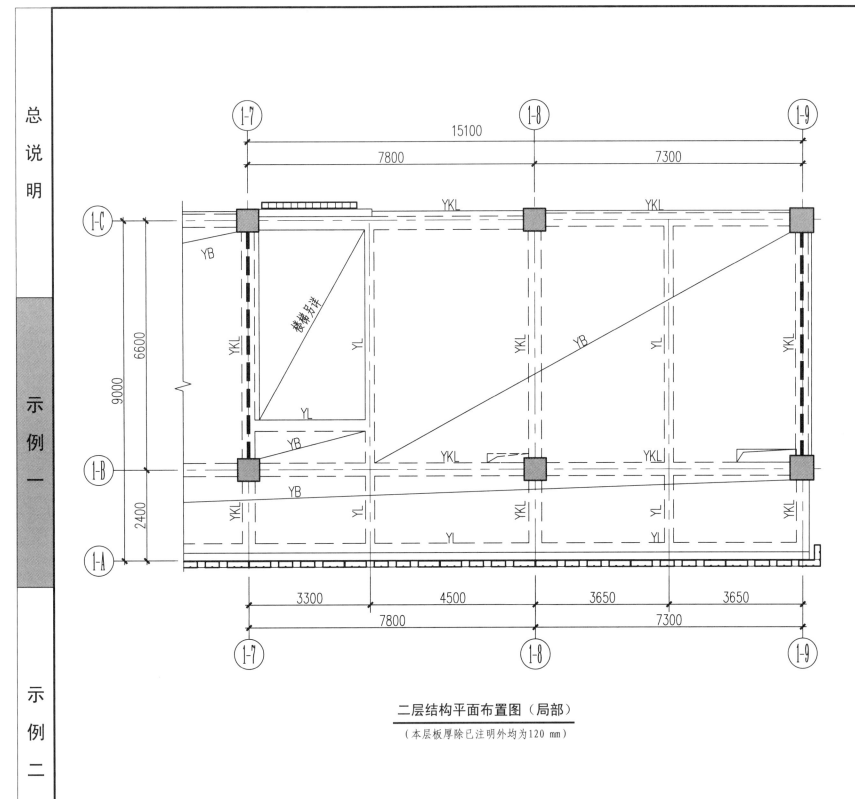

二层结构平面布置图（局部）

（本层板厚除已注明外均为120 mm）

附注：
1. 梁、板混凝土强度等级详结构层高表。
   YB —预制叠合板；
   YKL, YL —预制框架梁，预制次梁；
   YKZ —预制框架柱；
   ▬ —屈曲约束支撑。
2. 本图中未注明的结构板面标高H详结构层楼面标高表格。
3. 未注明定位的框架梁均为梁中对轴线中或梁边平柱边。
   墙尺寸及定位详墙平法施工图，柱尺寸及定位详柱平法施工图。
4. 楼梯布置及楼梯起步梁定位配合楼梯详图。
5. 现浇板施工时应配合建施，设施预留孔洞，预埋套管，不得事后
   打凿；管道井(除通风洞外)均在管道安装完毕后用C35细石混凝
   土浇筑。
6. 各层节点大样应配合建施平、立面施工。栏杆、门窗连接埋
   件、楼梯埋件应预先配合相关专业图埋设。
7. YKZ表示楼面标高至上一层楼面为预制柱。
8. 楼板洞口附加钢筋大样详结构总说明。

二层结构平面布置图（局部S-W-FP002）

			图集号	川2017G127-TY
审核 毕琼	校对 邓世斌	设计 董博	页	46

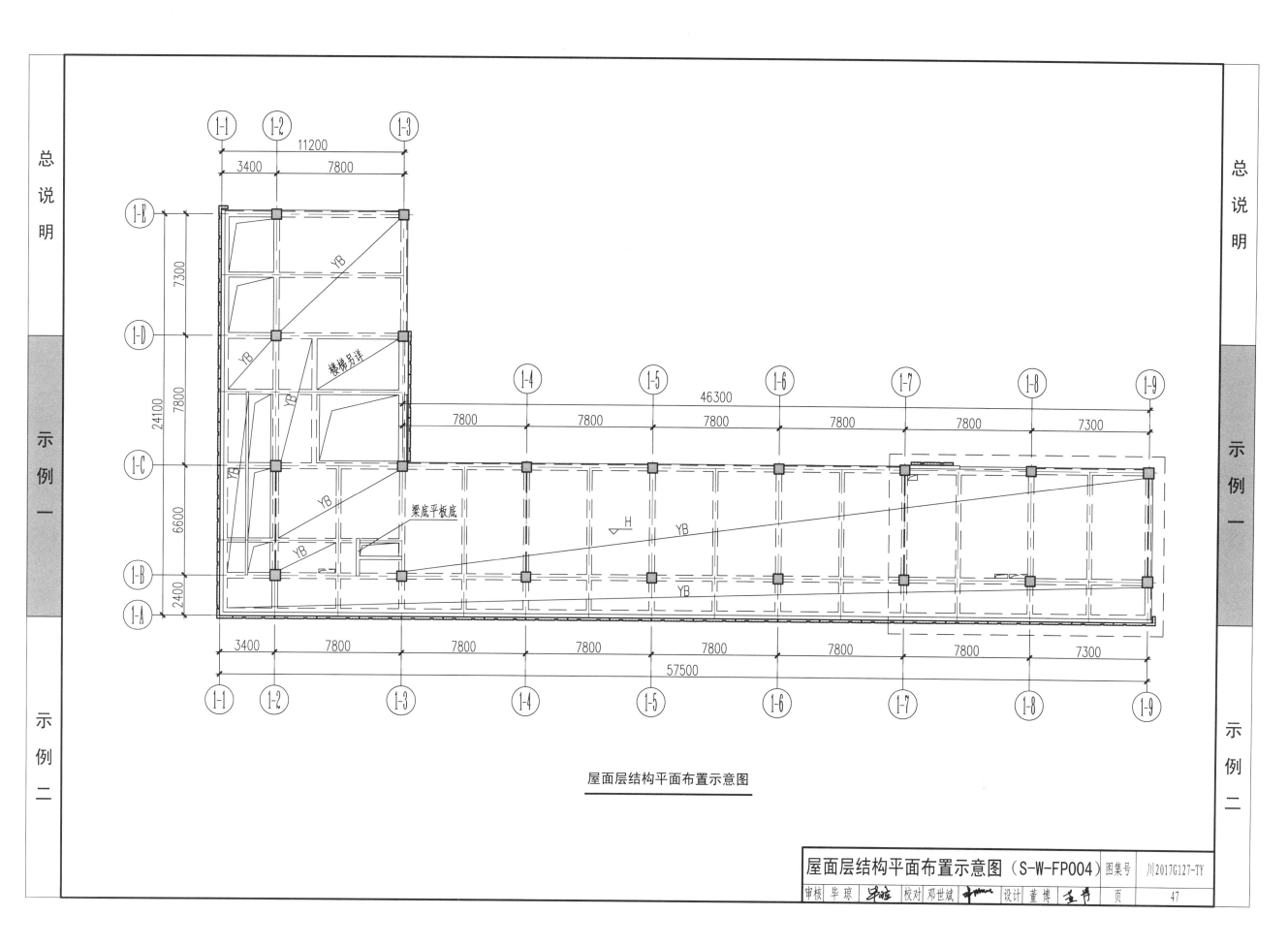

总
说
明

示
例
一

示
例
二

总
说
明

示
例
一

示
例
二

屋面层结构平面布置示意图

屋面层结构平面布置示意图（S-W-FP004）

图集号 川2017G127-TY

审核 毕琼 校对 邓世斌 设计 董博 页 47

层号	标高（m）	层高(m)	柱砼等级
小屋面	20.050		4.750~20.650 m
屋面层	16.750	3.300	柱混凝土等级
4	12.750	4.000	为C30
3	8.750	4.000	
2	4.750	4.000	基顶~8.750 m
1	-0.700	5.450	柱混凝土等级
基础	（详基础）		为C45

结构层楼面标高
结构层高

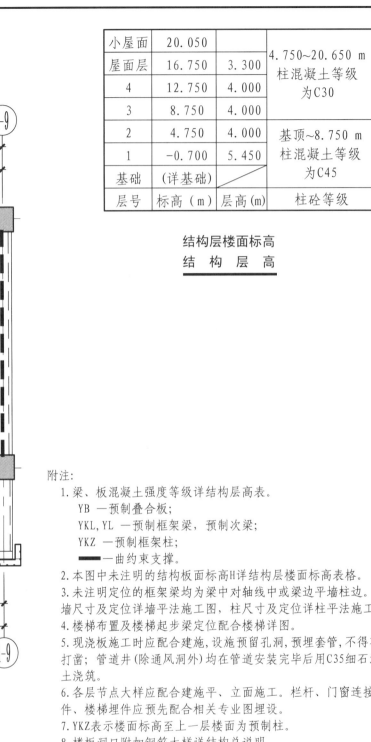

屋面层结构平面布置图（局部）

（本层板厚除已注明外均为120 mm）

附注：
1. 梁、板混凝土强度等级详结构层高表。
   YB —预制叠合板；
   YKL, YL —预制框架梁，预制次梁；
   YKZ —预制框架柱；
   ▬▬ —曲约束支撑。
2. 本图中未注明的结构板面标高H详结构层楼面标高表格。
3. 未注明定位的框架梁均为梁中对轴线中或梁边平墙柱边。
   墙尺寸及定位详墙平法施工图，柱尺寸及定位详柱平法施工图。
4. 楼梯布置及楼梯起步梁定位配合楼梯详图。
5. 现浇板施工时应配合建施，设施预留孔洞，预埋套管，不得事后
   打凿；管道井(除通风洞外)均在管道安装完毕后用C35细石混凝
   土浇筑。
6. 各层节点大样应配合建施平、立面施工。栏杆、门窗连接埋
   件、楼梯埋件应预先配合相关专业图埋设。
7. YKZ表示楼面标高至上一层楼面为预制柱。
8. 楼板洞口附加钢筋大样详结构总说明。

屋面层结构平面布置图（局部S-W-FP004）

图集号	川2017G127-TY
页	48

审核 毕琼　校对 邓世斌　设计 董博

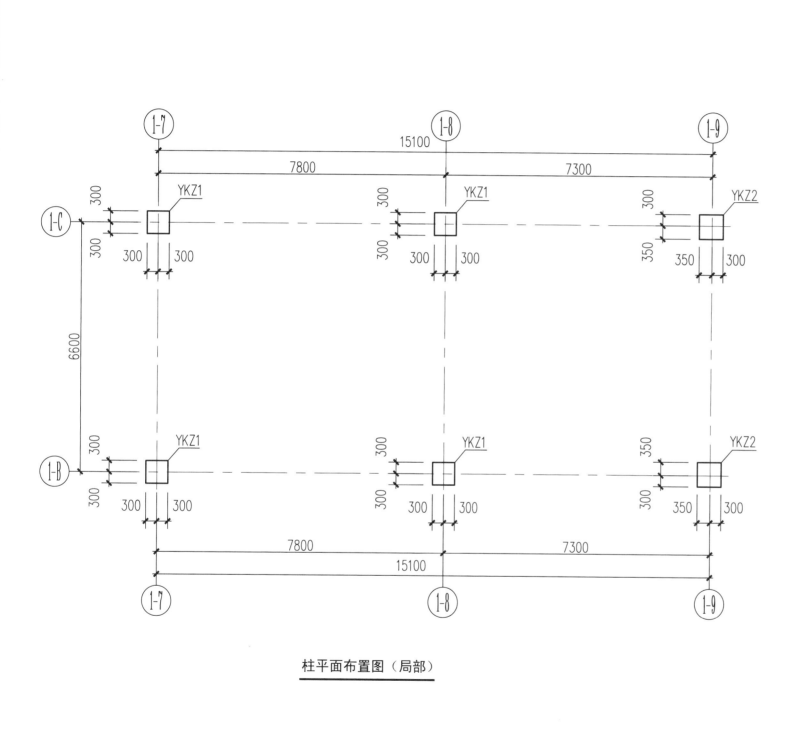

柱平面布置图（局部）

层号	标高（m）	层高(m)	柱砼等级
小屋面	20.050		4.750~20.650 m 柱混凝土等级 为C30
屋面层	16.750	3.300	
4	12.750	4.000	
3	8.750	4.000	
2	4.750	4.000	基顶~8.750 m 柱混凝土等级 为C45
1	-0.700	5.450	
基础	（详基础）		

结构层楼面标高
结构层高

说明:
1. 轴网定位应与建筑图核对无误后方可施工。
2. 柱的顶面标高应配合建施图和结构平面图施工。
3. 主楼部分框架柱混凝土强度等级详层高表。
4. 柱优先采用机械连接或焊接。
5. 中间1Φ14构造筋从预制柱顶通长到预制柱顶，不需通过套筒连接，详预制梁柱节点大样。
6. 柱截面详图应配合预制梁柱节点大样进行施工。
7. 柱净高与柱宽之比小于4者，箍筋全高加密。
8. 屈曲约束支撑所在榀框架柱抗震等级为二级，其余预制框架柱抗震等级为三级。
9. 柱核心区箍筋除特别注明外，同加密区箍筋。
10. 各柱柱段的标高应结合平面图确定，其标高和楼板板面标高一致。
11. 拉筋应同时钩住纵筋和箍筋。
12. 柱最小保护层厚度20 mm。

柱平面布置图（局部S-W-CU001）

				图集号	川2017G127-TY
审核	毕琼	校对	邓世斌	设计	董博
				页	49

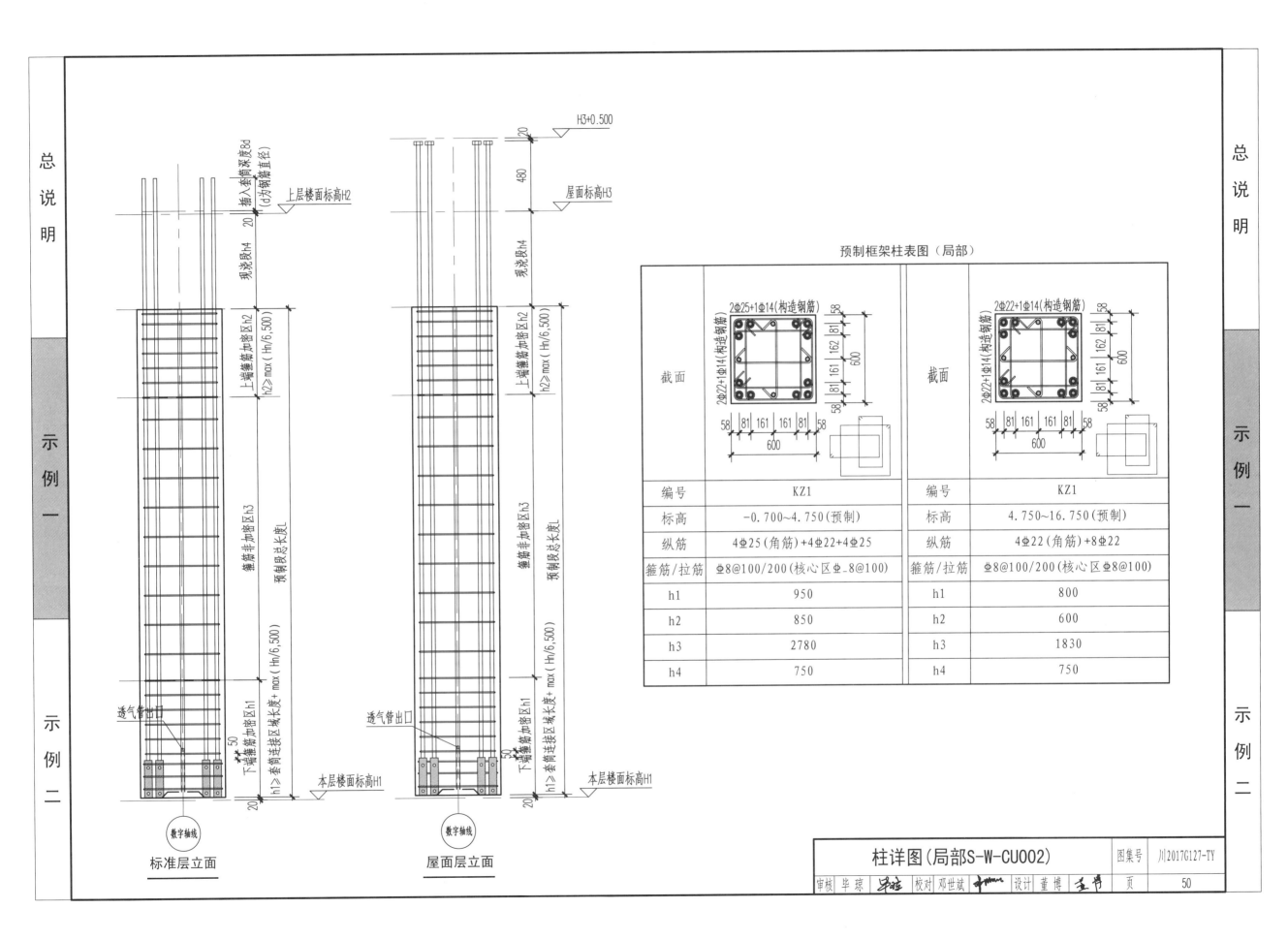

插入套筒深度8d
(d为钢筋直径)

上层楼面标高H2

现浇段h4

上端箍筋加密区h2
h2≥max(Hn/6,500)

箍筋非加密区h3

预制段总长度L

透气管出口

下端箍筋加密区h1
h1≥套筒连接区域长度+max(Hn/6,500)

本层楼面标高H1

数字轴线

标准层立面

H3+0.500

屋面标高H3

现浇段h4

上端箍筋加密区h2
h2≥max(Hn/6,500)

箍筋非加密区h3

预制段总长度L

透气管出口

下端箍筋加密区h1
h1≥套筒连接区域长度+max(Hn/6,500)

本层楼面标高H1

数字轴线

屋面层立面

预制框架柱表图（局部）

2Φ25+1Φ14(构造钢筋)

2Φ22+1Φ14(构造钢筋)

2Φ22+1Φ14(构造钢筋)

2Φ22+1Φ14(构造钢筋)

截面	58|81|161|162|161|81|58 600 58|81|161|161|81|58 600	58|81|161|162|161|81|58 600 58|81|161|161|81|58 600
编号	KZ1	KZ1
标高	−0.700~4.750(预制)	4.750~16.750(预制)
纵筋	4Φ25(角筋)+4Φ22+4Φ25	4Φ22(角筋)+8Φ22
箍筋/拉筋	Φ8@100/200(核心区Φ_8@100)	Φ8@100/200(核心区Φ8@100)
h1	950	800
h2	850	600
h3	2780	1830
h4	750	750

柱详图(局部S-W-CU002)

图集号	川2017G127-TY
审核 毕琼 校对 邓世斌 设计 董博	页 50

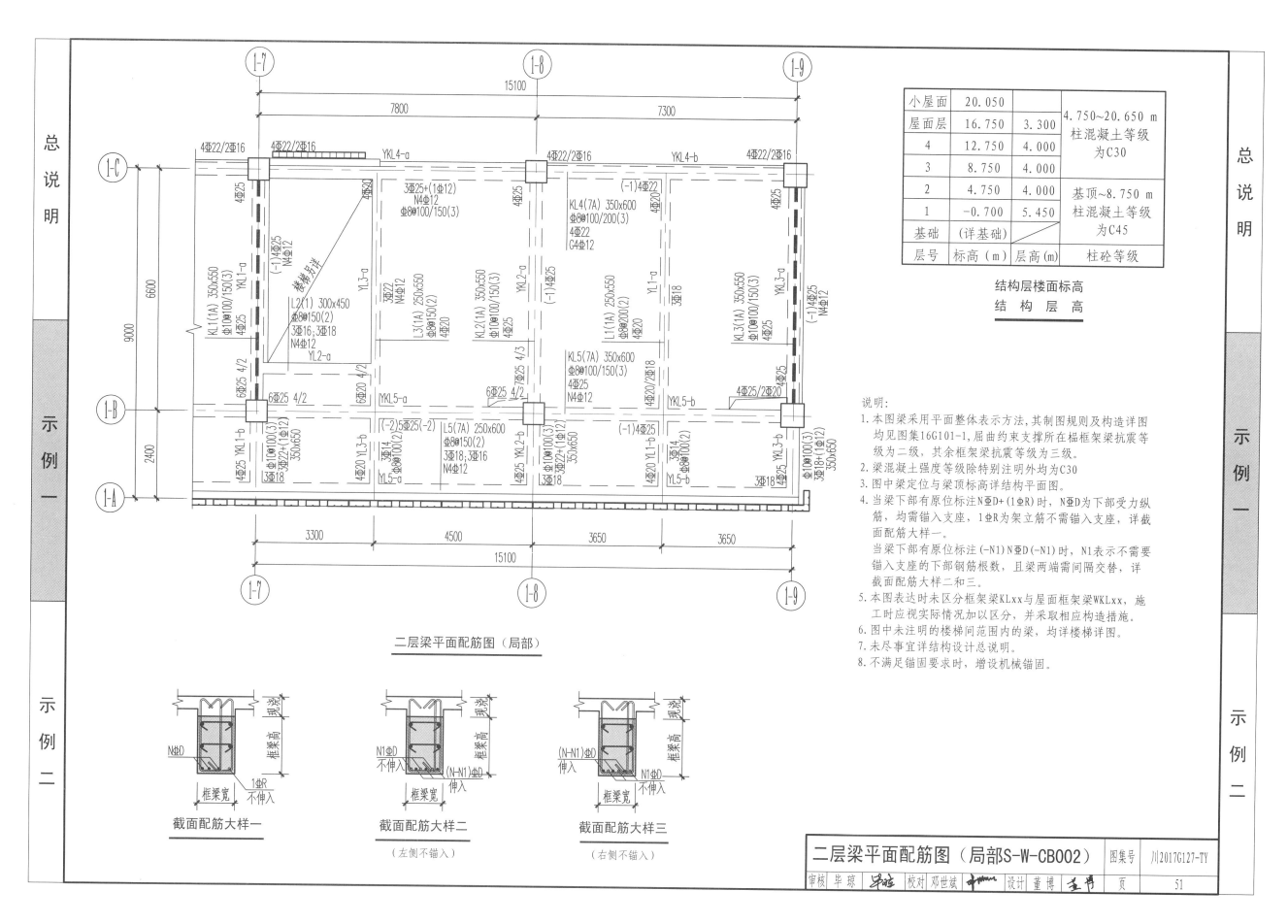

小屋面	20.050		4.750~20.650 m
屋面层	16.750	3.300	柱混凝土等级
4	12.750	4.000	为C30
3	8.750	4.000	
2	4.750	4.000	基顶~8.750 m
1	-0.700	5.450	柱混凝土等级
基础	(详基础)		为C45
层号	标高(m)	层高(m)	柱砼等级

结构层楼面标高
结构层高

说明:
1. 本图梁采用平面整体表示方法,其制图规则及构造详图均见图集16G101-1,屈曲约束支撑所在榀框架梁抗震等级为二级,其余框架梁抗震等级为三级。
2. 梁混凝土强度等级除特别注明外均为C30。
3. 图中梁定位与梁顶标高详结构平面图。
4. 当梁下部有原位标注N⊕D+(1⊕R)时,N⊕D为下部受力纵筋,均需锚入支座,1⊕R为架立筋不需锚入支座,详截面配筋大样一。
   当梁下部有原位标注(-N1)N⊕D(-N1)时,N1表示不需要锚入支座的下部钢筋根数,且梁两端需间隔交替,详截面配筋大样二和三。
5. 本图表达时未区分框架梁KLxx与屋面框架梁WKLxx,施工时应视实际情况加以区分,并采取相应构造措施。
6. 图中未注明的楼梯间范围内的梁,均详楼梯详图。
7. 未尽事宜详结构设计总说明。
8. 不满足锚固要求时,增设机械锚固。

二层梁平面配筋图（局部）

截面配筋大样一

截面配筋大样二
（左侧不锚入）

截面配筋大样三
（右侧不锚入）

二层梁平面配筋图（局部S-W-CB002）

	图集号	川2017G127-TY
审核 毕琼	校对 邓世斌	设计 董博
	页	51

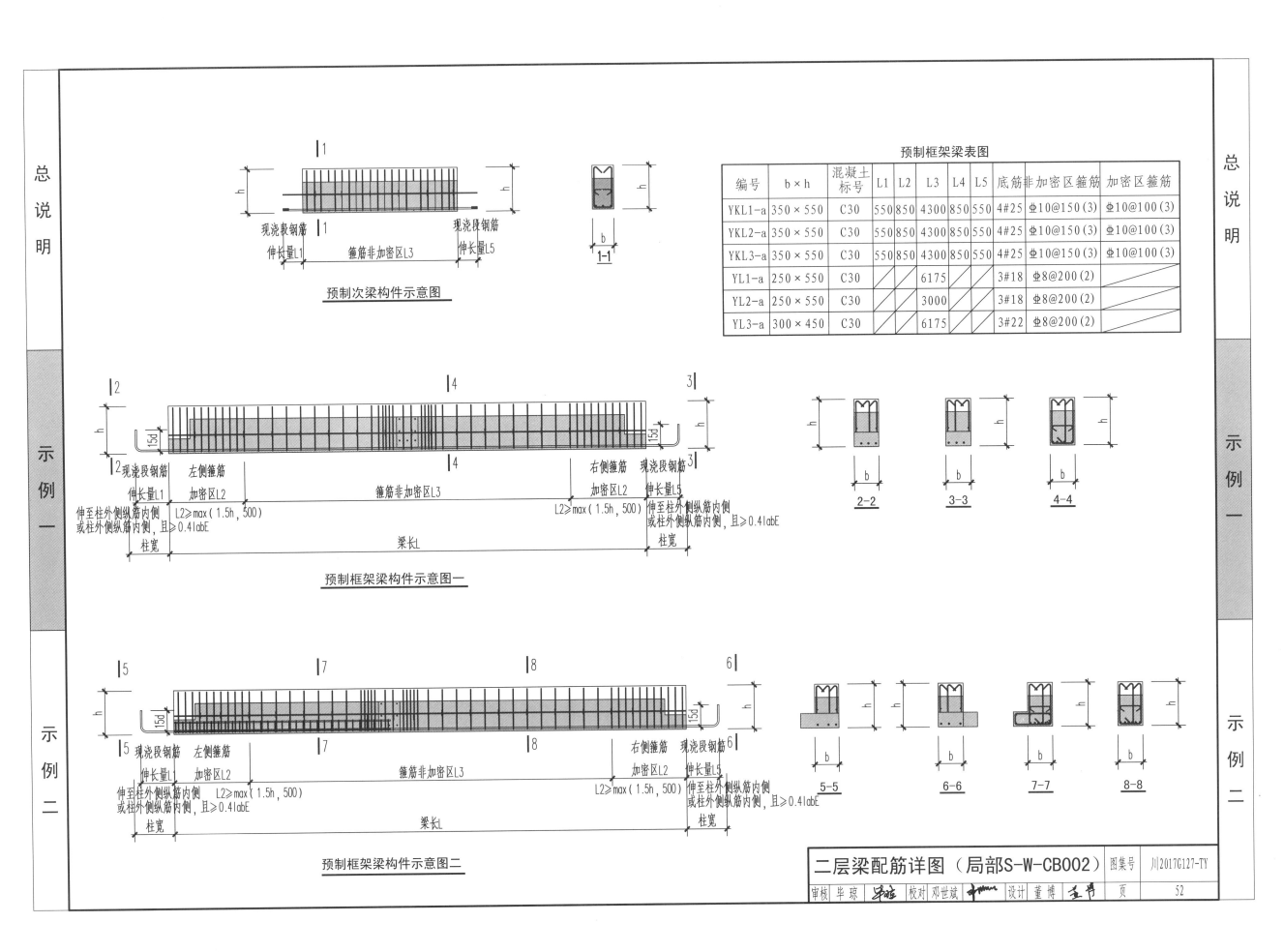

预制次梁构件示意图

预制框架梁表图

编号	b×h	混凝土标号	L1	L2	L3	L4	L5	底筋	非加密区箍筋	加密区箍筋
YKL1-a	350×550	C30	550	850	4300	850	550	4#25	ф10@150(3)	ф10@100(3)
YKL2-a	350×550	C30	550	850	4300	850	550	4#25	ф10@150(3)	ф10@100(3)
YKL3-a	350×550	C30	550	850	4300	850	550	4#25	ф10@150(3)	ф10@100(3)
YL1-a	250×550	C30			6175			3#18	ф8@200(2)	
YL2-a	250×550	C30			3000			3#18	ф8@200(2)	
YL3-a	300×450	C30			6175			3#22	ф8@200(2)	

现浇段钢筋　　现浇段钢筋
伸长量L1　　箍筋非加密区L3　　伸长量L5

1-1

现浇段钢筋　左侧箍筋　　　　　　　　　右侧箍筋　现浇段钢筋
伸长量L1　加密区L2　　箍筋非加密区L3　　加密区L2　伸长量L5
伸至柱外侧纵筋内侧　L2≥max(1.5h,500)　　　L2≥max(1.5h,500)　伸至柱外侧纵筋内侧
或柱外侧纵筋内侧，且≥0.4labE　　　　　　　　　　　或柱外侧纵筋内侧，且≥0.4labE
柱宽　　　　　　　　　　梁长L　　　　　　　　　　柱宽

预制框架梁构件示意图一

2-2　　3-3　　4-4

现浇段钢筋　左侧箍筋　　　　　　　　　右侧箍筋　现浇段钢筋
伸长量L1　加密区L2　　箍筋非加密区L3　　加密区L2　伸长量L5
伸至柱外侧纵筋内侧　L2≥max(1.5h,500)　　　L2≥max(1.5h,500)　伸至柱外侧纵筋内侧
或柱外侧纵筋内侧，且≥0.4labE　　　　　　　　　　　或柱外侧纵筋内侧，且≥0.4labE
柱宽　　　　　　　　　　梁长L　　　　　　　　　　柱宽

预制框架梁构件示意图二

5-5　　6-6　　7-7　　8-8

二层梁配筋详图（局部S-W-CB002）

图集号	川2017G127-TY

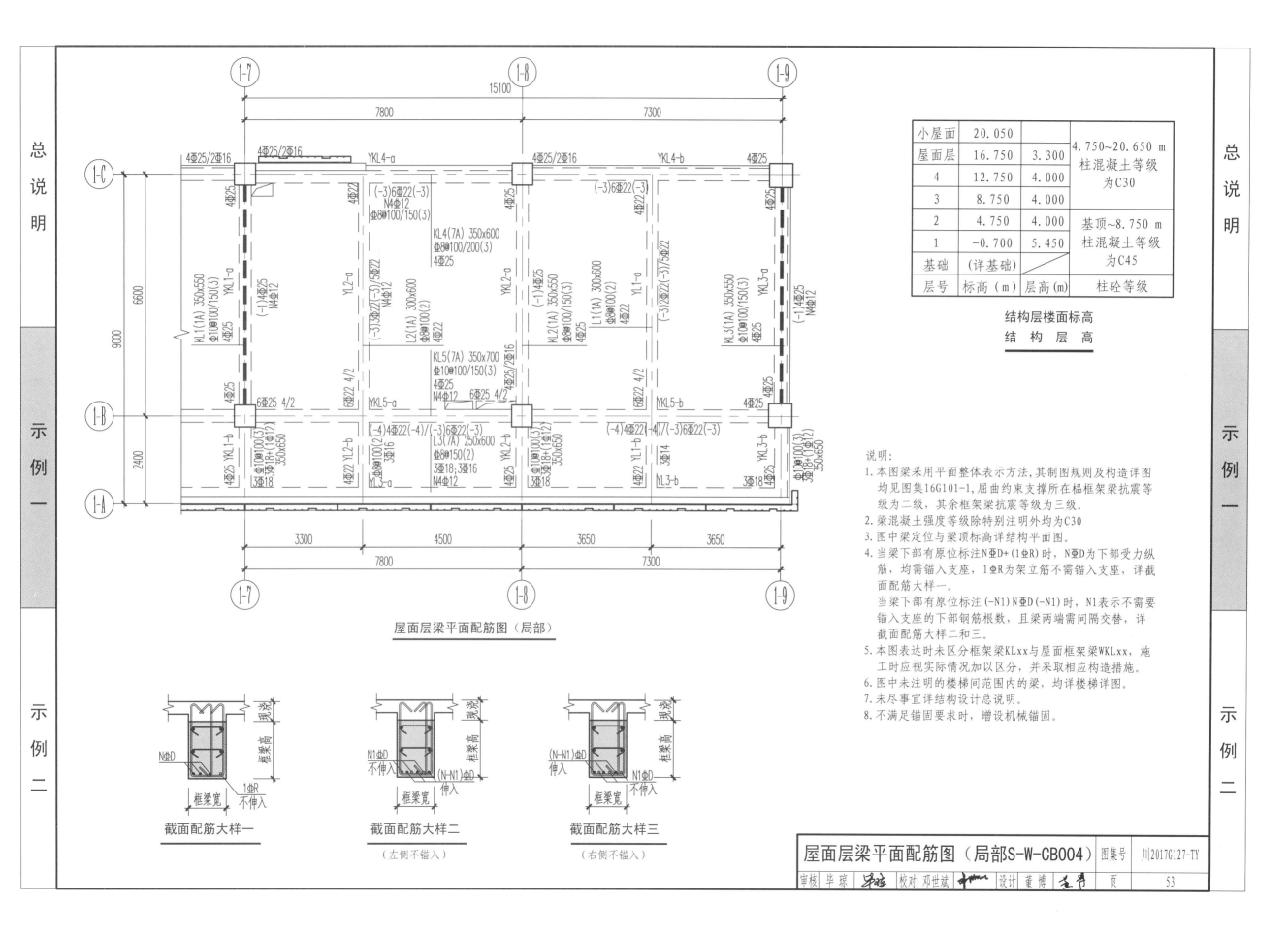

屋面层梁平面配筋图（局部）

结构层楼面标高
结构层高

层号	标高（m）	层高(m)	柱砼等级
小屋面	20.050		
屋面层	16.750	3.300	4.750~20.650 m 柱混凝土等级为C30
4	12.750	4.000	
3	8.750	4.000	
2	4.750	4.000	基顶~8.750 m 柱混凝土等级为C45
1	-0.700	5.450	
基础	(详基础)		

说明:
1. 本图梁采用平面整体表示方法，其制图规则及构造详图均见图集16G101-1,屈曲约束支撑所在榀框架梁抗震等级为二级，其余框架梁抗震等级为三级。
2. 梁混凝土强度等级除特别注明外均为C30
3. 图中梁定位与梁顶标高详结构平面图。
4. 当梁下部有原位标注NΦD+(1ΦR)时，NΦD为下部受力纵筋，均需锚入支座，1ΦR为架立筋不需锚入支座，详截面配筋大样一。
   当梁下部有原位标注(-N1)NΦD(-N1)时，N1表示不需要锚入支座的下部钢筋根数，且梁两端需间隔交替，详截面配筋大样二和三。
5. 本图表达时未区分框架梁KLxx与屋面框架梁WKLxx，施工时应视实际情况加以区分，并采取相应构造措施。
6. 图中未注明的楼梯间范围内的梁，均详楼梯详图。
7. 未尽事宜详结构设计总说明。
8. 不满足锚固要求时，增设机械锚固。

截面配筋大样一

截面配筋大样二
（左侧不锚入）

截面配筋大样三
（右侧不锚入）

屋面层梁平面配筋图（局部S-W-CB004）

图集号 川2017G127-TY

页 53

审核 毕琼　校对 邓世斌　设计 董博

总
说
明

示
例
一

示
例
二

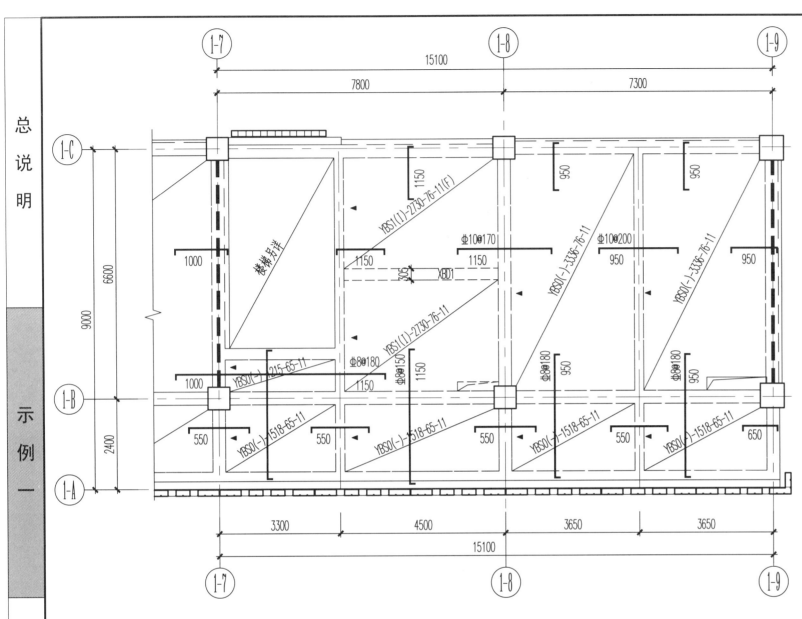

说明:
1. 楼板混凝土强度等级C30,板钢筋 HRB400(Φ)。
2. 叠合板尺寸、配筋、吊装点均选用《桁架钢筋混凝土叠合板(川16G118-TY)》。
3. 钢筋保护层厚度 : 板为15 mm;梁为20 mm。
4. 现浇板下部钢筋伸入支座的锚固长度 Las>10d,且不小于1/2梁宽。
5. 板中上部钢筋下的尺寸是指梁边到钢筋端头,且端跨负筋应伸至支座对边后弯折锚固,见详图:

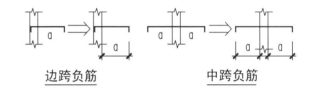

边跨负筋　　　　　中跨负筋

6. 图中梁除注明者外均以轴线、尺寸线居中或梁边与柱边平(当梁两端的柱截面尺寸不同时,该梁应以截面尺寸较小的柱边平)。
7. 板上留孔应结合建筑及各专业施工图,核对有无遗漏及核对孔洞位置、大小无误后方能施工。
8. 水井、电井需二次封堵的管道井洞,板钢筋仍然布置,暂不浇混凝土,待设备安装完毕后用C35无收缩混凝土二次浇注。
9. 板及梁上预埋件大小和位置应配合建施图及各设备施工图预留。
10. 土建施工前应选定好电梯型号,电梯厂家应根据土建施工图制作电梯安装图并对土建构件是否满足其要求提出建议和数据,同时提供预埋件和留洞详图。
11. 板中钢筋遇≤300的洞口不得切断,应绕洞而过;其余洞口除特殊注明设置加强筋或加强梁外,未注明的做法均详结构总说明。
12. 设备专业管线穿楼板而需设置的预留洞在图中未画出,浇筑砼前务必配合各专业施工图预先留设,不得事后打洞。
13. 外立面大样和建施核对无误后方能施工,未定位的烟道、风井等尺寸详建施。
14. 板底通长钢筋的连接点应设在支座处,板面通长钢筋的连接点应设在跨中处。

二层板配筋图(局部)

(除已特别注明外,图中画出而未注明的上部钢筋均为Φ8@200)

小屋面	20.050		4.750~20.650 m
屋面层	16.750	3.300	柱混凝土等级
4	12.750	4.000	为C30
3	8.750	4.000	
2	4.750	4.000	基顶~8.750 m
1	-0.700	5.450	柱混凝土等级
基础	(详基础)		为C45
层号	标高(m)	层高(m)	柱砼等级

结构层楼面标高
结构层高

二层板配筋图(局部S-W-FP005)

图集号	川2017G127-TY
审核 毕琼	校对 邓世斌	设计 董博	页
			54

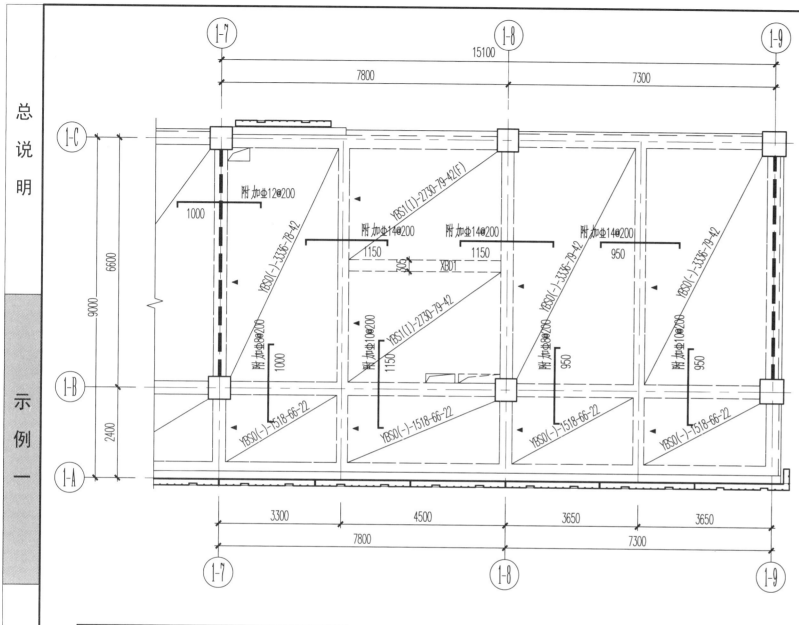

屋面层板配筋图（局部）

（除特别注明外，楼板配筋为上部双向Φ10@200，
图中所注上部钢筋为附加配筋）

说明：

1. 楼板混凝土强度等级 C30，板钢筋 HRB400（Φ）；
2. 叠合板尺寸、配筋、吊装点均选用《桁架钢筋混凝土叠合板（川16G118-TY）》；
3. 钢筋保护层厚度：板为15 mm；梁为20 mm；
4. 现浇板下部钢筋伸入支座的锚固长度 Las>10d，且不小于1/2梁宽；
5. 板中上部钢筋下的尺寸是指梁边到钢筋端头，且端跨负筋应伸至支座对边后弯折锚固，见详图。

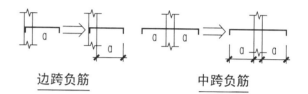

边跨负筋　　　　　中跨负筋

6. 图中梁除注明者外均以轴线、尺寸线居中或梁边与柱边平(当梁两端的柱截面尺寸不同时，该梁应以截面尺寸较小的柱边平)。
7. 板上留孔应结合建筑及各专业施工图，核对有无遗漏及核对孔洞位置、大小无误后方能施工。
8. 水井、电井需二次封堵的管道井洞，板钢筋仍然布置，暂不浇混凝土，待设备安装完毕后用C35无收缩混凝土二次浇注。
9. 板及梁上预埋件大小和位置应配合建施图及各设备施工图预留。
10. 土建施工前应选定好电梯型号，电梯厂家应根据土建施工图制作电梯安装图并对土建构件是否满足其要求提出建议和数据，同时提供预埋件和留洞详图。
11. 板中钢筋遇≤300的洞口不得切断，应绕洞而过；其余洞口除特殊注明设置加强筋或加强梁外，未注明的做法均详结构总说明。
12. 设备专业管线穿楼板而需设置的预留洞在图中未画出，浇筑砼前务必配合各专业施工图预先留置，不得事后打洞。
13. 外立面大样和建筑核对无误后方能施工，未定位的烟道、风井等尺寸详建施。
14. 板底通长钢筋的连接点应设在支座处，板面通长钢筋的连接点应设在跨中处。

层号	标高(m)	层高(m)	柱砼等级
小屋面	20.050		4.750~20.650 m 柱混凝土等级 为C30
屋面层	16.750	3.300	
4	12.750	4.000	
3	8.750	4.000	
2	4.750	4.000	基顶~8.750 m 柱混凝土等级 为C45
1	-0.700	5.450	
基础	（详基础）		

结构层楼面标高
结构层高

屋面层板配筋图（局部S-W-FP007）

图集号　川2017G127-TY

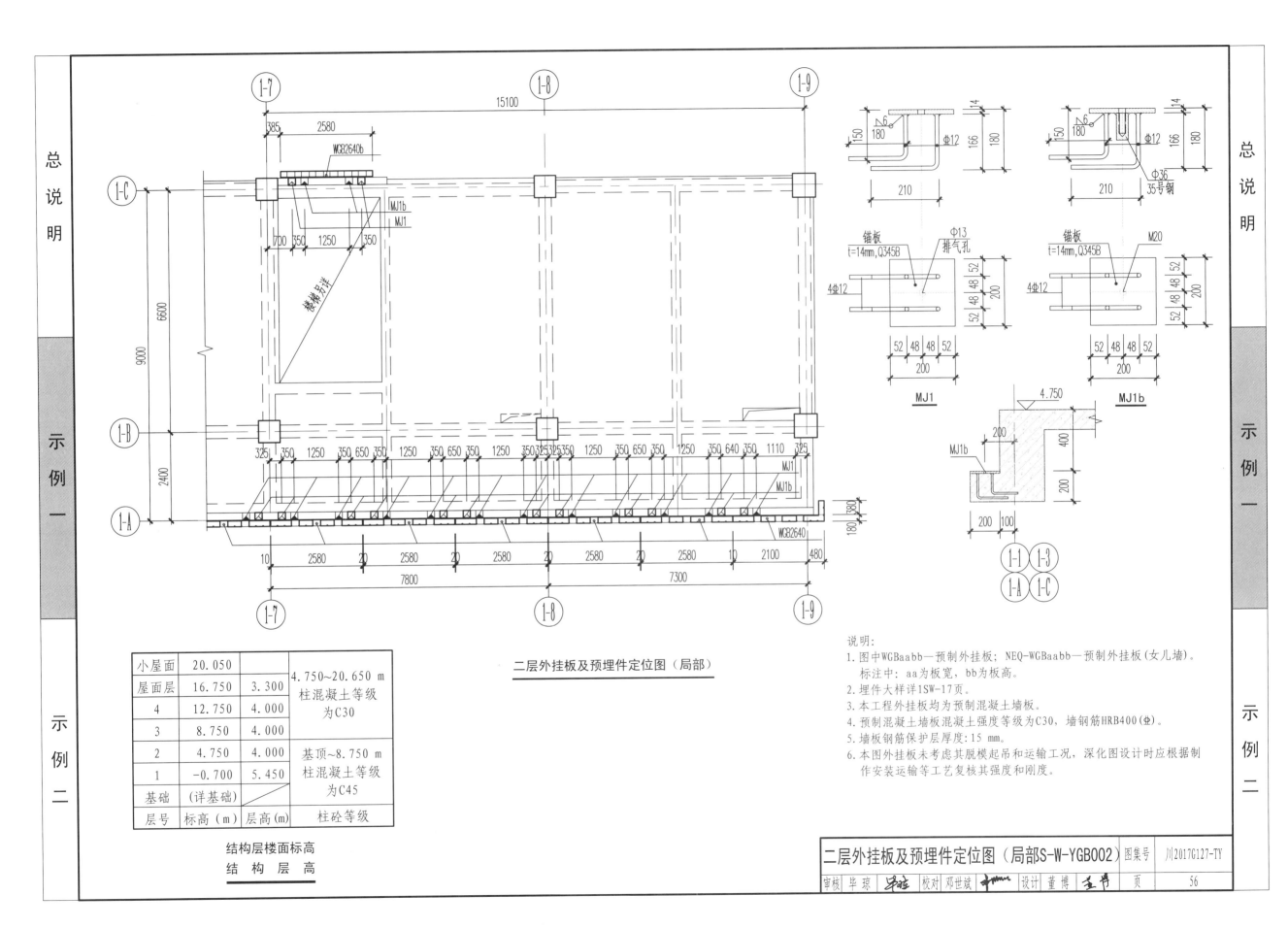

二层外挂板及预埋件定位图（局部）

MJ1

MJ1b

说明：
1. 图中WGBaabb一预制外挂板；NEQ-WGBaabb一预制外挂板(女儿墙)。
   标注中：aa为板宽，bb为板高。
2. 埋件大样详1SW-17页。
3. 本工程外挂板均为预制混凝土墙板。
4. 预制混凝土墙板混凝土强度等级为C30，墙钢筋HRB400(ф)。
5. 墙板钢筋保护层厚度：15 mm。
6. 本图外挂板未考虑其脱模起吊和运输工况，深化图设计时应根据制
   作安装运输等工艺复核其强度和刚度。

小屋面	20.050		4.750~20.650 m 柱混凝土等级 为C30
屋面层	16.750	3.300	
4	12.750	4.000	
3	8.750	4.000	
2	4.750	4.000	基顶~8.750 m 柱混凝土等级 为C45
1	-0.700	5.450	
基础	(详基础)		
层号	标高（m）	层高(m)	柱砼等级

结构层楼面标高
结 构 层 高

二层外挂板及预埋件定位图（局部S-W-YGB002）

图集号	川2017G127-TY

审核 毕琼　校对 邓世斌　设计 董博

页 56

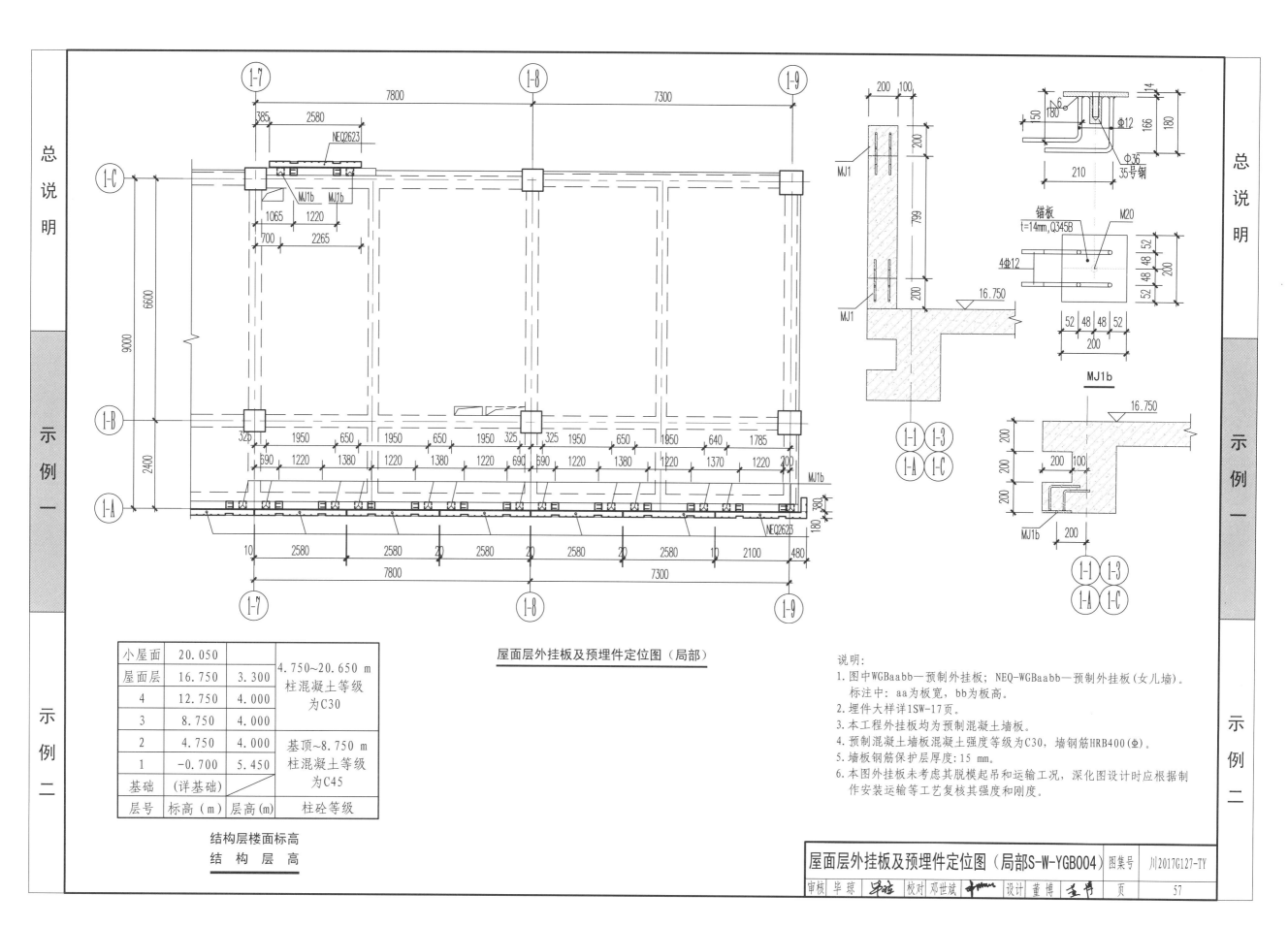

屋面层外挂板及预埋件定位图（局部）

小屋面	20.050		4.750~20.650 m柱混凝土等级为C30
屋面层	16.750	3.300	
4	12.750	4.000	
3	8.750	4.000	
2	4.750	4.000	基顶~8.750 m柱混凝土等级为C45
1	-0.700	5.450	
基础	（详基础）		
层号	标高（m）	层高（m）	柱砼等级

结构层楼面标高
结 构 层 高

MJ1

锚板
t=14mm,Q345B   M20
4Φ12

MJ1b

MJ1b

说明：
1. 图中WGBaabb—预制外挂板；NEQ-WGBaabb—预制外挂板（女儿墙）。
   标注中：aa为板宽，bb为板高。
2. 埋件大样详1SW-17页。
3. 本工程外挂板均为预制混凝土墙板。
4. 预制混凝土墙板混凝土强度等级为C30，墙钢筋HRB400(Φ)。
5. 墙板钢筋保护层厚度：15 mm。
6. 本图外挂板未考虑其脱模起吊和运输工况，深化图设计时应根据制作安装运输等工艺复核其强度和刚度。

屋面层外挂板及预埋件定位图（局部S-W-YGB004）	图集号	川2017G127-TY

| 审核 | 毕琼 | | 校对 | 邓世斌 | | 设计 | 董博 | | 页 | 57 |

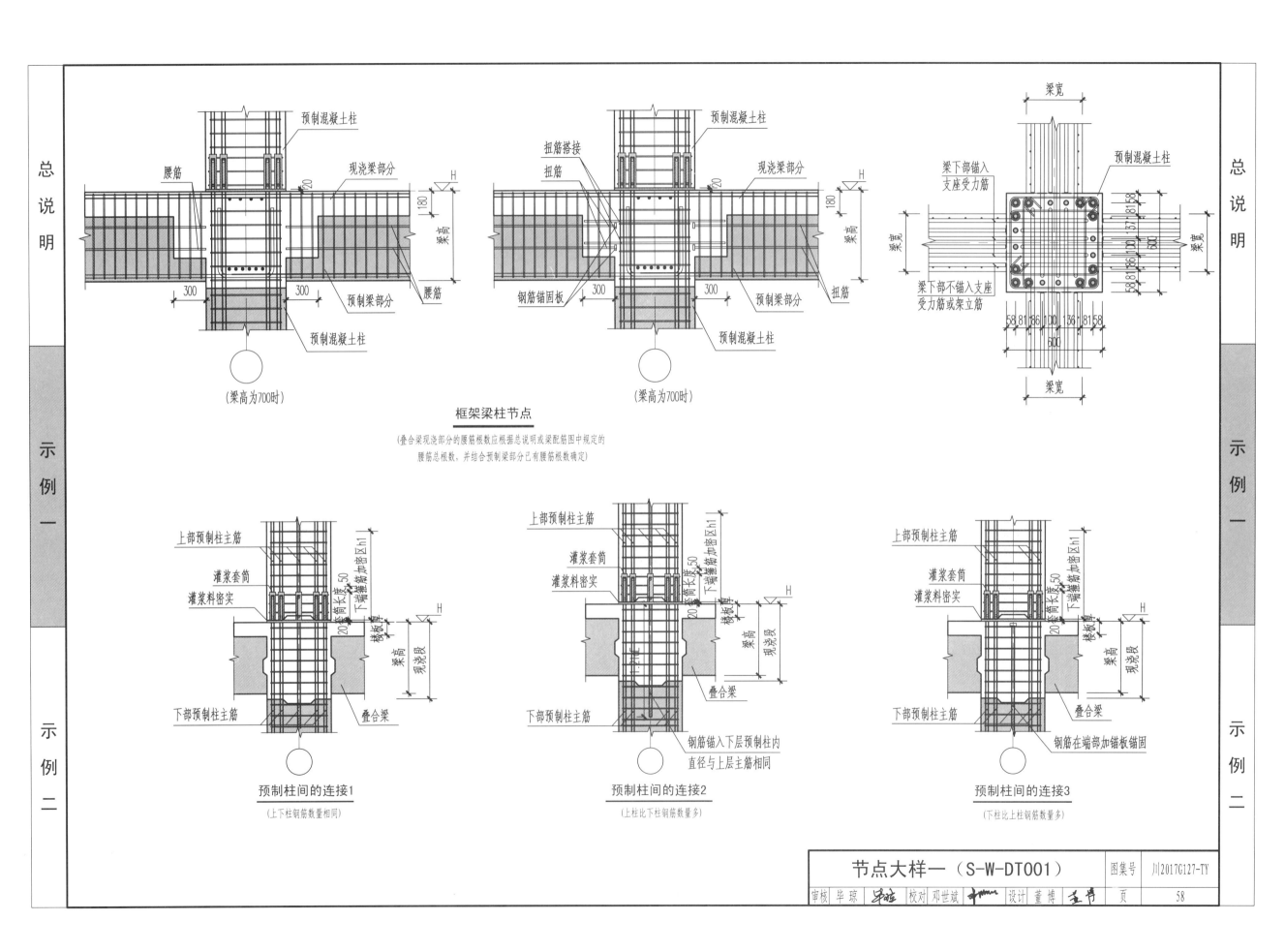

预制混凝土柱

腰筋

现浇梁部分

腰筋

预制梁部分

预制混凝土柱

（梁高为700时）

扭筋搭接

扭筋

现浇梁部分

钢筋锚固板

预制梁部分

扭筋

预制混凝土柱

（梁高为700时）

框架梁柱节点

（叠合梁现浇部分的腰筋根数应根据总说明或梁配筋图中规定的
腰筋总根数，并结合预制梁部分已有腰筋根数确定）

梁下部锚入
支座受力筋

预制混凝土柱

梁下部不锚入支座
受力筋或架立筋

上部预制柱主筋

灌浆套筒

灌浆料密实

下部预制柱主筋

叠合梁

预制柱间的连接1

（上下柱钢筋数量相同）

上部预制柱主筋

灌浆套筒

灌浆料密实

下部预制柱主筋

钢筋锚入下层预制柱内
直径与上层主筋相同

叠合梁

预制柱间的连接2

（上柱比下柱钢筋数量多）

上部预制柱主筋

灌浆套筒

灌浆料密实

下部预制柱主筋

钢筋在端部加锚板锚固

叠合梁

预制柱间的连接3

（下柱比上柱钢筋数量多）

节点大样一（S-W-DT001）

图集号 川2017G127-TY

审核 毕琼　校对 邓世斌　设计 董博　页 58

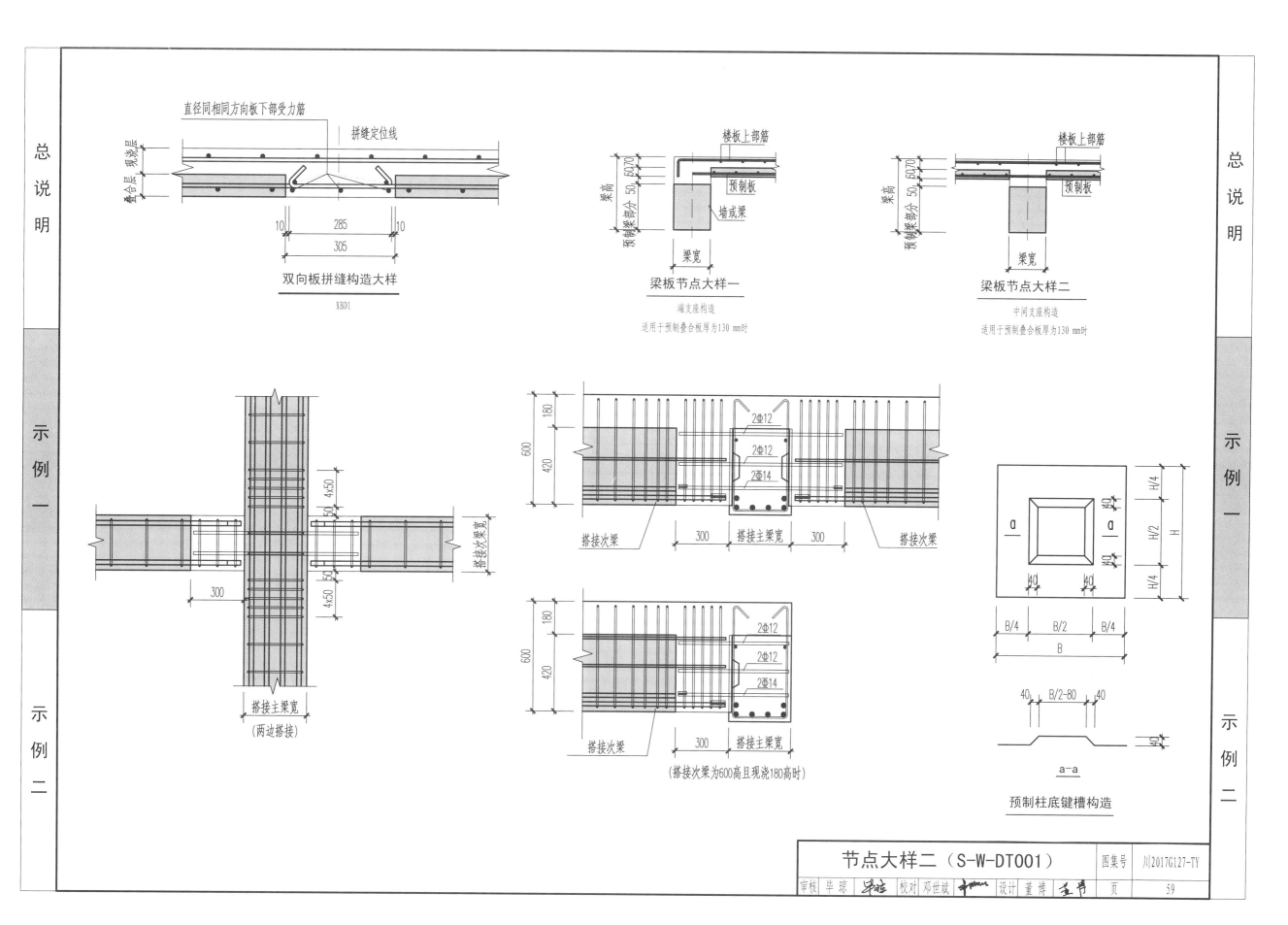

直径同相同方向板下部受力筋

拼缝定位线

叠合层 现浇层

10 285 10

305

双向板拼缝构造大样

XBD1

楼板上部筋

预制板

50 60/70

墙或梁

梁宽

梁板节点大样一

端支座构造

适用于预制叠合板厚为130mm时

楼板上部筋

预制板

50 60/70

梁宽

梁板节点大样二

中间支座构造

适用于预制叠合板厚为130mm时

4×50

50

50

4×50

300

搭接主梁宽

（两边搭接）

搭接次梁宽

搭接次梁宽

180

600 420

2Φ12

2Φ12

2Φ14

搭接次梁

300 搭接主梁宽 300

搭接次梁

180

600 420

2Φ12

2Φ12

2Φ14

搭接次梁

300 搭接主梁宽

（搭接次梁为600高且现浇180高时）

H/4

H/2

H/4

H

40

40

40

40

B/4 B/2 B/4

B

a-a

40 B/2-80 40

40

预制柱底键槽构造

节点大样二（S-W-DT001）

图集号 川2017G127-TY

审核 毕琼 校对 邓世斌 设计 董博

页 59

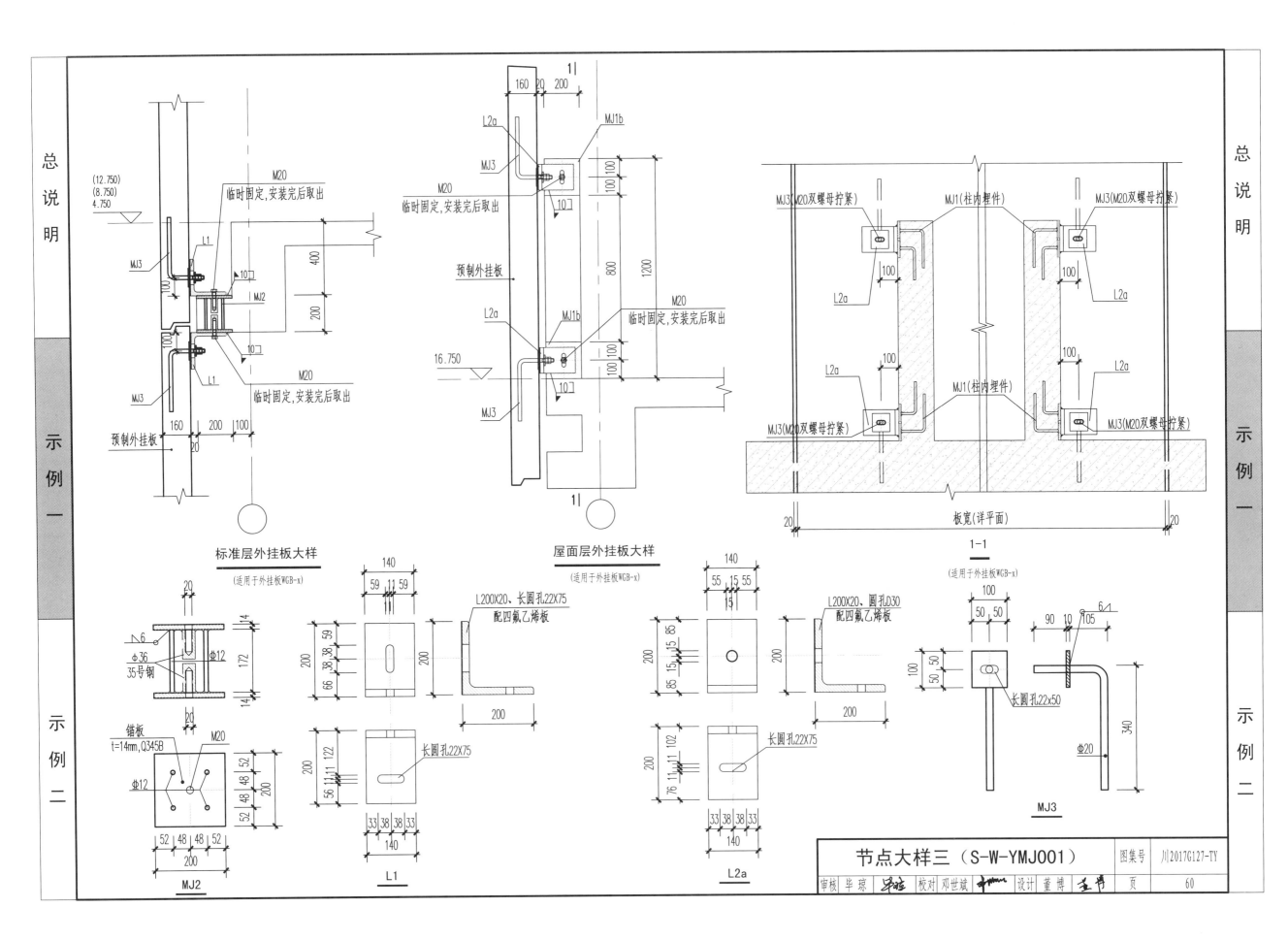

标准层外挂板大样

(适用于外挂板WGB-x)

屋面层外挂板大样

(适用于外挂板WGB-x)

(适用于外挂板WGB-x)

临时固定,安装完后取出

M20

M20

预制外挂板

临时固定,安装完后取出

临时固定,安装完后取出

MJ3

MJ1b

L2a

MJ3

M20

临时固定,安装完后取出

L2a

MJ1b

预制外挂板

MJ3(M20双螺母拧紧)

MJ1(柱内埋件)

MJ3(M20双螺母拧紧)

L2a

L2a

MJ3(M20双螺母拧紧)

MJ1(柱内埋件)

MJ3(M20双螺母拧紧)

板宽(详平面)

1-1

L200X20、长圆孔22X75
配四氟乙烯板

长圆孔22X75

L200X20、圆孔D30
配四氟乙烯板

长圆孔22X75

长圆孔22x50

Φ36
35号钢

Φ12

锚板
t=14mm,Q345B

M20

Φ12

MJ2

L1

L2a

MJ3

| 节点大样三(S-W-YMJ001) | 图集号 | 川2017G127-TY |
| | 审核 毕琼 校对 邓世斌 设计 董博 | 页 60 |

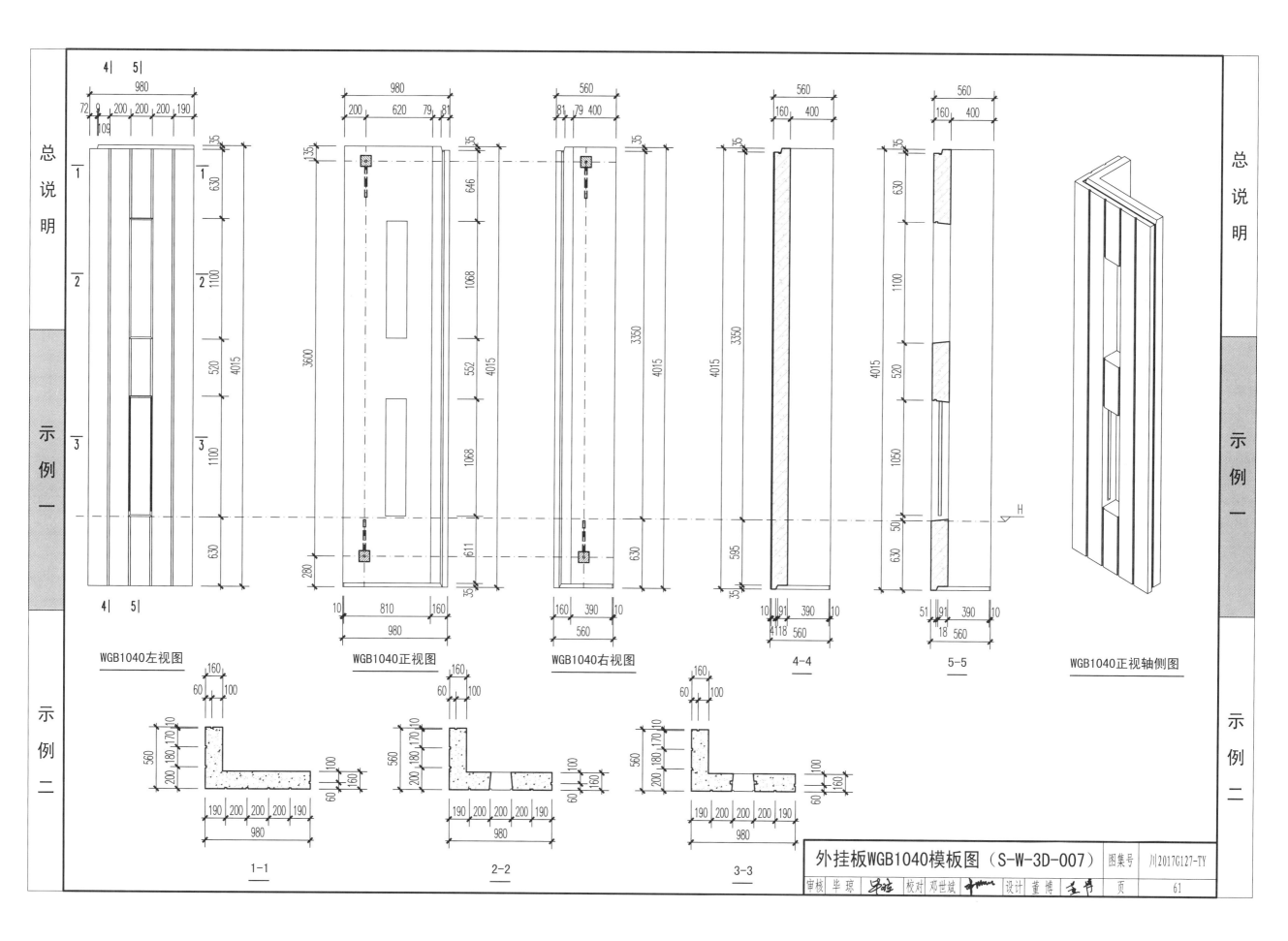

外挂板WGB1040模板图（S-W-3D-007）

WGB1040左视图　　WGB1040正视图　　WGB1040右视图　　4-4　　5-5　　WGB1040正视轴侧图

1-1　　2-2　　3-3

总说明　示例一　示例二

图集号　川2017G127-TY

审核　毕琼　　校对　邓世斌　　设计　董博

页　61

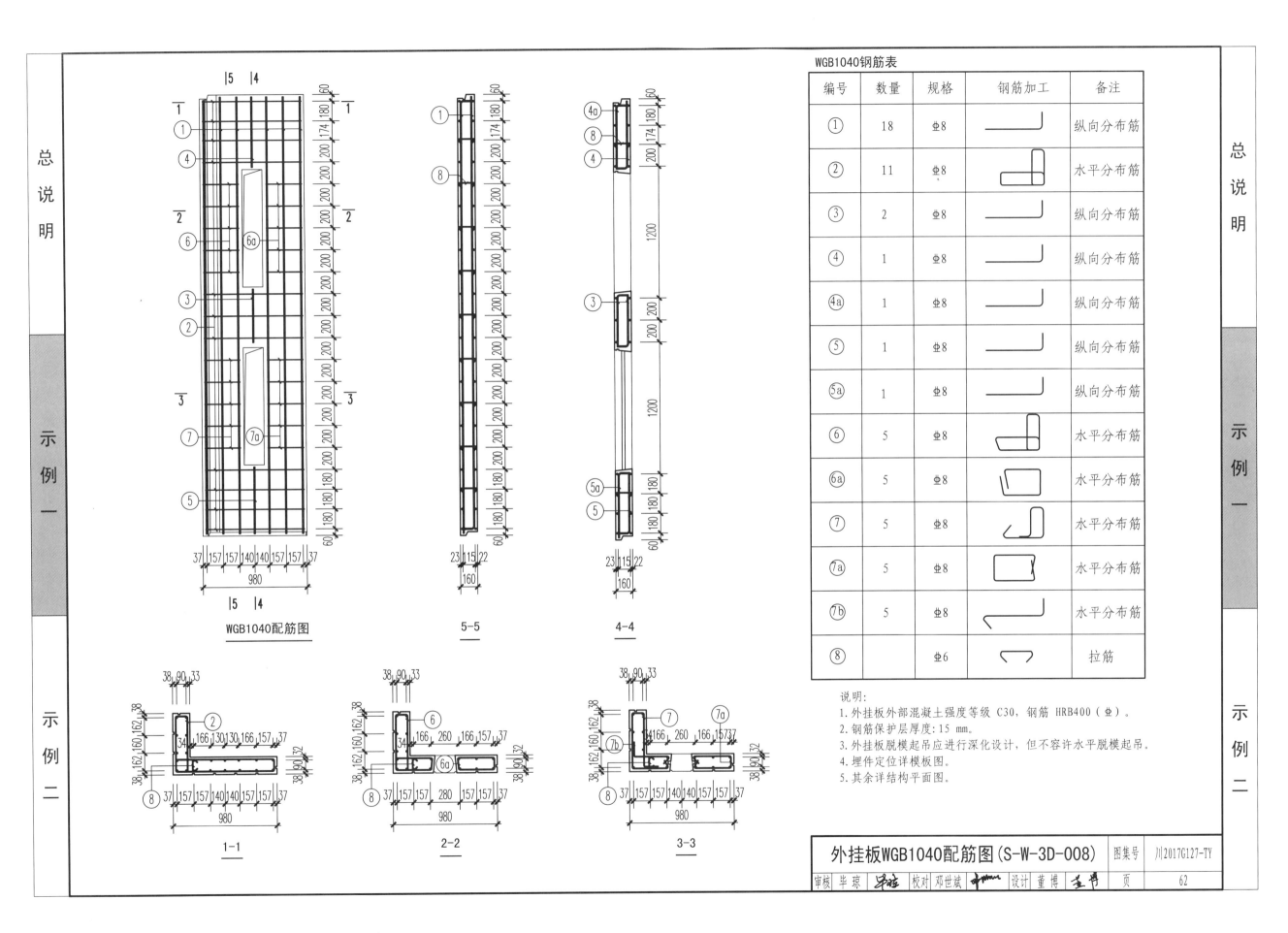

WGB1040钢筋表

编号	数量	规格	钢筋加工	备注
①	18	⊈8		纵向分布筋
②	11	⊈8		水平分布筋
③	2	⊈8		纵向分布筋
④	1	⊈8		纵向分布筋
④a	1	⊈8		纵向分布筋
⑤	1	⊈8		纵向分布筋
⑤a	1	⊈8		纵向分布筋
⑥	5	⊈8		水平分布筋
⑥a	5	⊈8		水平分布筋
⑦	5	⊈8		水平分布筋
⑦a	5	⊈8		水平分布筋
⑦b	5	⊈8		水平分布筋
⑧		⊈6		拉筋

说明:
1. 外挂板外部混凝土强度等级 C30，钢筋 HRB400（⊈）。
2. 钢筋保护层厚度:15 mm。
3. 外挂板脱模起吊应进行深化设计，但不容许水平脱模起吊。
4. 埋件定位详模板图。
5. 其余详结构平面图。

WGB1040配筋图

5-5

4-4

1-1

2-2

3-3

外挂板WGB1040配筋图（S-W-3D-008）

图集号	川2017G127-TY
审核 毕琼 校对 邓世斌 设计 董博	页 62

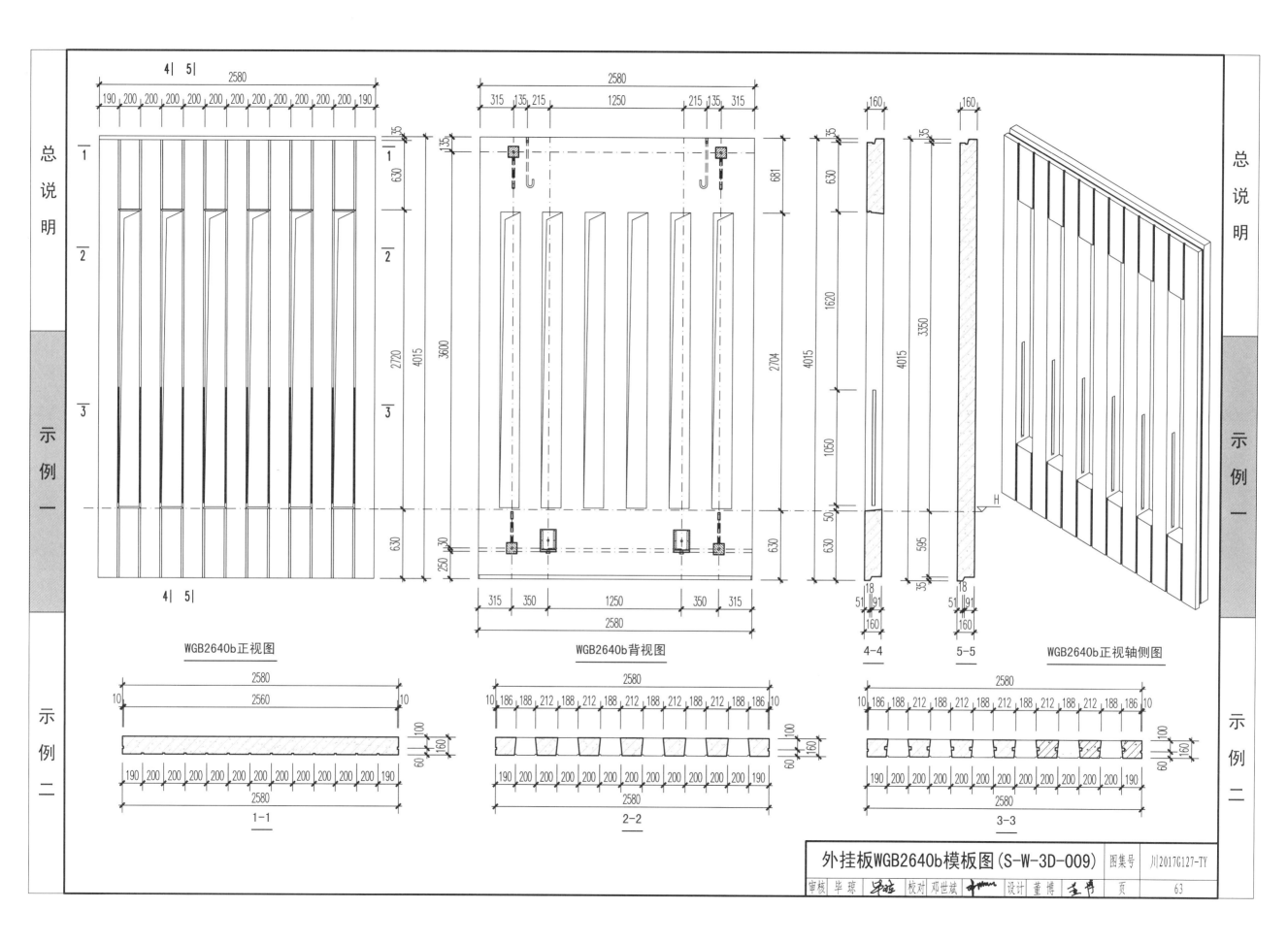

WGB2640b正视图

WGB2640b背视图

4-4

5-5

WGB2640b正视轴侧图

1-1

2-2

3-3

外挂板WGB2640b模板图（S-W-3D-009）

图集号 | 川2017G127-TY

| 审核 | 毕琼 | | 校对 | 邓世斌 | | 设计 | 董博 | | 页 | 63 |

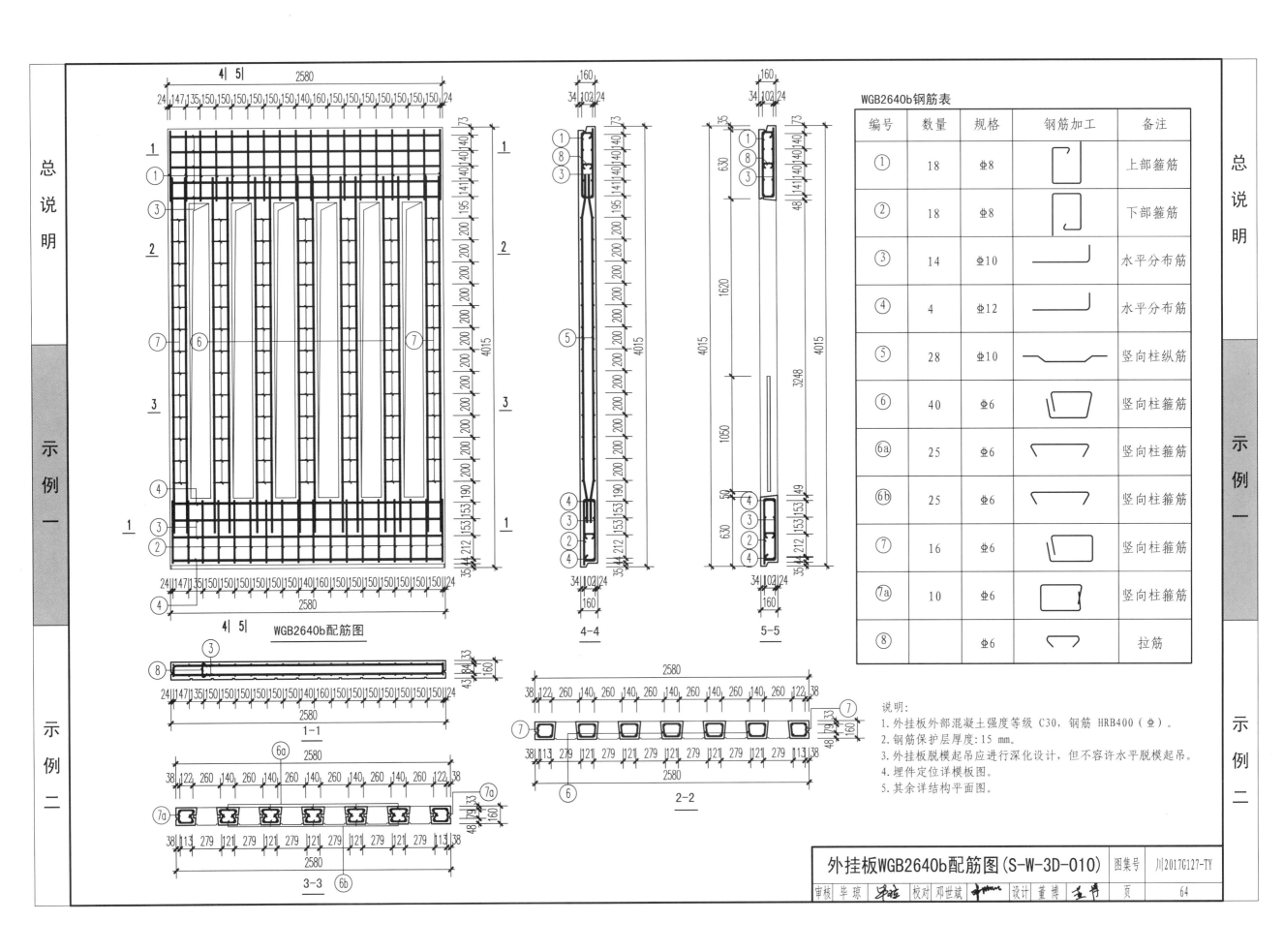

WGB2640b钢筋表

编号	数量	规格	钢筋加工	备注
①	18	Φ8		上部箍筋
②	18	Φ8		下部箍筋
③	14	Φ10		水平分布筋
④	4	Φ12		水平分布筋
⑤	28	Φ10		竖向柱纵筋
⑥	40	Φ6		竖向柱箍筋
⑥a	25	Φ6		竖向柱箍筋
⑥b	25	Φ6		竖向柱箍筋
⑦	16	Φ6		竖向柱箍筋
⑦a	10	Φ6		竖向柱箍筋
⑧		Φ6		拉筋

WGB2640b配筋图

1-1

2-2

3-3

4-4

5-5

说明:
1. 外挂板外部混凝土强度等级 C30，钢筋 HRB400（Φ）。
2. 钢筋保护层厚度：15 mm。
3. 外挂板脱模起吊应进行深化设计，但不容许水平脱模起吊。
4. 埋件定位详模板图。
5. 其余详结构平面图。

外挂板WGB2640b配筋图（S-W-3D-010）

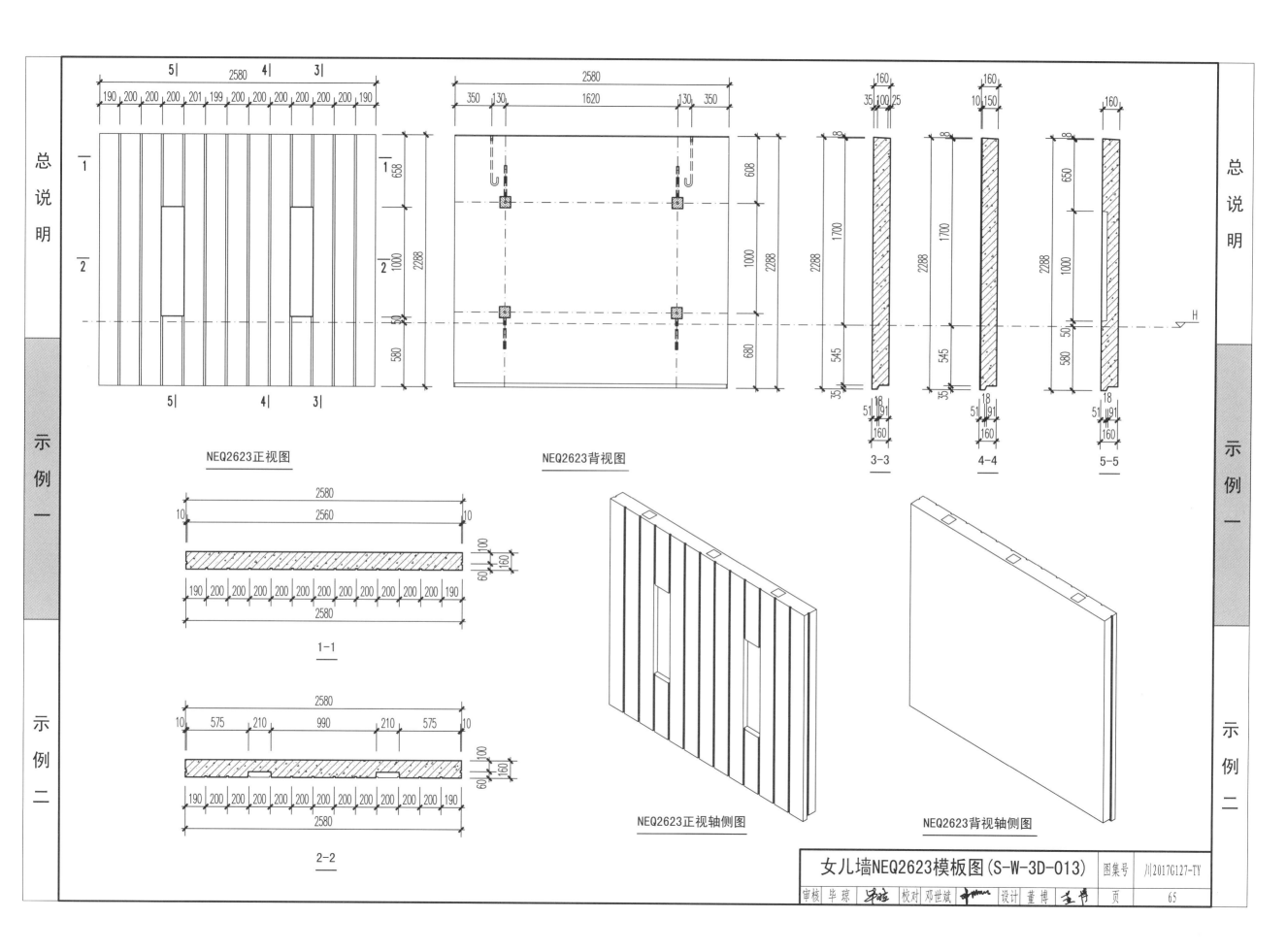

总 说 明

示 例 一

示 例 二

总 说 明

示 例 一

示 例 二

NEQ2623正视图

NEQ2623背视图

3-3 4-4 5-5

1-1

2-2

NEQ2623正视轴侧图

NEQ2623背视轴侧图

女儿墙NEQ2623模板图（S-W-3D-013）

图集号 川2017G127-TY

审核 毕琼　校对 邓世斌　设计 董博

页 65

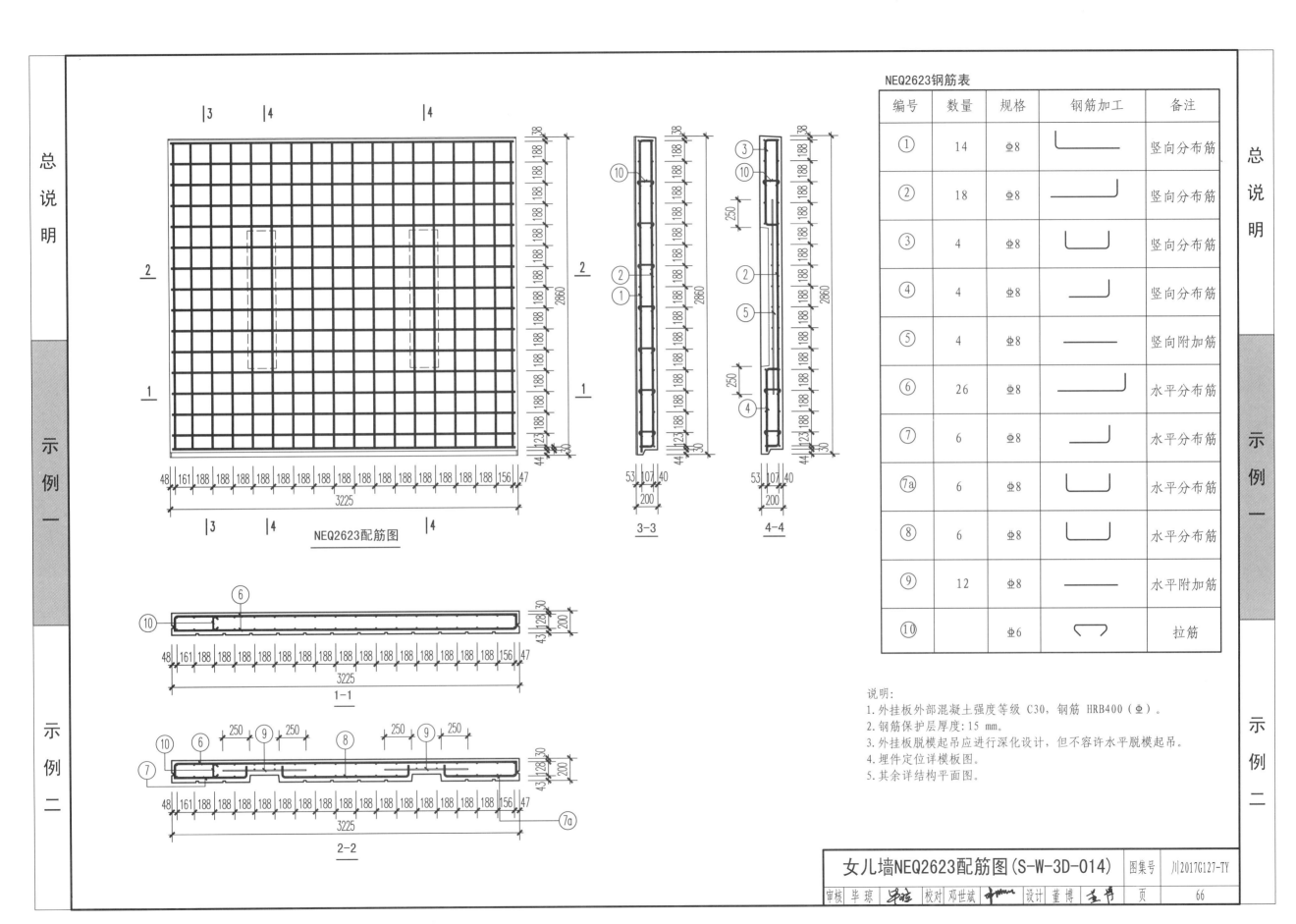

NEQ2623钢筋表

编号	数量	规格	钢筋加工	备注
①	14	φ8		竖向分布筋
②	18	φ8		竖向分布筋
③	4	φ8		竖向分布筋
④	4	φ8		竖向分布筋
⑤	4	φ8		竖向附加筋
⑥	26	φ8		水平分布筋
⑦	6	φ8		水平分布筋
⑦a	6	φ8		水平分布筋
⑧	6	φ8		水平分布筋
⑨	12	φ8		水平附加筋
⑩		φ6		拉筋

NEQ2623配筋图

3-3   4-4

1-1

2-2

说明：
1. 外挂板外部混凝土强度等级 C30，钢筋 HRB400（φ）。
2. 钢筋保护层厚度：15 mm。
3. 外挂板脱模起吊应进行深化设计，但不容许水平脱模起吊。
4. 埋件定位详模板图。
5. 其余详结构平面图。

女儿墙NEQ2623配筋图（S-W-3D-014）

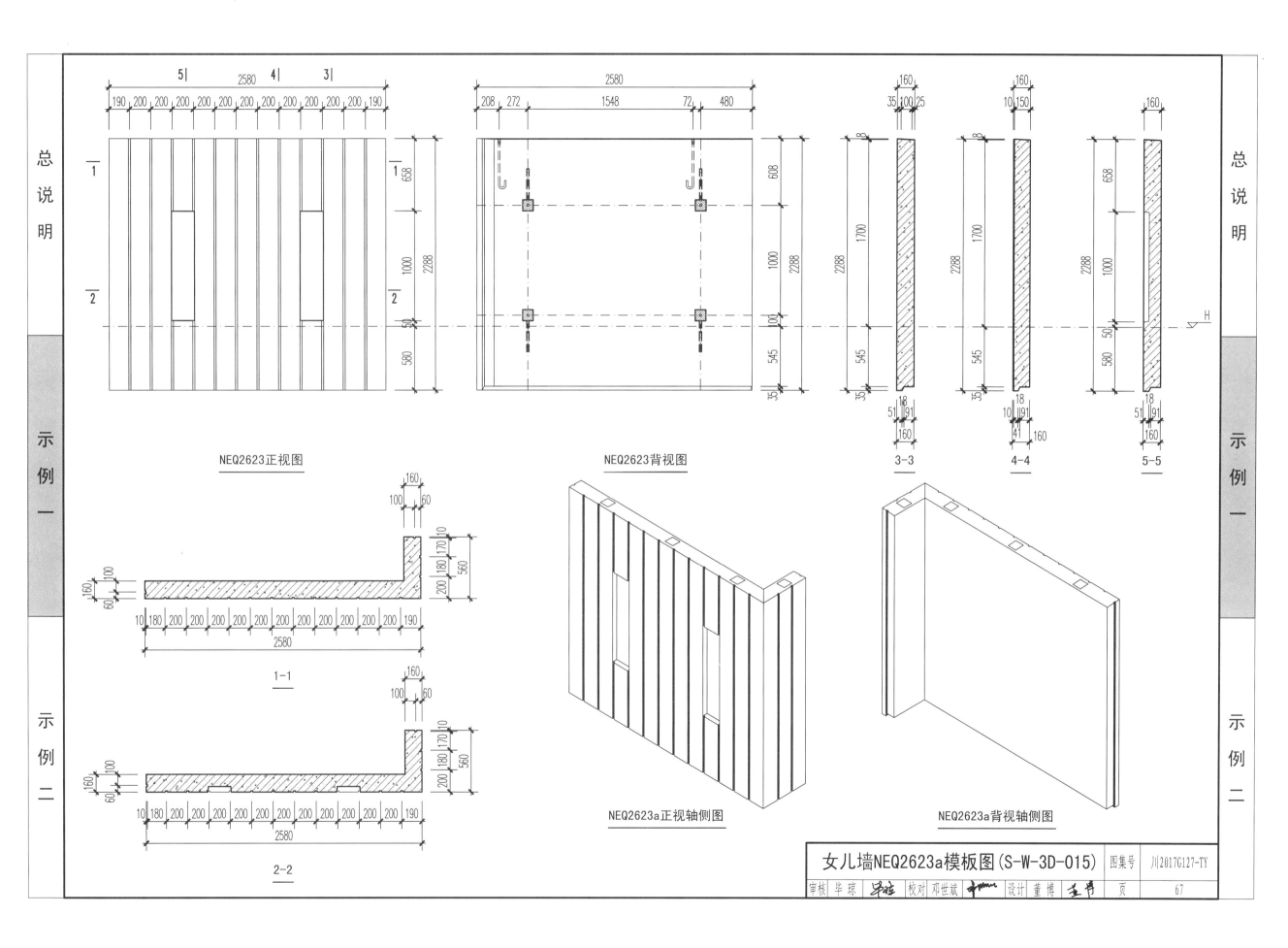

NEQ2623正视图

NEQ2623背视图

3-3

4-4

5-5

1-1

2-2

NEQ2623a正视轴侧图

NEQ2623a背视轴侧图

女儿墙NEQ2623a模板图（S-W-3D-015）

图集号	川2017G127-TY
审核 毕琼	校对 邓世斌	设计 董博	页
			67

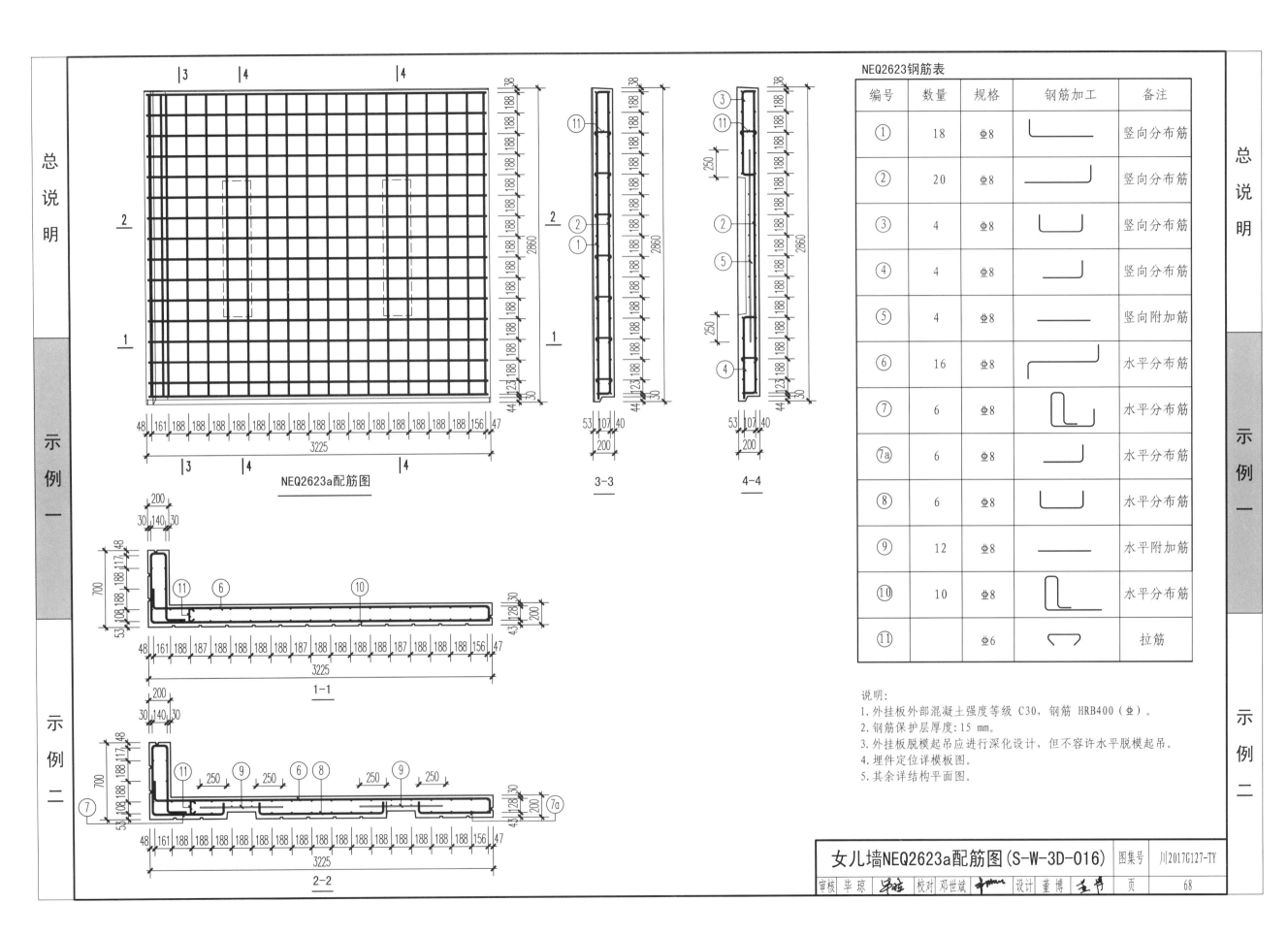

NEQ2623钢筋表

编号	数量	规格	钢筋加工	备注
①	18	Φ8		竖向分布筋
②	20	Φ8		竖向分布筋
③	4	Φ8		竖向分布筋
④	4	Φ8		竖向分布筋
⑤	4	Φ8		竖向附加筋
⑥	16	Φ8		水平分布筋
⑦	6	Φ8		水平分布筋
⑦a	6	Φ8		水平分布筋
⑧	6	Φ8		水平分布筋
⑨	12	Φ8		水平附加筋
⑩	10	Φ8		水平分布筋
⑪		Φ6		拉筋

NEQ2623a配筋图

3-3

4-4

1-1

2-2

说明：
1. 外挂板外部混凝土强度等级C30，钢筋HRB400（Φ）。
2. 钢筋保护层厚度：15 mm。
3. 外挂板脱模起吊应进行深化设计，但不容许水平脱模起吊。
4. 埋件定位详模板图。
5. 其余详结构平面图。

女儿墙NEQ2623a配筋图(S-W-3D-016)

图集号 川2017G127-TY

审核 毕琼　校对 邓世斌　设计 董博

页 68

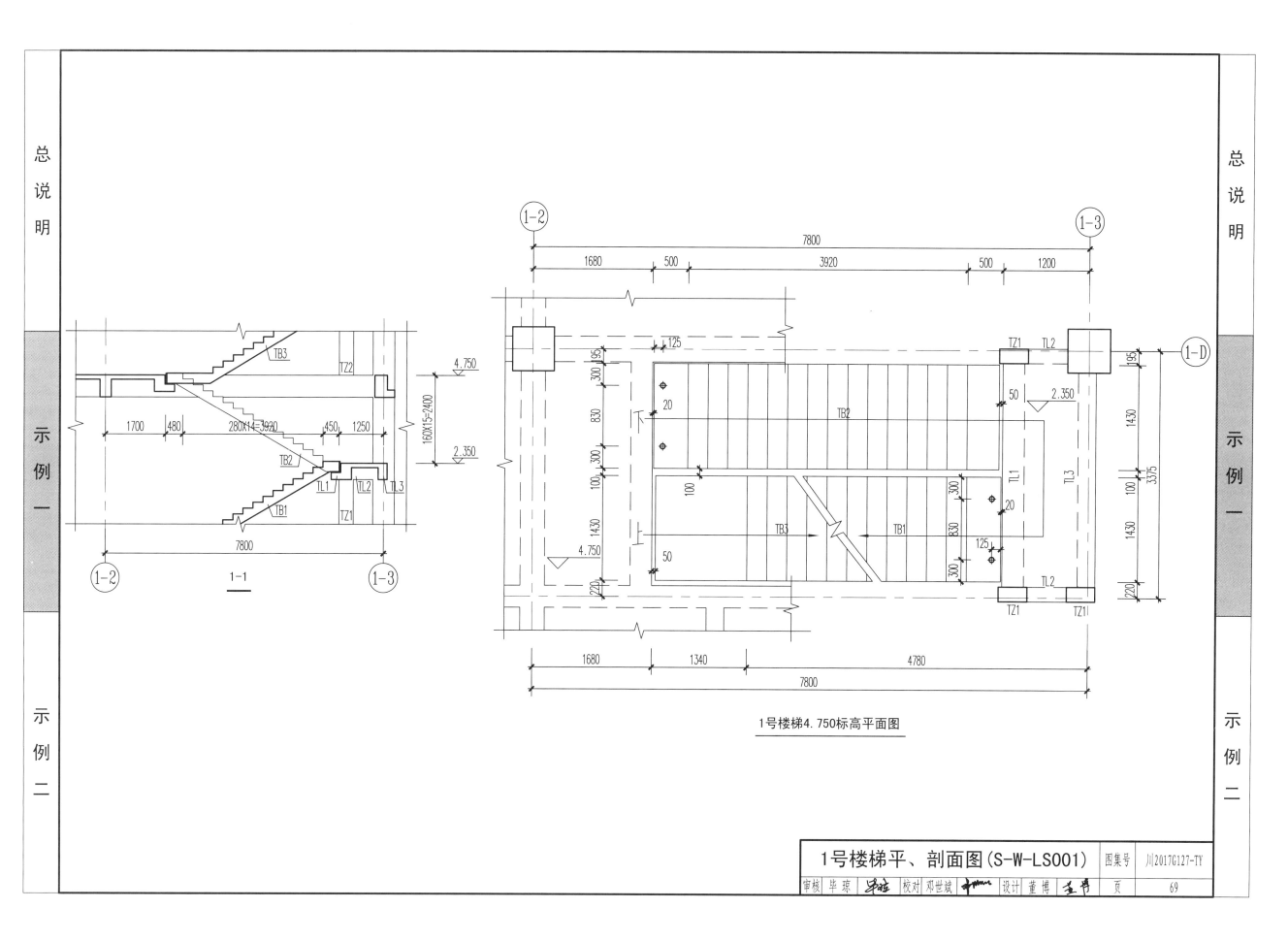

总说明

示例一

示例二

总说明

示例一

示例二

1号楼梯4.750标高平面图

1-1

1号楼梯平、剖面图（S-W-LS001）

图集号	川2017G127-TY
审核 毕琼	校对 邓世斌	设计 董博	页 69

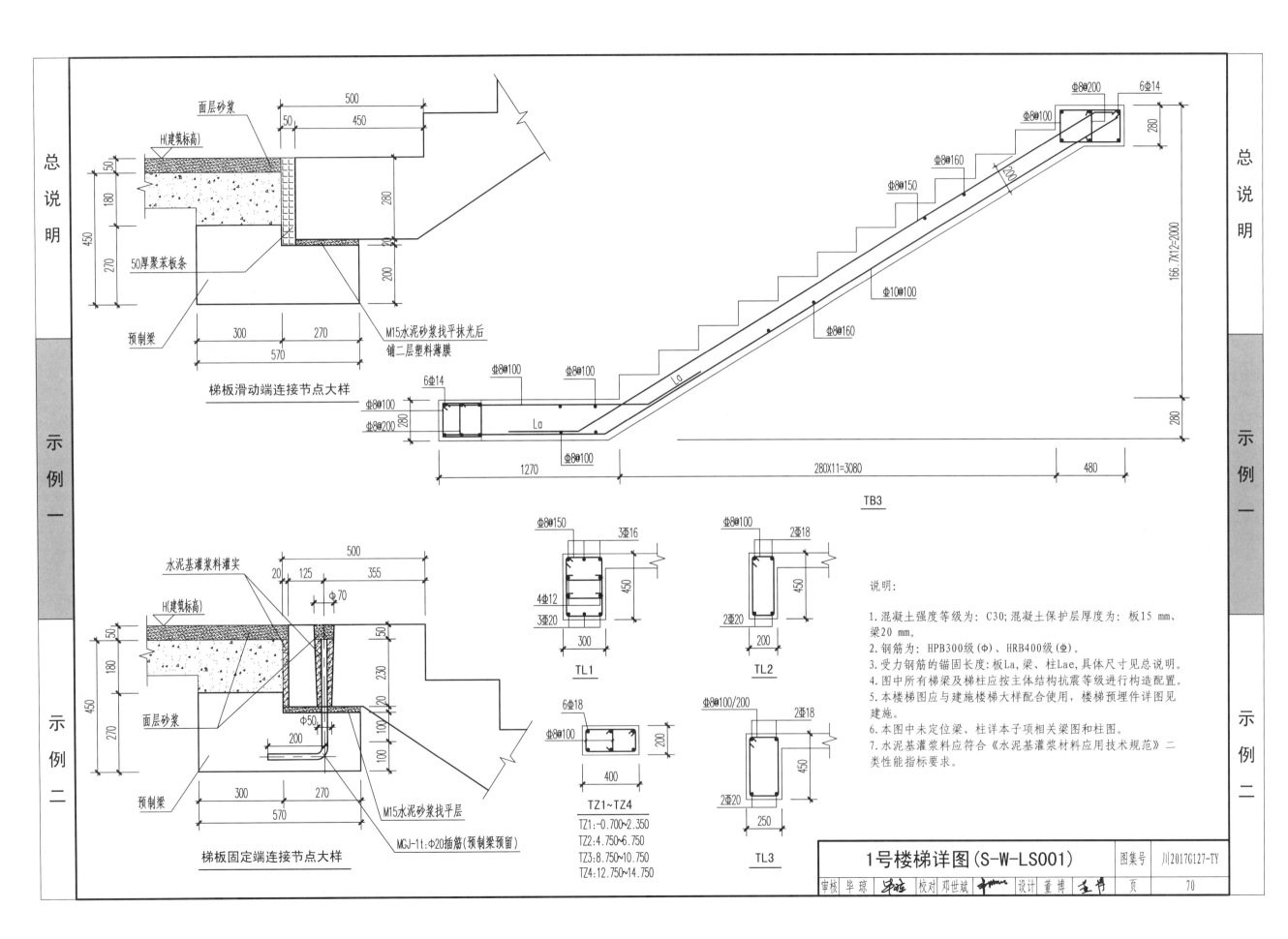

面层砂浆

H(建筑标高)

50厚聚苯板条

预制梁

M15水泥砂浆找平抹光后
铺二层塑料薄膜

梯板滑动端连接节点大样

TB3

水泥基灌浆料灌实

H(建筑标高)

面层砂浆

预制梁

M15水泥砂浆找平层

MGJ-1t:φ20插筋(预制梁预留)

梯板固定端连接节点大样

TL1

TL2

TZ1~TZ4

TZ1:-0.700~2.350
TZ2:4.750~6.750
TZ3:8.750~10.750
TZ4:12.750~14.750

TL3

说明:

1.混凝土强度等级为:C30;混凝土保护层厚度为:板15 mm、
梁20 mm。
2.钢筋为:HPB300级(φ)、HRB400级(Φ)。
3.受力钢筋的锚固长度:板La,梁、柱Lae,具体尺寸见总说明。
4.图中所有梯梁及梯柱应按主体结构抗震等级进行构造配置。
5.本楼梯图应与建施楼梯大样配合使用,楼梯预埋件详图见
建施。
6.本图中未定位梁、柱详本子项相关梁图和柱图。
7.水泥基灌浆料应符合《水泥基灌浆材料应用技术规范》二
类性能指标要求。

1号楼梯详图(S-W-LS001)

	图集号	川2017G127-TY
审核 毕琼 校对 邓世斌 设计 董博	页	70

总 说 明

总 说 明

示 例 一

示 例 一

示 例 二

示 例 二

施工图图纸目录

序号	图纸名称	备注	序号	图纸名称	备注
1	图纸目录(P-W-CL001)	本图集71页	11	办公楼卫生间大样、屋顶消防水箱系统图(P-W-LS001)	本图集略
2	选用标准图纸目录及图例(P-W-CL002)	本图集略	12	宿舍楼卫生间大样及给排水支管系统图(P-W-LS002)	本图集略
3	设计总说明(P-W-NT001)	本图集72页	13	食堂卫生间大样及给排水支管系统图(P-W-LS003)	本图集略
4	一层给排水平面图(P-W-QP001)	本图集73页	14	装配式绿植墙详图(一)(P-W-LS004)	本图集75页
5	二层给排水平面图(P-W-QP002)	本图集略	15	装配式绿植墙详图(二)(P-W-LS005)	本图集76页
6	三层给排水平面图(P-W-QP003)	本图集略	16	一层留洞局部平面图(P-W-PH001)	本图集77页
7	四层给排水平面图(P-W-QP004)	本图集74页	17	二层留洞局部平面图(P-W-PH002)	本图集略
8	屋顶层给排水平面图(P-W-QP005)	本图集略	18	三层留洞局部平面图(P-W-PH003)	本图集略
9	办公楼给排水系统展开图(P-W-SY001)	本图集略	19	四层留洞局部平面图(P-W-PH004)	本图集78页
10	宿舍楼、食堂给排水系统展开图(P-W-SY002)	本图集略			

注: 1. 本目录为示例一原工程的图纸目录,备注栏文字是编制者为说明对示例一中图纸选用情况和对应页次而加注的。

由于示例图集图幅限制,本图中略去常规施工图图纸目录中的图纸版本及出图时间等信息。

2. 各层留洞平面图为本专业与建筑结构专业配合各层预留孔洞的重要资料,可不单独出图,但需提资并将预留各个

孔洞表达在建筑结构的构件图中。本图示为了显示清晰,将各层留洞平面图表达为留洞局部平面图。

图纸目录中各代号含义:　　CL—图纸目录;

NT—设计说明;

QP—给排水平面图;

LS—给排水大样图;

SY—系统展开图。

图纸目录(P-W-CL001)		图集号	川2017G127-TY
审核 李 波　　校对 朱 瑞　　设计 陈建隆　陈建隆		页	71

设计总说明

1 设计依据

1.1 建设单位的设计要求。

1.2 本院建筑等专业提供的资料。

1.3 本专业采用的设计规范、法规：

《建筑给水排水设计规范》　　　　　　　GB 50015-2009（2009年版）

《建筑设计防火规范》　　　　　　　　　GB 50016-2014

《建筑灭火器配置设计规范》　　　　　　GB 50140-2005

《民用建筑节水设计标准》　　　　　　　GB 50555-2010

《消防给水及消火栓系统技术规范》　　　GB 50974-2014

《建筑机电工程抗震设计规范》　　　　　GB 50981-2014

《办公建筑设计规范》　　　　　　　　　JGJ 67-2006

《宿舍建筑设计规范》　　　　　　　　　JGJ 62-2014

《四川省城市排水管理条例》　　　　　　NO: SC 112341

其它国家及当地现行规程规范。

1.4 采用的暴雨强度公式（成都地区）：

$$i=\frac{44.594(1+0.6511 \lg P)}{(t+27.346)^{0.953[(\lg P)^{\wedge}-0.017]}}(mm/min)$$

1.5 据业主提供的资料，本工程建设地市政给水管网水压为0.30MPa,可满足地上4层的用水要求。给水接入口为一根管径为DN150mm的给水管，由地块南面的市政给水管接入，污水分两路分别排入东面和西面的市政污水管，雨水分六处分别排入东面、南面和西面的市政污水管，具体接管位置见总平面图。

2 工程概况

本工程位于××区××路地块。规划建设净用地面积：××平方米。总建筑面积约××平方米，其中地上建筑面积约××平方米，地下室建筑面积约××平方米。地上由构件生产车间、模具加工厂、建筑产业化研发中心1#、2#宿舍、辅助用房（包括配件库房、辅料库房、锅炉房、实验室、样品楼、变配电室、燃气减压站等）等组成，建筑高度均小于24米，故均为多层公共建筑。

本子项为建筑产业化研发中心，±0.000标高相当于绝对标高**。

3 系统设计（略）

4 管材（略）

5 阀门及附件（略）

6 消防设备和器材（略）

7 卫生设备（略）

8 其它设备和器材（略）

9 管道敷设（略）

10 管道保温（略）

11 管道试压（略）

12 管道冲洗（略）

13 装配式建筑设计

13.1 本项目采用装配式框架结构体系，装配式构件包括预制柱、预制叠合梁、预制叠合板、预制外墙挂板、预制楼梯、预制装配式围墙和装配式内隔墙。

13.2 给排水设计应结合预制构件的拆分情况，优化给排水管线、设备布置，尽可能让构件标准化，在保证给排水系统合理、安装规范的同时，提高构件加工效率。

13.3 本项目核心筒内的给排水管井等设置于现浇部分。当消火栓箱需要嵌入预制构件时，应采用适宜的安装方式及处理措施，不得影响构件的结构安全，并应满足相应防火、保温及隔声要求。

13.4 户内给水管首选高位敷设方式，贴板底或梁底敷设，管道走向布置充分考虑用户装修、使用要求。

13.5 结合实际情况如给水管必须在地面预制叠合板内敷设时，于叠合板现浇层的钢筋保护层压槽敷设。

13.6 在预制PC墙体内敷设的给水管道，采用在预制墙体上预留管槽的方式，在墙体预制时完成留槽，管槽宽度50 mm。

13.7 在工厂加工预制楼板、预制梁等构建时均需根据设计图纸事先预留所有机电管线安装所需的预留孔洞及预埋件，不得事后开凿。

设计总说明（P-W-NT001）	图集号	川2017G127-TY
审核 李波 〔签名〕　校对 朱瑞 〔签名〕　设计 陈建隆 〔签名〕	页	72

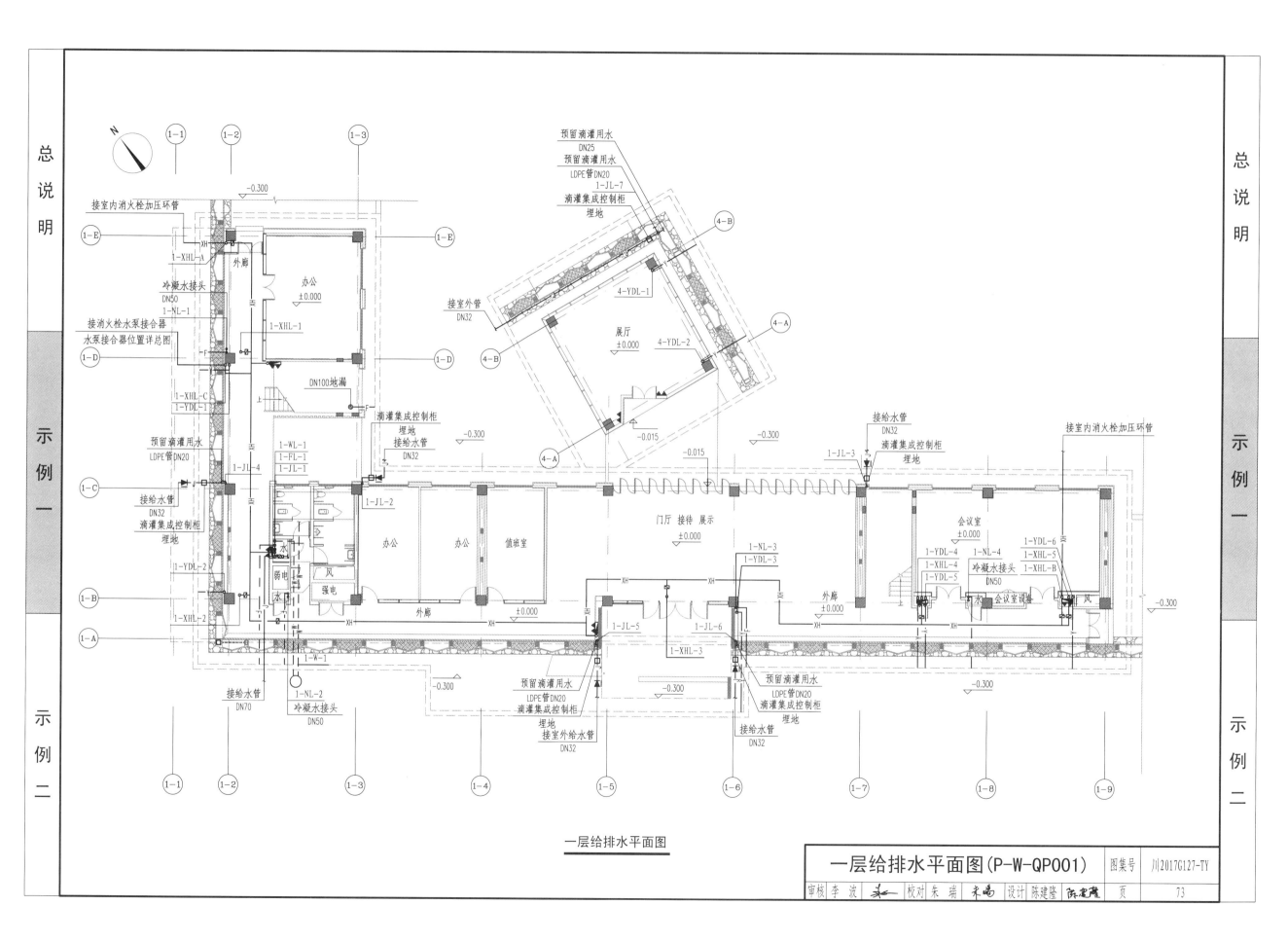

一层给排水平面图

一层给排水平面图（P-W-QP001）

图集号	川2017G127-TY
审核 李波	校对 朱端	设计 陈建隆	页	73

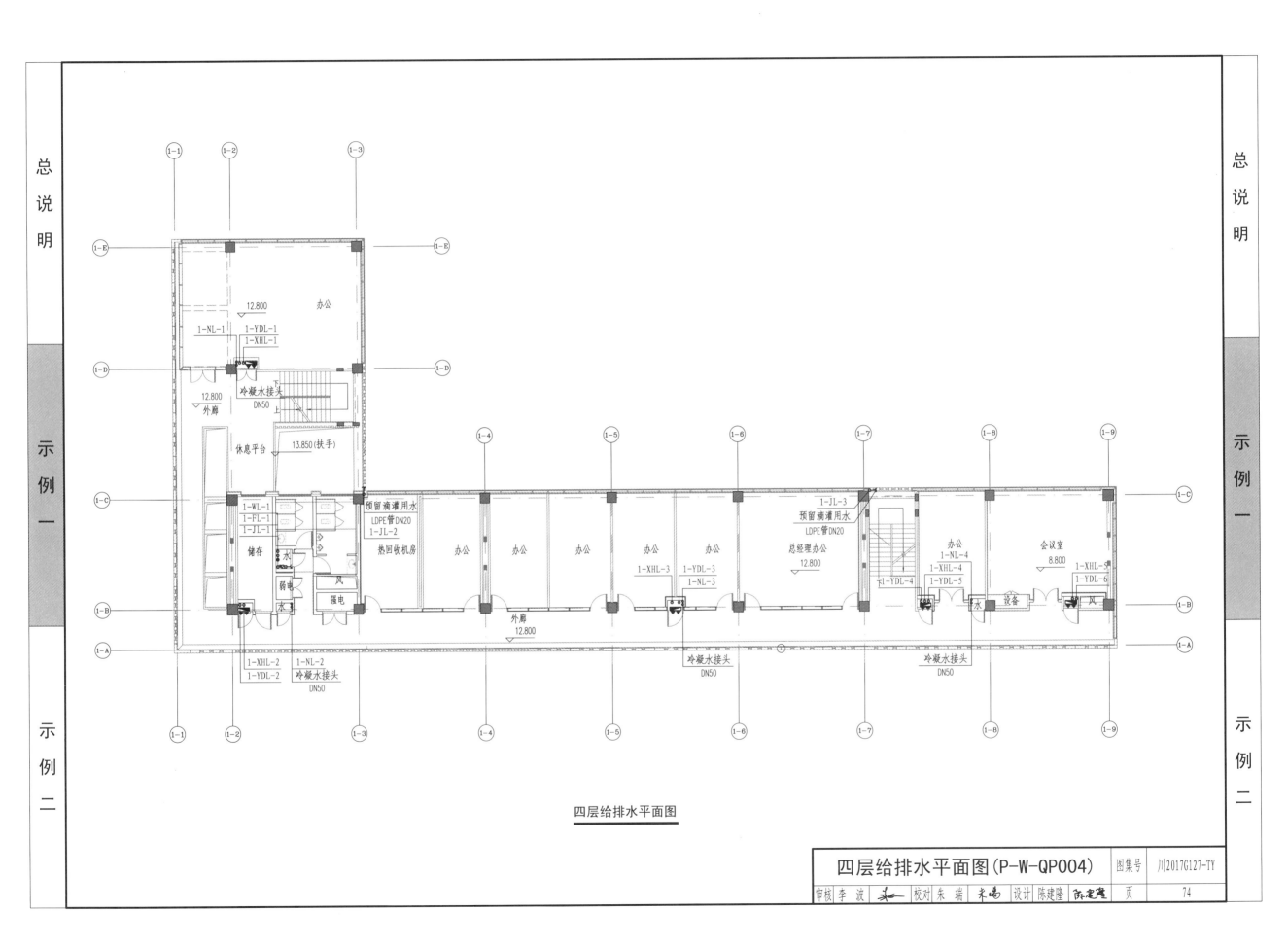

四层给排水平面图

四层给排水平面图（P-W-QP004）

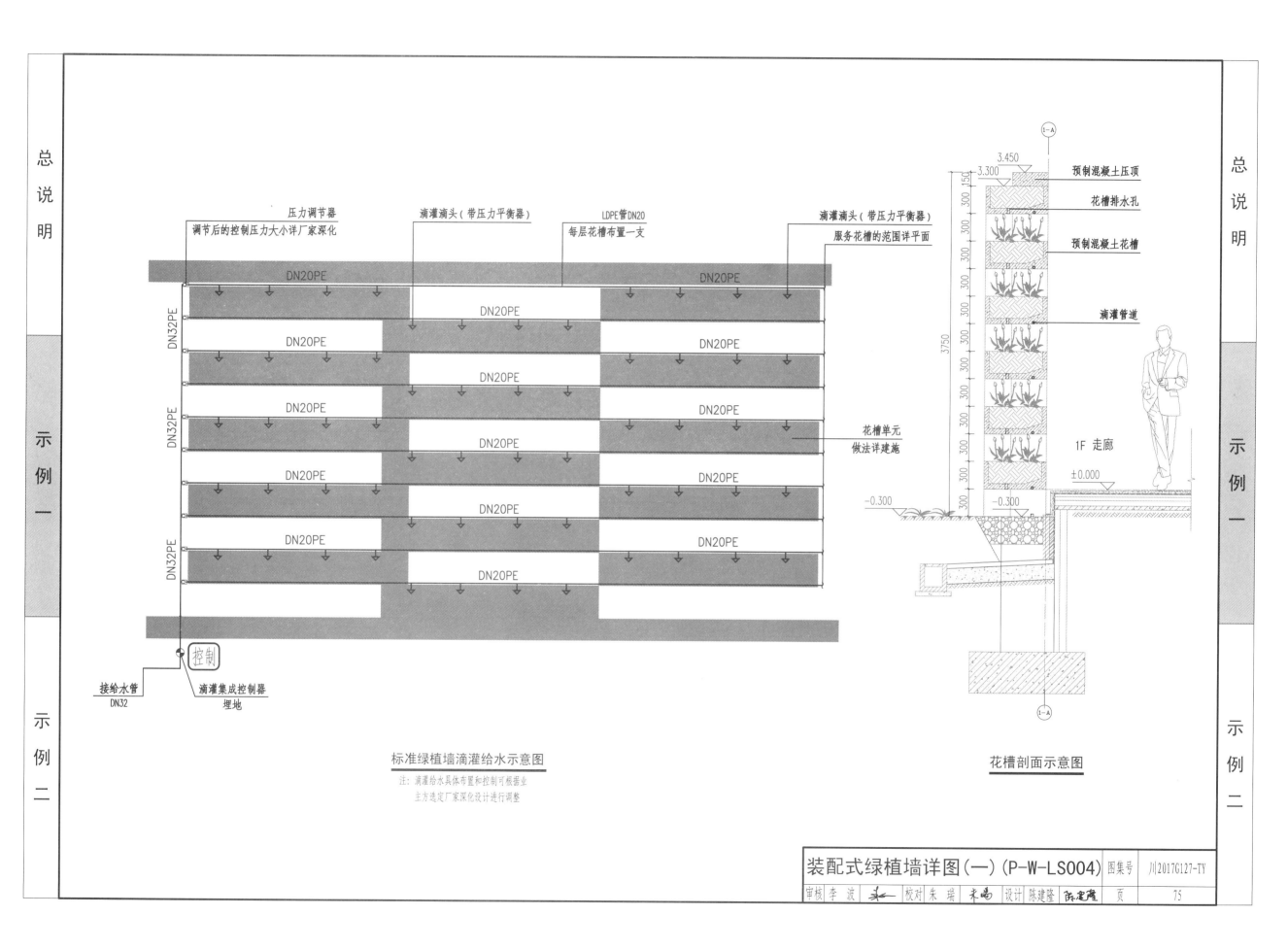

压力调节器
调节后的控制压力大小详厂家深化

滴灌滴头（带压力平衡器）

LDPE管DN20
每层花槽布置一支

滴灌滴头（带压力平衡器）
服务花槽的范围详平面

DN20PE

DN20PE

DN32PE

DN20PE

DN20PE

DN20PE

DN20PE

DN32PE

DN20PE

DN20PE

DN32PE

DN20PE

DN20PE

DN20PE

DN20PE

DN32PE

DN20PE

DN20PE

DN20PE

花槽单元
做法详建施

控制

接给水管
DN32

滴灌集成控制器
埋地

标准绿植墙滴灌给水示意图

注：滴灌给水具体布置和控制可根据业
主方选定厂家深化设计进行调整

3.450
3.300
150
300
300
300
300
300
300
300
300
300
300
300
300
300
3750
300

-0.300

预制混凝土压顶
花槽排水孔
预制混凝土花槽

滴灌管道

1F 走廊
±0.000

-0.300

花槽剖面示意图

装配式绿植墙详图（一）（P-W-LS004）

图集号	川2017G127-TY
审核 李波	校对 朱瑞	设计 陈建隆

接给水管
DN32

滴灌滴头（带压力平衡器）　　滴灌管道　　　　滴灌管道预留管槽　　滴灌滴头（带压力平衡器）

250　　　　　1550　　　　　　250　　　　　1550　　　　　250

服务花槽的范围详平面

花槽单元组合示意图

滴灌管道

接给水管

滴灌滴头（带压力平衡器）　　滴灌管道　　滴灌管道预留管槽

250　　　725　　100　　725　　250

服务花槽的范围详平面

50

30　150

30　200

240

50

400

300

花槽排水孔

滴灌管道预留管槽
滴灌管道

2050

花槽单元1-1剖面示意图

花槽排水孔

花槽单元大样图

花槽单元大样图

注：　1.滴灌的水源就近接自来水源。
　　　2.采用管上式滴头进行滴灌作业，每个花槽中安装4颗滴头，滴
　　　　头间距300 mm，每根滴灌管与给水立管之间添加压力调节器。
　　　3.每路立管采用一个电磁阀，通过干电池控制器控制，并可进
　　　　行摇控作业。
　　　4.花槽误差控制为20 mm，且设计未考虑累计误差，因此在与花
　　　　槽相关的施工及制造过程中应严格校核尺寸定位，避免发生花
　　　　槽因误差无法安装的情况。

装配式绿植墙详图(二)(P-W-LS005)	图集号	川2017G127-TY
审核 李波　　校对 朱瑞　　设计 陈建隆	页	76

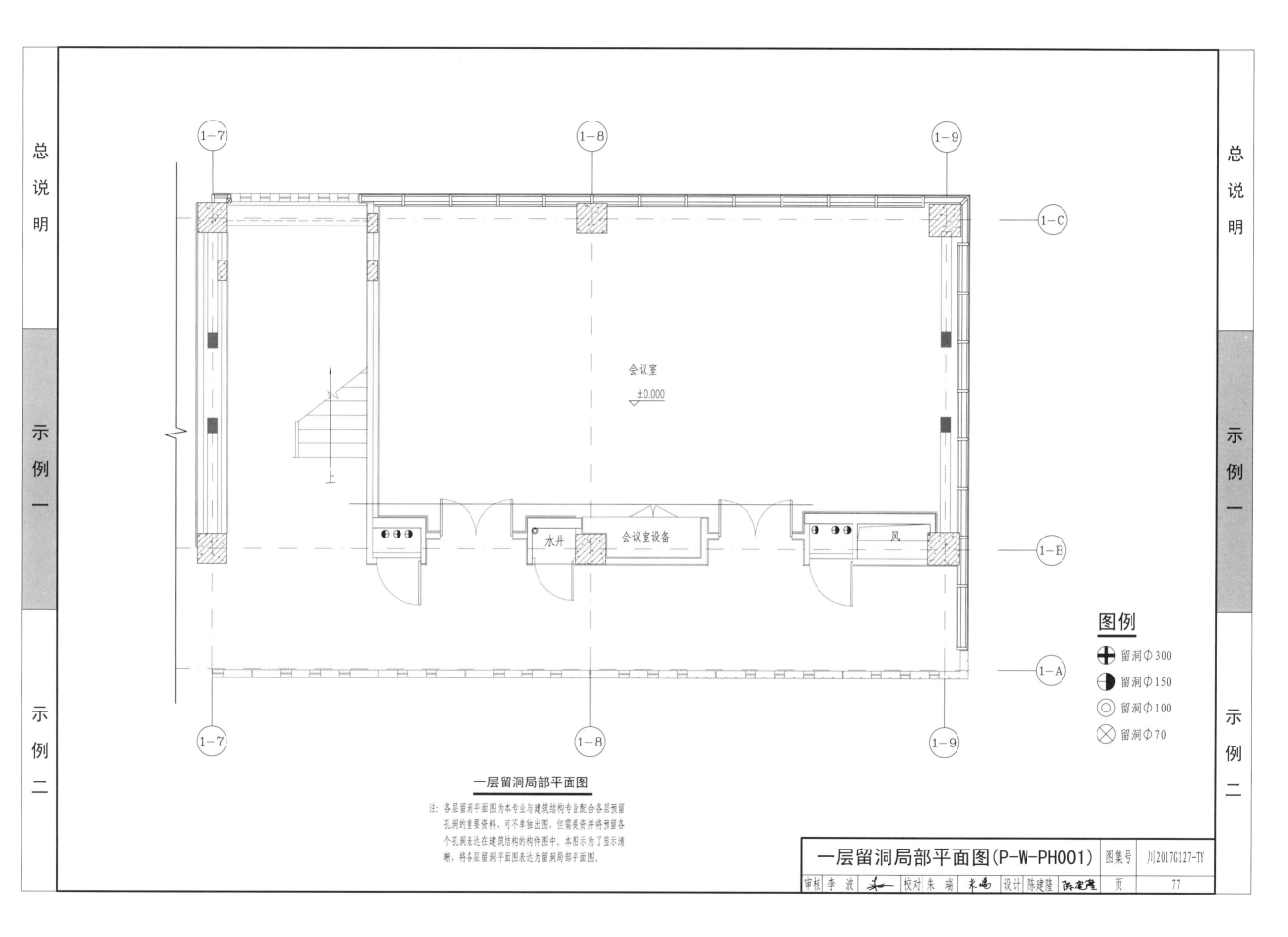

会议室

±0.000

水井　会议室设备

风

图例

留洞φ300

留洞φ150

留洞φ100

留洞φ70

一层留洞局部平面图

注：各层留洞平面图为本专业与建筑结构专业配合各层预留
　　孔洞的重要资料，可不单独出图，但需提资并将预留各
　　个孔洞表达在建筑结构的构件图中，本图示为了显示清
　　晰，将各层留洞平面图表达为留洞局部平面图。

一层留洞局部平面图（P-W-PH001）	图集号	川2017G127-TY
审核 李 波　校对 朱 瑞　设计 陈建隆	页	77

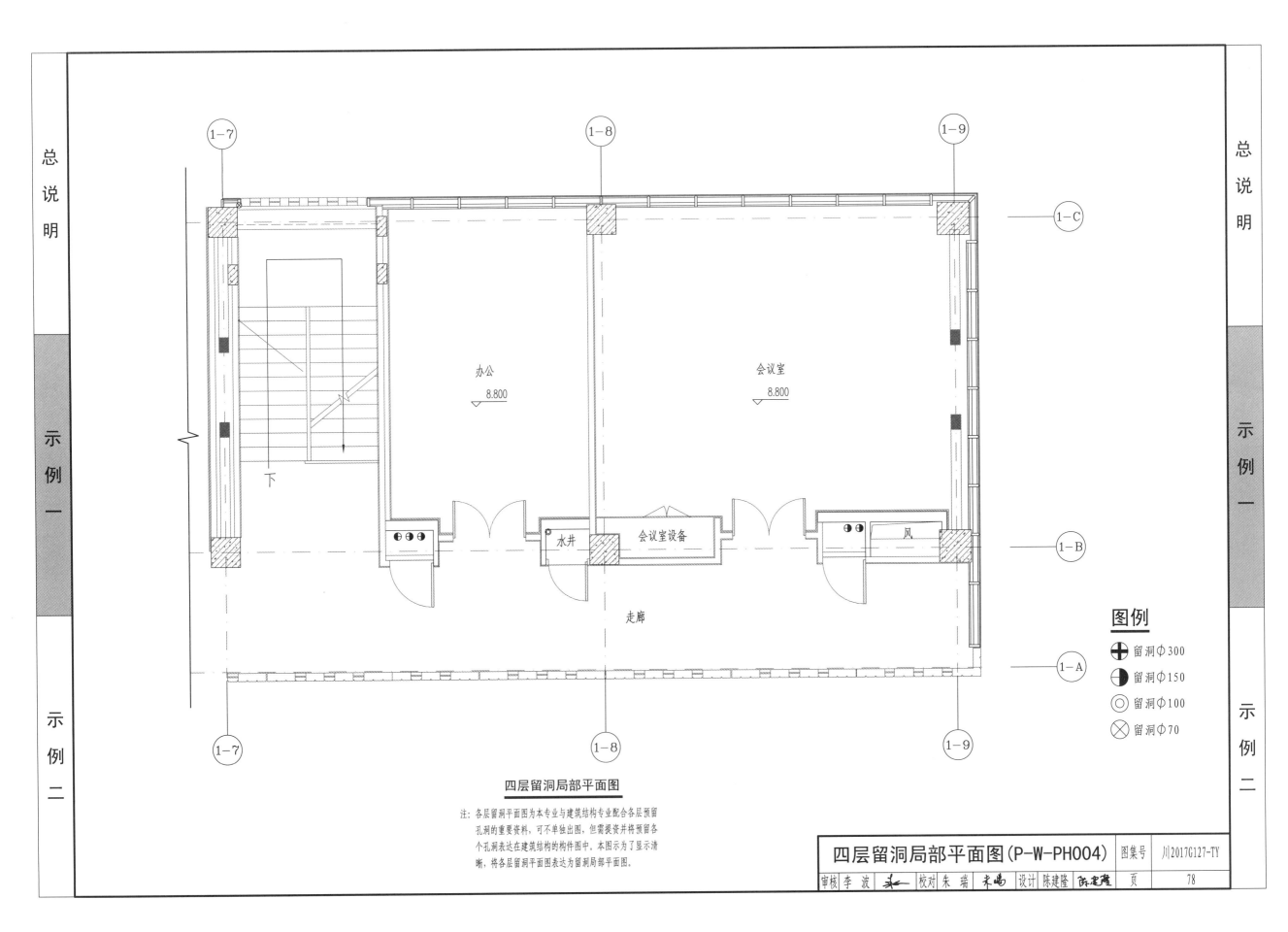

办公
8.800

会议室
8.800

下

水井

会议室设备

风

走廊

图例

⊕	留洞φ300
◐	留洞φ150
◎	留洞φ100
⊗	留洞φ70

四层留洞局部平面图

注: 各层留洞平面图为本专业与建筑结构专业配合各层预留
孔洞的重要资料, 可不单独出图, 但需提资并将预留各
个孔洞表达在建筑结构的构件图中。本图示为了显示清
晰, 将各层留洞平面图表达为留洞局部平面图。

四层留洞局部平面图（P-W-PH004）

图集号	川2017G127-TY
审核 李波	校对 朱瑞	设计 陈建隆	页 78

施工图图纸目录

图纸目录（M-W-CL001）	图集号	川2017G127-TY
审核 革 菲　校对 倪先茂　设计 钱成功	页	79

设计说明

1 设计依据:

1.1 主要规范和标准:

1.1.1 《民用建筑供暖通风与空气调节设计规范》	GB 50736-2012
1.1.2 《公共建筑节能设计标准》	GB 50189-2015
1.1.3 《建筑设计防火规范》	GB 50016-2014
1.1.4 《绿色建筑评价标准》	GB/T 50378-2014
1.1.5 《装配式混凝土建筑技术标准》	GB/T 51231-2016
1.1.6 《建筑工程设计文件编制深度规定》	2016年版

1.2 其他规范、标准及相关文件（略）。

2 项目概况

1.1 项目名称：（略）

1.2 本子项为建筑产业化研发中心部分，本子项建筑面积：5102.10 m²，其中办公楼部分建筑面积：2465.40 m²；建筑层数：4层；建筑高度：17.650 m。为装配整体式混凝土框架结构办公楼。办公楼按设计阶段绿色三星、运营阶段绿色三星设计。

3 设计范围（略）

4 设计参数（略）

5 空调设计（略）

6 通风设计（略）

7 防排烟设计（略）

8 自控设计（略）

9 环保及卫生防疫（略）

10 绿色建筑及节能设计（略）

11 装配式建筑暖通设计

11.1 风管、风口、管件等尺寸严格按照国家规范标准尺寸设计。

11.2 选用通用设备的常用型号，减少设备型号数量；

11.3 管道（风管、水管、冷凝水管等）与附件（调节阀、软接头、消声器等）的连接点位设计应遵循相应的模数规律。

11.4 暖通管道走向及设备安装位置除了满足本专业需求外，还应考虑与装配式构件的关系：

11.4.1 暖通管道宜减少穿越预制构件的数量，必须穿越时，同类构件的穿越位置宜一致。

11.4.2 管道穿越预制构件（预制墙板、预制楼板等）处，应配合预留相应孔洞或套管，尺寸及定位应准确，且不应靠近预制构件受力薄弱位置（如预制墙板的四角边缘等）、核心受力点处以及吊装附件等处。

11.4.3 管道穿越预制构件处应按相关规范采取必要的防火、防水、隔声、保温等措施。

11.4.4 设备与管道的安装位置应考虑装配式构件的结构形式及其受力情况，确定其承重能力，避开受力薄弱区。

11.4.5 当设备与管道的支吊架需在预制构件中设置预埋件时，将预埋件准确反映到预制构件深化图中。

图例

图 例	名 称
x	矩形风管（可见面X不可见面mm）
	送风管（可见剖面/不可见剖面）
	回风管、排风管（可见剖面/不可见剖面）
	风管软接头
	蝶阀
FD	70 ℃防火阀（常开，70 ℃熔断关）
	送风口
	排风口
	空调冷凝水管
	冷媒管（液、气）
V71H	多联式空调室内机

注：1.本图例为从示例一中摘选的部分，未包括所有图例。

风口、设备、标高代号

风口表示方法：

风口代号	风口名称
AV	单层百叶风口，叶片垂直
HH	门铰型百叶回风口
E*	条形散流器（*为条缝数）

注：1.风口代号；2.附件（可选）；3.风口颈尺寸；4.数量；5.每个风口风量（m³/h）

附件代号	附件名称
F	带过滤网
D	带调节阀

设备编号	名称及说明
V71H	V:多联机空调室内机；71:多联机型号，7.1 kW；H:高静压H

标高表示	名称及说明
TL: 3.250	管顶、设备顶或洞口顶距所在楼层楼面标高: 3.250 m

设计说明（M-W-NT001）、图例（M-W-NT003）	图集号	川2017G127-TY
审核 革非 芳片 校对 倪先茂 倪生钱 设计 王蕾 王蕾	页	80

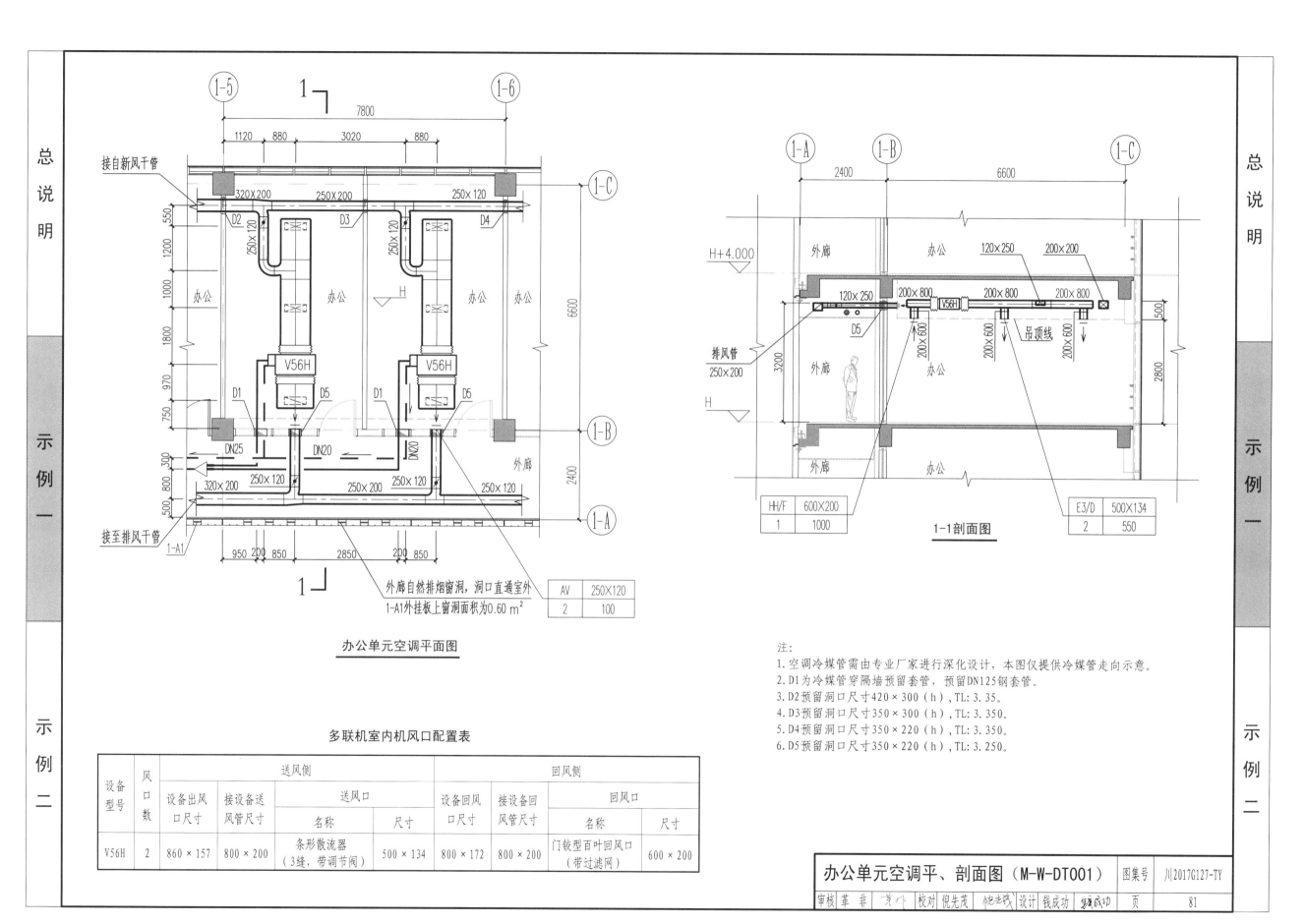

接自新风干管

320×200　250×200　250×120

D2　D3　D4

250×120　　250×120

办公　办公　办公　办公

V56H　V56H

D1　D5　D1　D5

DN25　DN20　DN20

320×200　250×120　250×120　250×120　250×120

接至排风干管

AV	250×120
2	100

外廊自然排烟窗洞,洞口直通室外
1-A1外挂板上窗洞面积为0.60 m²

办公单元空调平面图

多联机室内机风口配置表

设备型号	风口数	送风侧				回风侧			
		设备出风口尺寸	接设备送风管尺寸	送风口		设备回风口尺寸	接设备回风管尺寸	回风口	
				名称	尺寸			名称	尺寸
V56H	2	860×157	800×200	条形散流器 (3缝,带调节阀)	500×134	800×172	800×200	门铰型百叶回风口 (带过滤网)	600×200

H+4.000

外廊　办公　120×250　200×200

排风管
250×200

120×250　200×800　200×800　200×800

外廊　D5　200×600　200×600　吊顶线　200×600
办公

外廊　办公

HH/F	600×200
1	1000

E3/D	500×134
2	550

1-1剖面图

注:
1. 空调冷媒管需由专业厂家进行深化设计,本图仅提供冷媒管走向示意。
2. D1为冷媒管穿隔墙预留套管,预留DN125钢套管。
3. D2预留洞口尺寸420×300(h),TL: 3.35。
4. D3预留洞口尺寸350×300(h),TL: 3.350。
5. D4预留洞口尺寸350×220(h),TL: 3.350。
6. D5预留洞口尺寸350×220(h),TL: 3.250。

办公单元空调平、剖面图（M-W-DT001）

图集号	川2017G127-TY

审核 革非　校对 倪先茂　设计 钱成功

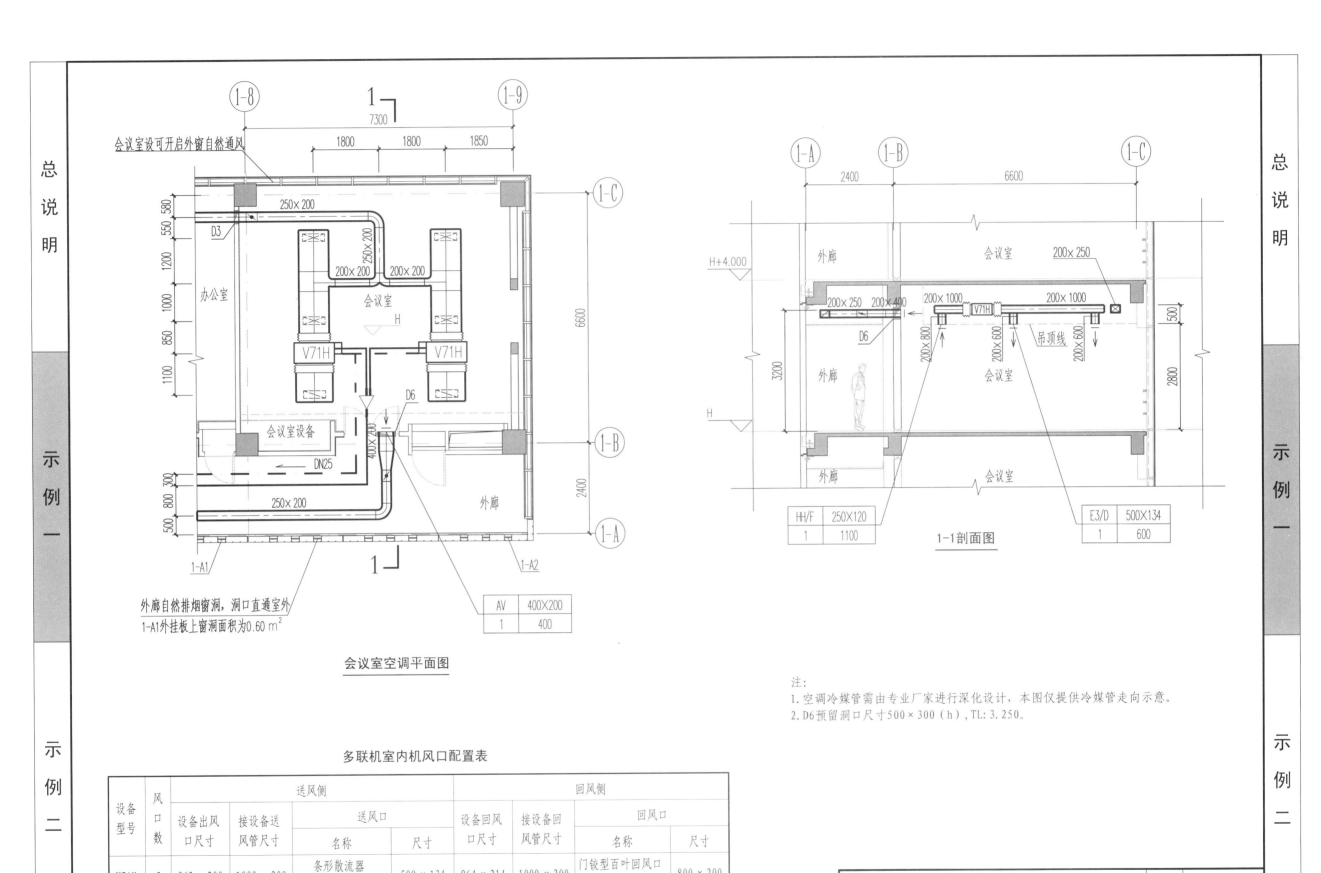

会议室空调平面图

会议室设可开启外窗自然通风

250×200
D3
250×200
办公室
会议室
200×200 200×200
H
V71H V71H
会议室设备
D6
DN25
400×200
250×200
外廊

外廊自然排烟窗洞，洞口直通室外
1-A1外挂板上窗洞面积为0.60 m²

AV	400×200
1	400

会议室空调平面图

1-1剖面图

外廊
H+4.000
200×250 200×490
会议室
200×250
200×1000 V71H 200×1000
D6
200×800
200×600
200×600
吊顶线
会议室
外廊
3200
H
外廊
会议室

HH/F	250×120
1	1100

E3/D	500×134
1	600

1-1剖面图

注:
1. 空调冷媒管需由专业厂家进行深化设计，本图仅提供冷媒管走向示意。
2. D6预留洞口尺寸500×300（h），TL：3.250。

多联机室内机风口配置表

设备型号	风口数	送风侧					回风侧			
		设备出风口尺寸	接设备送风管尺寸	送风口		设备回风口尺寸	接设备回风管尺寸	回风口	
				名称	尺寸			名称	尺寸
V71H	2	962×200	1000×200	条形散流器（3缝，带调节阀）	500×134	964×214	1000×200	门铰型百叶回风口（带过滤网）	800×200

会议室空调平、剖面图（M-W-DT002）

图集号	川2017G127-TY
审核 革 非	校对 倪先茂	设计 钱成功
页	82

有效通风、排烟洞口

190

1650

4015

2580

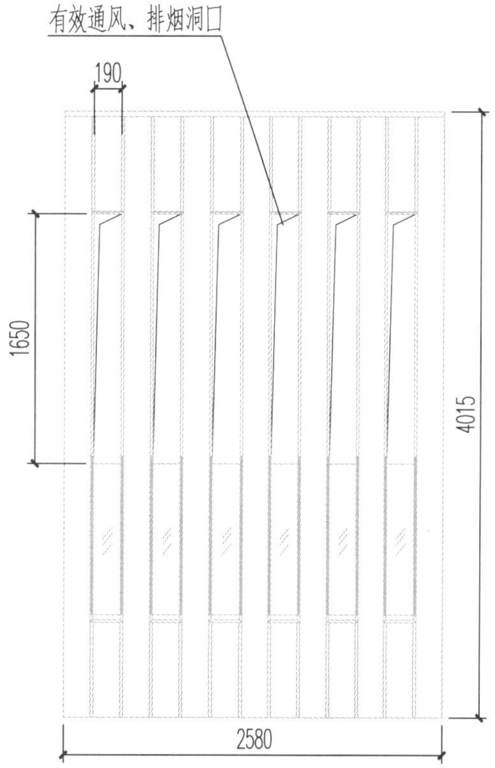

外挂板1-B1自然排烟窗大样图

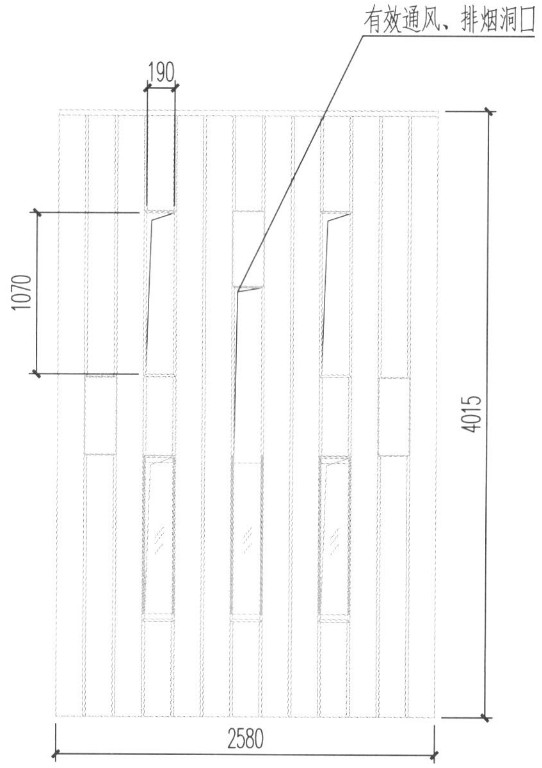

有效通风、排烟洞口

190

1070

4015

2580

外挂板1-A1自然排烟窗大样图

注:
1. 外挂板1-A1共有3个自然排烟洞口，单个洞口有效面积为0.20 m^2，外挂板洞口总有效面积为0.60 m^2。
2. 外挂板1-B1共有6个自然排烟洞口，单个洞口有效面积为0.30 m^2，外挂板洞口总有效面积为1.8 m^2。

自然排烟窗大样图（M-W-DT003）

图集号	川2017G127-TY

审核 革 非　校对 倪先茂　设计 钱成功

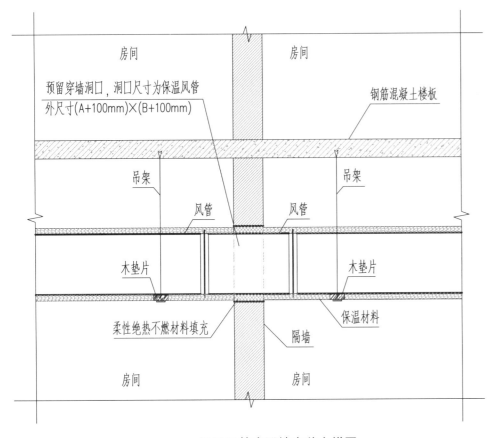

预留穿墙洞口，洞口尺寸为保温风管
外尺寸(A+100mm)×(B+100mm)

钢筋混凝土楼板

房间　　　房间

吊架　　　吊架

风管　　　风管

木垫片　　　木垫片

柔性绝热不燃材料填充　　　保温材料

隔墙

房间　　　房间

保温风管穿隔墙安装大样图

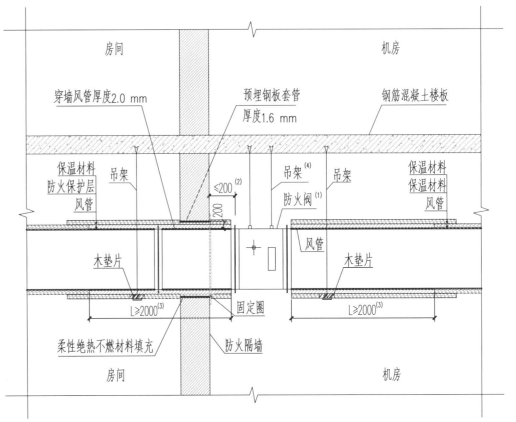

穿墙风管厚度2.0 mm

预埋钢板套管
厚度1.6 mm

钢筋混凝土楼板

房间　　　机房

保温材料
防火保护层
风管

吊架(4)

防火阀(1)

保温材料
风管

≤200(2)

200

木垫片

木垫片

风管

L≥2000(3)　　　固定圈　　　L≥2000(3)

柔性绝热不燃材料填充　　　防火隔墙

房间　　　机房

保温风管穿防火隔墙安装节点大样图

注:
1. 本页参照国家标准《建筑设计防火规范》(GB 50016-2014)的第9.3.11条绘制的。实际
工程应按《建筑设计防火规范》的有关规定严格执行。防火阀应根据工程实际情况选用，
暗装时应在安装部位设置方便检修的检修口。
2. 防火阀距防火隔墙不应大于200 mm。
3. 防火阀两侧各2.0 m范围内风管应采用耐火风管或风管外壁应采取防火保护措施，且耐火
极限不应低于该防火分割体的耐火极限。
4. 防火阀的吊架宜单独设置。

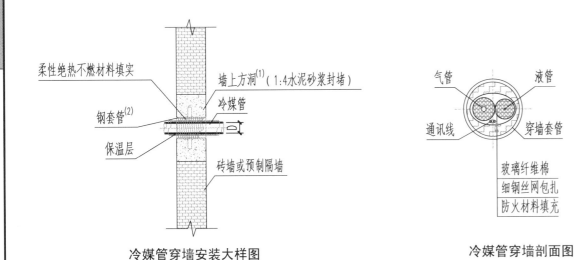

柔性绝热不燃材料填实

墙上方洞(1)(1:4水泥砂浆封堵)

钢套管(2)

冷媒管

保温层

砖墙或预制隔墙

冷媒管穿墙安装大样图

注: 1. 穿墙处开方洞规格尺寸为管径的2倍，且不小于250 mm×250 mm。
2. 钢套管长度与墙体两侧饰面齐平。

气管　　　液管

通讯线　　　穿墙套管

玻璃纤维棉
细钢丝网包扎
防火材料填充

冷媒管穿墙剖面图

冷媒管穿墙套管公称直径

气管外径	套管公称直径	气管外径	套管公称直径
φ15.88	DN125	φ34.9	DN150
φ22.23	DN125	φ41.3	DN200
φ28.6	DN150	φ54.1	DN200

暖通节点大样图一（M-W-DT004）

图集号　川2017G127-TY

审核　革非　校对　倪先茂　设计　钱成功

页　84

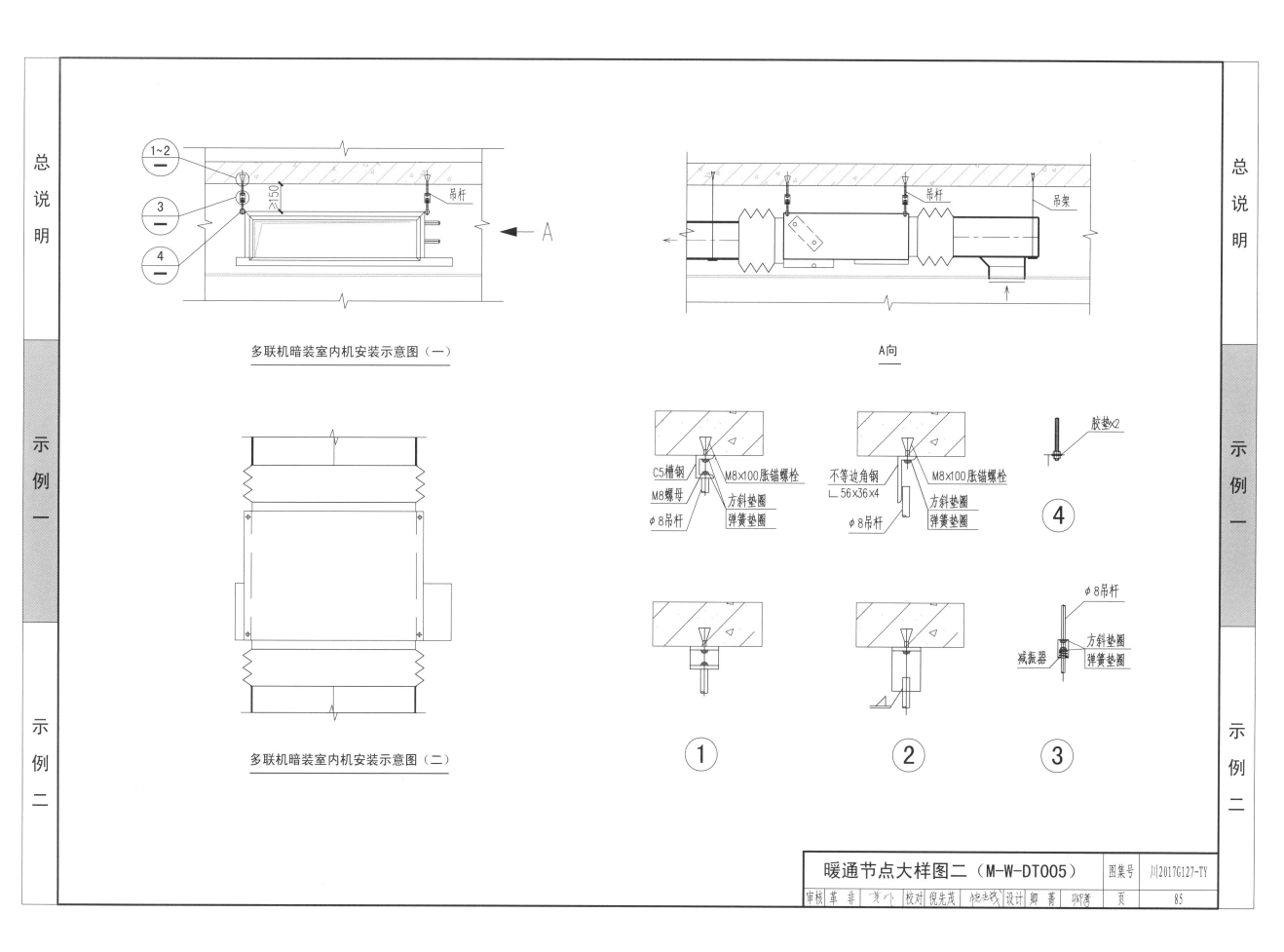

多联机暗装室内机安装示意图（一）

A向

多联机暗装室内机安装示意图（二）

暖通节点大样图二（M-W-DT005）

图集号 川2017G127-TY

审核 革 非　校对 倪先茂　设计 卿 菁

页 85

施工图图纸目录

设 计 说 明

1 工程概况：

1.1 项目名称：（略）。

1.2 建设单位：（略）。

1.3 建设地点：（略）。

1.4 设计概况：项目规划净用地182915.42 m^2，总建筑面积为88388.08 m^2。

1.5 本项目设计号：（略）；本项目分为三期6个子项：00-总图、01-构件生产车间、02-建筑产业化研发中心、03-宿舍、04-模具加工厂、05-辅助用房。本子项建筑产业化研发中心部分，总建筑面积50102.10 m^2，其中办公楼部分建筑面积为2465.40 m^2。地上4层，建筑高度17.65 m，属于多层公共建筑，耐火等级为二级。本工程室外消防用水量25 L/s。

1.6 本子项主要功能为办公。

1.7 主要结构类型：框架，抗震设防烈度为7度。

1.8 工业化建筑设计特征：主要结构构件全预制装配。

1.9 绿色建筑评价等级：设计阶段绿色三星，运营阶段绿色三星。

2 装配式建筑电气设计要点：

2.1 主要预制装配构件：预制外挂墙板、预制梁、预制叠合楼板、预制柱、预制楼梯梯段、预制装饰构件，外墙采用预制外墙挂板和幕墙，内墙采用装配式轻质复合节能墙板和页岩多孔砖。

2.2 设计原则：本工程管线与预支构件分离；轻质隔墙内的暗敷管线需采用专用剔槽工具现场施工。

2.3 竖向系统：本工程配电和智能化系统的竖向干线沿电缆槽盒在电气竖井内敷设。

2.4 水平系统：由电气竖井引至办公室、会议室房间的照明、插座、空调室内机的配电导线在公共走道内沿电缆槽盒敷设，入办公室、会议室房间处在吊顶内穿JDG钢管引入。

2.5 末端系统：

2.5.1 配电箱设置于现浇（砌）墙体或内隔墙上。照明及智能化管线，采用吊顶内明敷或沿轻质隔墙暗敷。

2.5.1.1 房间内照明、空调室内机配电线路采用套接紧定式钢导管（JDG）在吊顶内或墙内暗敷。

2.5.1.2 房间内低位电源插座及各类信息插座支线采用套接紧定式钢导管（JDG）在吊顶内或墙内、叠合楼板现浇层内暗敷；在轻质复合墙上暗敷设时应采用专用剔槽工具，剔槽深度不小于30 mm。

2.5.1.3 走道、卫生间等公共区域的线路采用套接紧定式钢导管（JDG）沿线槽在吊顶内或墙内暗敷设。

2.5.2 应急照明管线沿叠合板上部现浇层或轻质隔墙内穿金属管暗敷，并应满足《建筑设计防火规范》（GB 50016-2014）第10.1.10条的规定。

2.5.2.1 应急灯具、开关水平管线在房间的顶部叠合楼板现浇层敷设。开关线引下至开关盒的导线穿越叠合楼板时，预留直径50 mm的孔洞；

2.5.2.2 应急照明灯具接线盒在叠合楼板预制部分上预埋接线盒，安装完成后的深度应大于叠合楼板预制部分厚度40mm，并保证接线孔在现浇层内。

2.5.2.3 楼梯间应急照明管线在现浇楼板板或叠合楼板现浇层内敷设时，保护层厚度不小于30 mm；在轻质复合墙上暗敷设时，应急照明回路预埋JDG管前应先刷防火涂料，剔槽深度见5.1.2条。

2.6 各类线缆的保护套管穿越预埋套管及孔洞时，应做好防火封堵。防火封堵应符合现行国家标准《建筑设计防火规范》（GB 50016）的有关规定。

2.7 预制梁柱、外墙及屋顶处防雷做法详见防雷平面图及其节点大样图。

图纸目录、设计说明（E-W-CL001）

图集号	川2017G127-TY

审核	徐建兵		校对	李慧		设计	朱海军		页	86

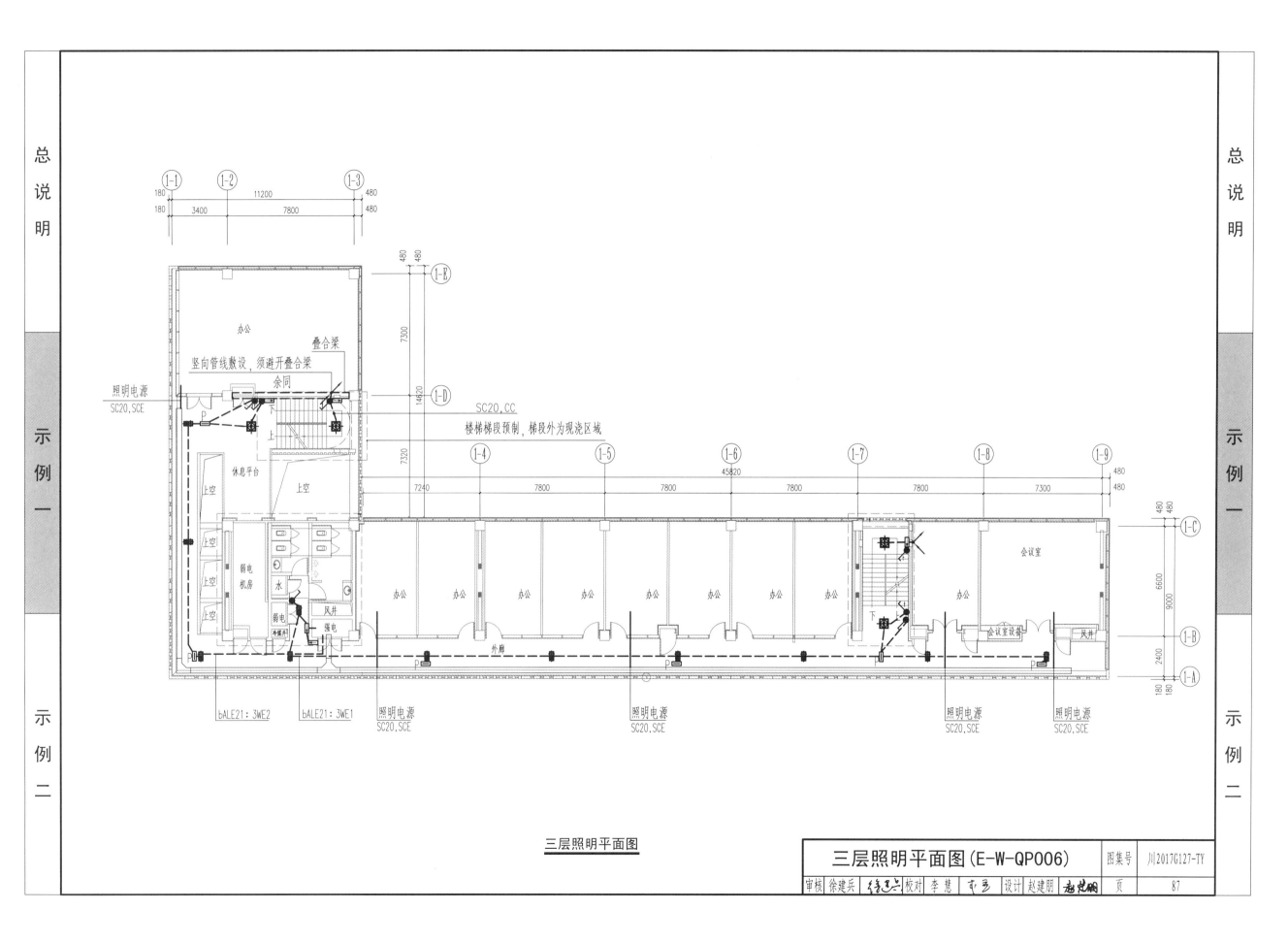

三层照明平面图

三层照明平面图（E-W-QP006）

图集号	川2017G127-TY

审核 徐建兵　校对 李慧　设计 赵建朋　页 87

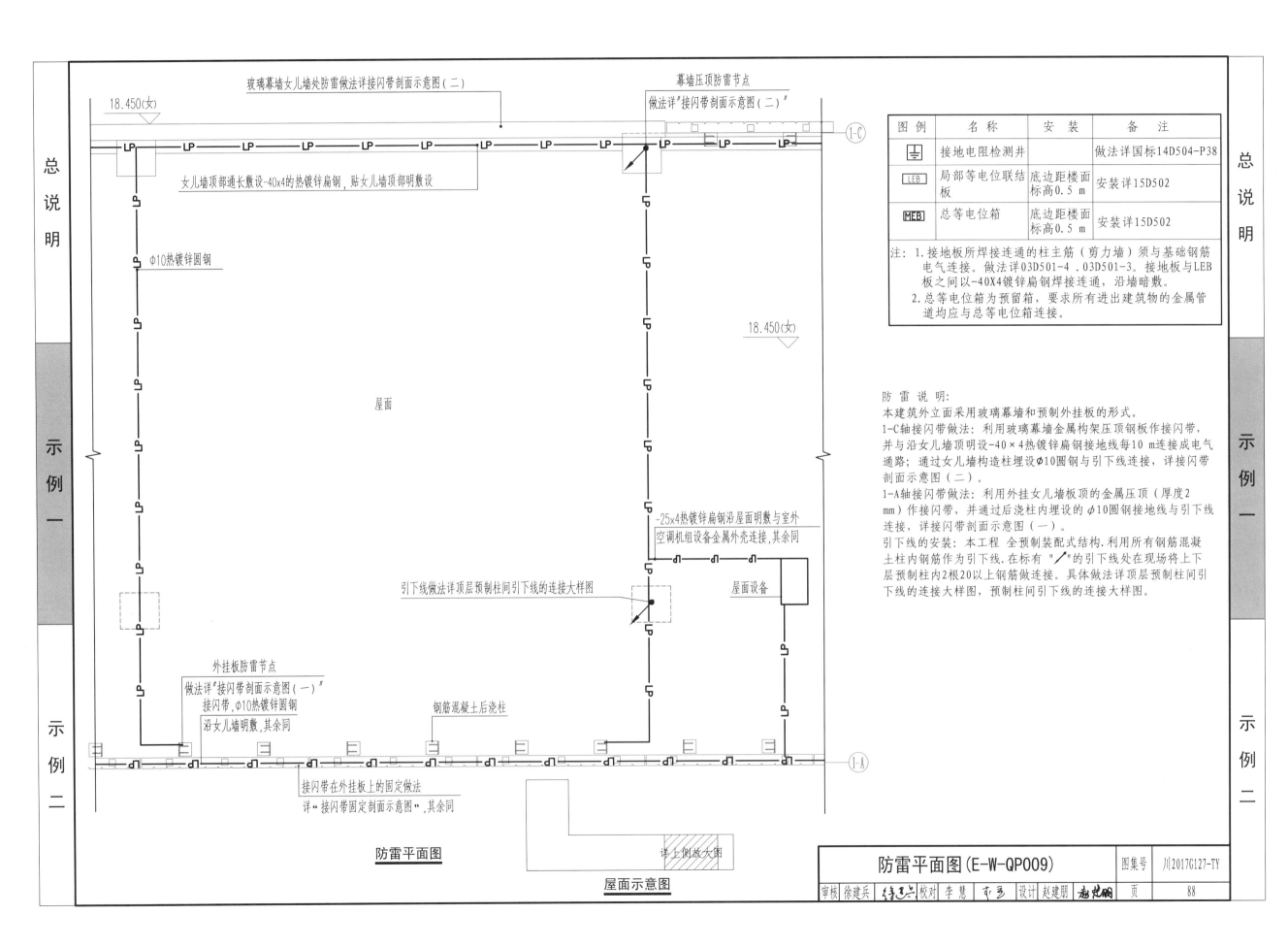

玻璃幕墙女儿墙处防雷做法详闪带剖面示意图(二)

幕墙压顶防雷节点

18.450(女)

做法详"接闪带剖面示意图(二)"

女儿墙顶部通长敷设-40x4的热镀锌扁钢，贴女儿墙顶部明敷设

φ10热镀锌圆钢

屋面

18.450(女)

-25x4热镀锌扁钢沿屋面明敷与室外
空调机组设备金属外壳连接，其余同

引下线做法详顶层预制柱间引下线的连接大样图

屋面设备

图　例	名　称	安　装	备　注
⏚	接地电阻检测井		做法详国标14D504-P38
LEB	局部等电位联结板	底边距楼面标高0.5 m	安装详15D502
MEB	总等电位箱	底边距楼面标高0.5 m	安装详15D502

注：1. 接地板所焊接连通的柱主筋（剪力墙）须与基础钢筋
　　　电气连接。做法详03D501-4 .03D501-3。接地板与LEB
　　　板之间以-40X4镀锌扁钢焊接连通，沿墙暗敷。
　　2. 总等电位箱为预留箱，要求所有进出建筑物的金属管
　　　道均应与总等电位箱连接。

防雷说明:
本建筑外立面采用玻璃幕墙和预制外挂板的形式。
1-C轴接闪带做法：利用玻璃幕墙金属构架压顶钢板作接闪带，
并与沿女儿墙顶明设-40×4热镀锌扁钢接地线每10 m连接成电气
通路；通过女儿墙构造柱埋设φ10圆钢与引下线连接，详接闪带
剖面示意图（二）。
1-A轴接闪带做法：利用外挂女儿墙板顶的金属压顶（厚度2
mm）作接闪带，并通过后浇柱内埋设的φ10圆钢接地线与引下线
连接，详接闪带剖面示意图（一）。
引下线的安装：本工程 全预制装配式结构.利用所有钢筋混凝
土柱内钢筋作为引下线.在标有 "╱╱"的引下线处在现场将上下
层预制柱内2根20以上钢筋做连接。具体做法详顶层预制柱间引
下线的连接大样图，预制柱间引下线的连接大样图。

外挂板防雷节点
做法详"接闪带剖面示意图(一)"
接闪带,φ10热镀锌圆钢
沿女儿墙明敷,其余同

钢筋混凝土后浇柱

接闪带在外挂板上的固定做法
详"接闪带固定剖面示意图",其余同

防雷平面图

详上侧放大图

屋面示意图

防雷平面图(E-W-QP009)	图集号	川2017G127-TY
	审核 徐建兵　校对 李慧　设计 赵建朋	页　88

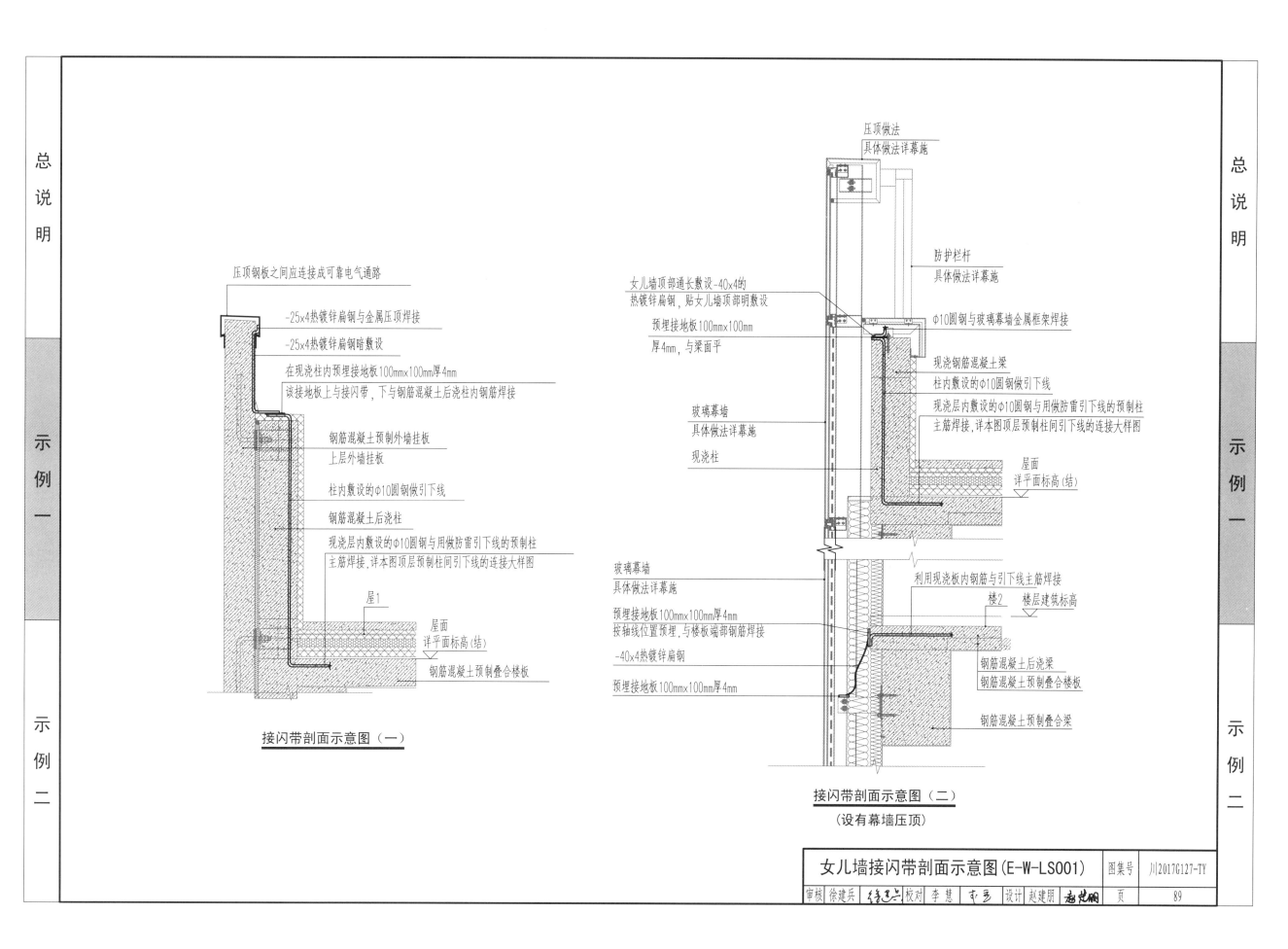

接闪带剖面示意图（一）

接闪带剖面示意图（二）
（设有幕墙压顶）

压顶钢板之间应连接成可靠电气通路

-25x4热镀锌扁钢与金属压顶焊接

-25x4热镀锌扁钢暗敷设

在现浇柱内预埋接地板100mm×100mm厚4mm

该接地板上与接闪带，下与钢筋混凝土后浇柱内钢筋焊接

钢筋混凝土预制外墙挂板

上层外墙挂板

柱内敷设的φ10圆钢做引下线

钢筋混凝土后浇柱

现浇层内敷设的φ10圆钢与用做防雷引下线的预制柱
主筋焊接，详本图顶层预制柱间引下线的连接大样图

屋1

屋面
详平面标高(结)

钢筋混凝土预制叠合楼板

压顶做法
具体做法详幕施

防护栏杆
具体做法详幕施

女儿墙顶部通长敷设-40x4的
热镀锌扁钢，贴女儿墙顶部明敷设

预埋接地板100mm×100mm
厚4mm，与梁面平

φ10圆钢与玻璃幕墙金属框架焊接

现浇钢筋混凝土梁

柱内敷设的φ10圆钢做引下线

现浇层内敷设的φ10圆钢与用做防雷引下线的预制柱
主筋焊接，详本图顶层预制柱间引下线的连接大样图

玻璃幕墙
具体做法详幕施

现浇柱

屋面
详平面标高(结)

玻璃幕墙
具体做法详幕施

利用现浇板内钢筋与引下线主筋焊接

预埋接地板100mm×100mm厚4mm
按轴线位置预埋，与楼板端部钢筋焊接

楼2   楼层建筑标高

-40x4热镀锌扁钢

预埋接地板100mm×100mm厚4mm

钢筋混凝土后浇梁
钢筋混凝土预制叠合楼板

钢筋混凝土预制叠合梁

女儿墙接闪带剖面示意图（E-W-LS001）

图集号 川2017G127-TY

审核 徐建兵　　校对 李慧　　设计 赵建朋　　页 89

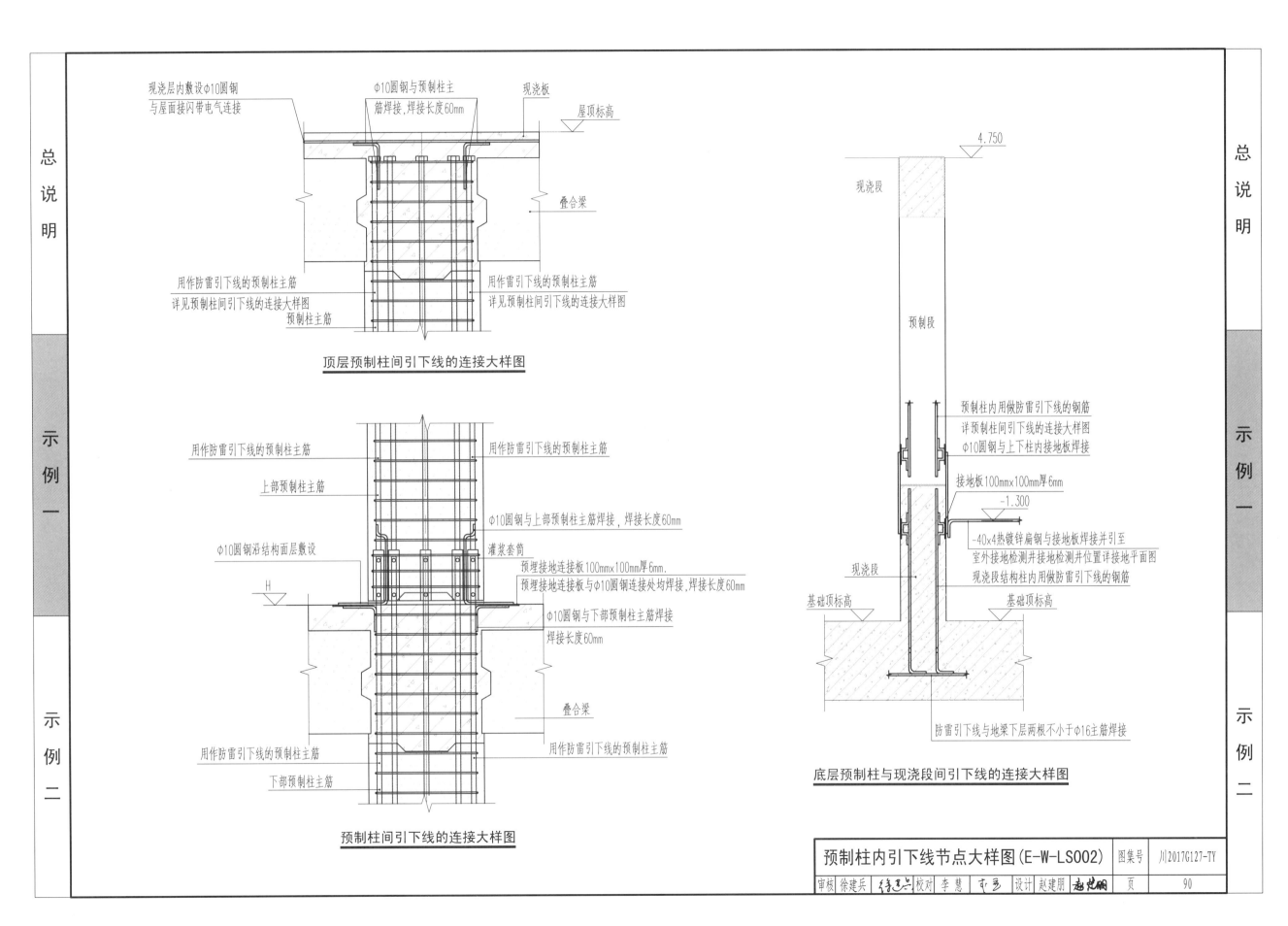

现浇层内敷设φ10圆钢
与屋面接闪带电气连接

φ10圆钢与预制柱主
筋焊接,焊接长度60mm

现浇板

屋顶标高

叠合梁

用作防雷引下线的预制柱主筋
详见预制柱间引下线的连接大样图

用作雷引下线的预制柱主筋
详见预制柱间引下线的连接大样图
预制柱主筋

顶层预制柱间引下线的连接大样图

用作防雷引下线的预制柱主筋

用作防雷引下线的预制柱主筋

上部预制柱主筋

φ10圆钢沿结构面层敷设

H

用作防雷引下线的预制柱主筋

下部预制柱主筋

φ10圆钢与上部预制柱主筋焊接,焊接长度60mm

灌浆套筒

预埋接地连接板100mm×100mm厚6mm.
预埋接地连接板与φ10圆钢连接处均焊接,焊接长度60mm

φ10圆钢与下部预制柱主筋焊接
焊接长度60mm

叠合梁

用作防雷引下线的预制柱主筋

预制柱间引下线的连接大样图

4.750

现浇段

预制段

预制柱内用做防雷引下线的钢筋
详预制柱间引下线的连接大样图
φ10圆钢与上下柱内接地板焊接

接地板100mm×100mm厚6mm
-1.300

-40×4热镀锌扁钢与接地板焊接并引至
室外接地检测井接地检测井位置详接地平面图
现浇段结构柱内用做防雷引下线的钢筋

现浇段

基础顶标高

基础顶标高

防雷引下线与地梁下层两根不小于φ16主筋焊接

底层预制柱与现浇段间引下线的连接大样图

预制柱内引下线节点大样图(E-W-LS002)	图集号	川2017G127-TY
审核 徐建兵 徐建兵 校对 李慧 审定 李慧 设计 赵建朋 赵建朋	页	90

示例项目二

项目名称：
成都某政务服务中心

建筑类型：
办公/酒店；

总建筑面积：
20 261.71 m²；

建筑高度：
74.050 m；

建筑层数
18层；

结构体系
装配整体式混凝土框架核心筒结构体系；

备注：
本项目为西南地区首个全装配框架核心筒结构高层公共建筑、"十三五"国家重点研发计划预制装配式混凝土结构建筑产业化关键技术项目示范工程。

方案设计要点说明

1 工程概况

本项目为成都市某政务服务中心,位于四川省成都市天府新区,总用地面积22 546.81 m²,总建筑面积91 492.12 m²,其中本子项为办公楼及酒店部分,采用装配式混凝土核心筒结构,地上18层,建筑高度74.050 m,抗震设防烈度为7度。

2 设计依据

2.1 本项目工业化设计目标:

2.1.1 本项目为装配式混凝土框架核心筒结构建筑。

2.1.2 实现装配式标准化、模块化,尽量减少构件种类。

2.1.3 构配件生产工厂化,现场施工机械化,组织管理科学化。

2.1.4 在标准化设计的基础上,充分发掘生产和施工工艺特点,满足立面多样性和创新性的要求。

2.1.5 本子项预制装配率目标达到50%以上。

2.2 国家现行标准规范

《建筑设计防火规范》　　　　　　GB 50016-2014
《公共建筑节能设计标准》　　　　GB 50189-2015
《屋面工程技术规范》　　　　　　GB 50345-2012
《民用建筑设计通则》　　　　　　GB 50352-2005
《无障碍设计规范》　　　　　　　GB 50763-2012
《工业化建筑评价标准》　　　　　GB/T 51129-2015
《装配式混凝土建筑技术标准》　　GB/T 51231-2016
《装配式混凝土结构技术规程》　　JGJ 1-2014
《商店建筑设计规范》　　　　　　JGJ 48-2014
《旅馆建筑设计规范》　　　　　　JGJ 62-2014
《办公建筑设计规范》　　　　　　JGJ 67-2006
《四川省装配整体式混凝土结构设计规程》　DBJ51/T 024-2014
《建筑工程设计文件编制深度规定》　2016年版
其他国家相关法律、法规。

3 技术策划

通过研究建设方提供的任务书,我院制定策划报告、产业和设计目标、远期发展目标,综合考虑了设计需求、构件生产、施工安装、内装修、信息管理、BIM应用等多个要素的协调关系,建立了适合本项目的技术配置表,见表1。

表1 装配式混凝土框架结构公共建筑技术配置表

阶段	技术配置选项	本项目落实情况
标准化设计	标准化模块、多样化组合	●
	模数协调	●
工厂化生产/装配化施工	预制外墙挂板	●
	装配式内墙	●
	预制叠合楼板	●
	预制叠合梁	●
	预制柱	●
	预制女儿墙	●
	预制楼梯	●
	预制装饰构件	●
	无传统外架施工	●
	预制装配率	≥50%
一体化装修	整体卫生间	●
	装配式内装修	●
信息化管理	BIM策划与应用	●
绿色建筑	绿色星级标准	设计评价一星级

3.1 本项目外墙采用外墙采用预制外墙挂板、预制女儿墙和幕墙,预留外爬升架安装条件,实现外墙施工免脚手架。

3.2 内墙采用装配式改性石膏板轻质隔墙板。

3.3 结构构件采用预制叠合梁、预制柱、预制叠合楼板、预制楼梯和预制装饰构件。

3.4 采用装配式一体化内装修,土建设计和装修设计协同,装修施工图作为建筑施工图设计的依据。

3.5 策划和方案阶段均进行基于标准构件信息模型的BIM应用。

4 规划设计适用范围

4.1 装配化施工对规划设计的要求:本方案设计考虑了构件运输、存放、吊装对总平面规划设计的影响。

4.1.1 本项目构件运输条件良好,项目距离装配式构件生产基地约2千米,构件运输条件便利。

方 案 设 计 要 点 说 明

4.1.2 本项目办公/酒店位于项目用地东侧一角，与南侧集中商业采用二层屋顶市民广场平台连接，东南侧为市政绿化带，满足装配式建筑塔吊布置于吊装施工条件。
（余略）

5 方案展示

5.1 总平面图及功能分区。

5.1.1 方案彩色总平面图详图1。

5.1.2 本工程建筑功能分区详图2，本子项功能为：1层及2层为商业，3~10层为政务办公，11~18层为酒店。

5.2 方案效果图。

本方案效果图详图3。

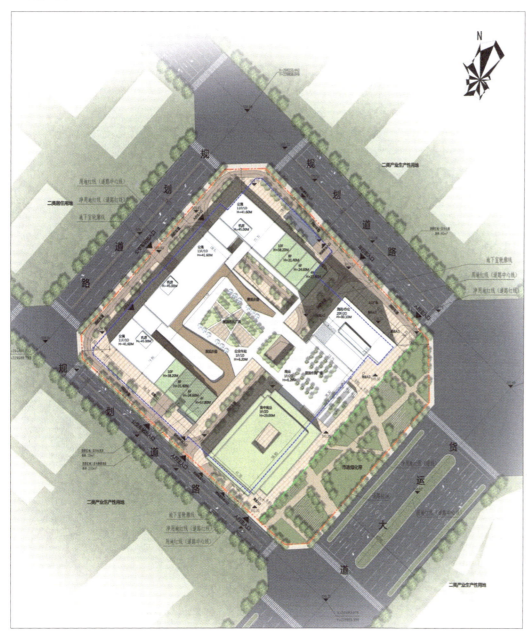

图1 方案总平面图

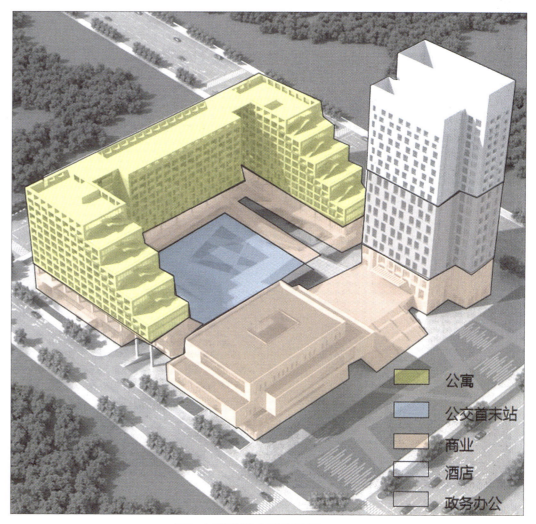

	公寓
	公交首末站
	商业
	酒店
	政务办公

图2 方案建筑功能分区图

方案设计说明（二）

	图集号	川2017G127-TY
审核 李峰 李峰 校对 佘龙 设计 李浩 李渝	页	93

方案设计要点说明

图3 方案效果图

塔楼局部透视图

沿货运大道透视图

5.3 方案装配式建筑特点

本设计采用装配整体式混凝土框架核心筒结构体系，除核心筒外所有结构

构建均为工厂化预制。通过高预制率的设计控制，目标达到工业化评价标准AA级建筑。详图4。

5.3.1 装配式建筑立面体系与一体化内部构件体系

设计立面体系由外挂板外墙体系+玻璃幕墙体系+穿孔铝板幕墙体系组成；建筑内部构件采用一体板内墙、整体卫浴、一体化内装、预制楼梯等构件，实现高度工业化的建筑内部集成设计。详图4。

5.3.2 立面模块化。

在方案设计时，根据柱网与功能划分板块的大小，1~3层的板块按照8400 mm的柱网分为两个4200 mm的板块，4层以上的板块根据上部功能的布置，划分为两个3400 mm和一个1600 mm的板块，通过板块的重复错位，营造出既富有变化又具有韵律感的立面造型。详图5。

5.3.3 精细化的节点构造：

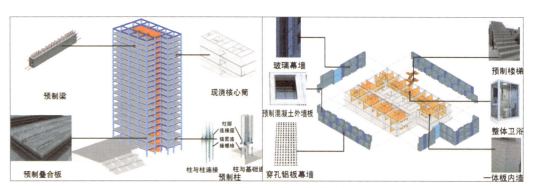

图4 结构构件、围护构件及内部构件拆分示意图

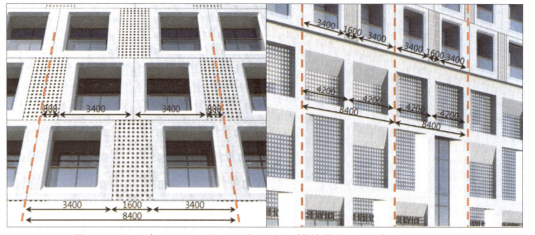

图5 1~3层（左）及4层以上（右）立面模块化设计示意图

方案设计说明（三）

方 案 设 计 要 点 说 明

本设计在设计初期就着手考虑细部节点构造设计，从一开始就保证了方案效果的可实施性。详图6。

5.3.3 预制外墙挂板节点细部构造处理方法：

本项目办公/酒店子项采用装配式混凝土框架剪力墙结构采用预制外墙挂

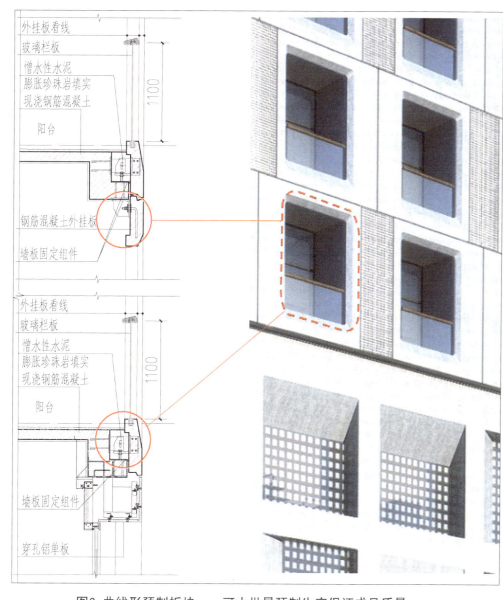

图6 曲线形预制板块——可大批量预制生产保证成品质量

板作为建筑外墙。在方案阶段即进行以下预制外墙挂板节点细部构造设计，有利于保证方案的可实施性。

（1） 预制外墙挂板板缝构造宽度：预制构件间板缝宽度为20 mm；预制构件与现浇结构间板缝宽度为30~40 mm，具体数值需要根据实际项目特点确定。

（2） 预制外墙挂板使用位置：本子项中，大部分预制外墙挂板位于办公室或酒店客房的阳台位置，具备以下优点：①预制外墙板不影响办公室或酒店功能使用；②位于阳台位置的预制外墙板没有保温需求，预制外墙挂板可以不用做成带有保温层的"三明治"结构，大大节省了外墙挂板的制造难度及造价；③位于阳台位置的预制外墙板没有外墙防水需求，预制构件间可不适用密封胶，节省了造价，同时不使用密封胶也保证了外立面效果的美观；四、阳台位置不需要在预制外墙挂板上预留设备管线留洞，减少了预制外墙挂板的种类，提高了标准化程度及模具的重复使用率。

（3） 预制外墙挂板需要考虑防水、保温、气密性等方面处理方法，本示例中的具体处理方法详集节点大样图示例及构件图示例。

5.5 预制构件优化

预制构件优化对于减少预制构件种类，提高标准化程度及模具重复使用率有着至关重要的作用。本项目施工图阶段即与预制构件生产厂家及施工单位深度配合进行预制构件优化。此处仅以预制外墙挂板优化为例，说明本项目中预制构件优化的重要性。

图7为预制构件优化前及优化后的局部平面图及立面图。经统计，优化前预制外墙挂板种类为36种，其中有8种构件只出现过1次；优化后预制外墙挂板种类减少到30种，其中仅有1种构件只出现过1次。

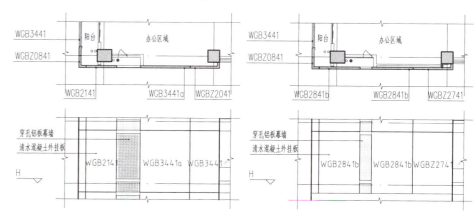

图7 预制构件优化示意图（左：优化前，右优化后）

方 案 设 计 要 点 说 明

6　消防设计　（略）

7　绿色建筑设计　（略）

8　主要经济技术指标　（略）

9　投资估算　（略）

10 BIM设计

　　装配式混凝土公共建筑是设计、生产、施工、装修和管理"五位一体"的体系化和集成化的建筑。通过BIM方法进行技术集成，贯穿包括设计、生产、施工、装修和管理的建筑全生命周期。最终目的是整合建筑全产业链，实现建筑产业链的全过程，全方位的信息化集成，主要应用思路是以预制构件类型为基础进行拼装组合，实现集成化应用。在技术策划中主要有以下几方面应用：可视化设计、经济算量分析、预制率估算分析，性能化模拟等。详图8~11。

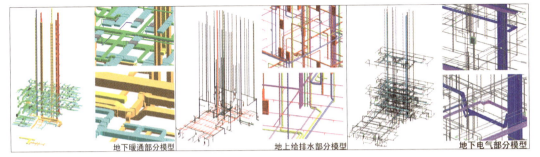

图9 BIM给排水（左）、暖通（中）及电气（右）模型

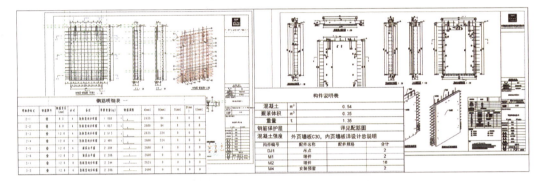

图10 BIM构件模板图（左）及钢筋图出图（右）

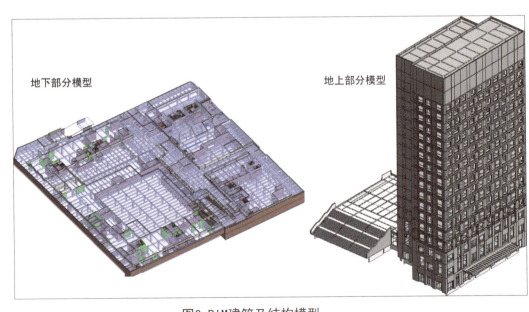

图8 BIM建筑及结构模型

图11 BIM样板间施工深化模型

方案设计说明（五）	图集号	川2017G127-TY

施工图图纸目录

注：由于示例图集图幅限制，本图中略去常规施工图图纸目录中的图纸版本及出图时间等信息。

图纸目录（A-W-CL001）

设 计 说 明 （一）

1 项目概况和设计范围：

1.1 项目名称：（略）。

1.2 建设单位：（略）。

1.3 建设地点：（略）。

1.4 主要使用功能：办公、酒店。

1.5 本工程总用地面积：22 546.81 m²，总建筑面积：91 492.12 m²，容积率：2.96，建筑密度：50.31%。

1.6 本项目设计号：（略）；本子项为办公楼及酒店部分，子项名称1-1号楼，子项设计号(略)，本子项建筑面积：20 261.71 m²，占地面积：2397.29 m²。

1.6.1 建筑层数：18层，（地下室部分详03子项）。

1.6.2 建筑高度：74.050 m。

1.6.3 项目设计规模等级：大型。

1.6.4 建筑设计使用年限：50年。

1.6.5 建筑类别：办公及酒店 耐火等级：一级。

1.6.6 主要结构类型：装配整体式框架核心筒，抗震设防烈度：7度。

1.7 工业化建筑设计特征：装配整体式框架核心筒结构办公楼。

1.8 绿色建筑评价等级：绿色一星。

1.9 本项目设计范围：包括各子项建筑、结构、给排水、电气、暖通、节能各专业施工图设计以及景观设计、二装、幕墙设计。

2 设计依据

2.1 主管部门的立项批复文件。

2.2 建设单位提供的有关资料（包括项目设计任务书等）。

2.3 建设单位与设计单位签定的《建筑工程设计合同》。

2.4 相关政府机构提供的项目红线图。

2.5 相关政府机构提供的规划设计条件通知书。

2.6 相关政府机构对方案的批复。

2.7 建设单位供的现状地形图和相关市政资料。

2.8 地勘单位提供的工程勘察报告。

2.9 主要采用的设计规范、规程、标准：

2.9.1 国家现行标准规范：

《建筑设计防火规范》 GB 50016-2014

《公共建筑节能设计标准》 GB 50189-2015

《屋面工程技术规范》 GB 50345-2012

《民用建筑设计通则》 GB 50352-2005

《无障碍设计规范》 GB 50763-2012

《商店建筑设计规范》 JGJ 48-2014

《旅馆建筑设计规范》 JGJ 62-2014

《办公建筑设计规范》 JGJ 67-2006

《四川省装配式混凝土建筑设计标准》 DBJ/T 024-2017

《建筑工程设计文件编制深度规定》 2016年版

《工程建设标准强制性条文房屋建筑部分》 2013年版

2.9.2 国家颁布的相关法律法规、现行的设计规范、技术标准和四川省及成都市颁布的相关政策、技术规定。

3 设计标高及放线定位 （略）

4 设计总则及施工要求 （略）

5 用料说明及室内装修

5.1 墙体：

5.1.1 电梯井、水井、电井、风井、烟井及核心筒墙体等采用100/200厚页岩多孔砖，采用配套预拌砂浆砌筑。其余墙体采用100/200厚改性石膏轻质隔墙。其构造及技术要求满足《建筑用轻质隔墙条板》（GB/T 23451-2009）和结施要求，并符合隔声、防水、吊挂性能和耐火极限要求以及达到《建筑材料放射卫生防护标准》要求。

5.1.2 改性石膏轻质隔墙应由生产厂家根据相关规范及设计要求进行深化设计，并经本院审核后方可施工。

余略。

5.2 墙面及墙身防潮 （略）。

5.3 楼地面 （略）。

5.4 屋面工程 （略）。

5.5 外墙面：

（1）外墙饰面使用材料概况：办公楼部分为铝合金半隐框玻璃幕墙、白色清水混凝土预应力穿孔薄板幕墙系统、白色清水混凝土预应力薄板幕墙系统、白色钢筋

设计说明（一）(A-W-NT001)	图集号	川2017G127-TY

审核 李峰 校对 佘龙 设计 李浩

设 计 说 明 （二）

混凝土预制外挂板。

（2）外墙饰面选用的材料、色彩及规格见建施立面图，做法详措施表。

（3）办公楼外墙面装修应结合外墙外保温系统要求，采用可靠的技术措施。

（4）外墙面装修选用的各项材料的材质、规格、颜色等，均由施工单位按设计要求（颜色、肌理、性能参数等）提供样板，并做1:1足尺样板，经建设和设计单位确认后进行封样，并据此验收。

余略。

5.6 砂浆（本条适用于成都市五城区（含高新区）及禁止施工现场搅拌砂浆的相关区（市）县的房屋建筑工程）（略）。

5.7 勒脚、散水、台阶、坡道做法详技术措施表、建施图及节点大样。

5.8 油漆、涂料 （略）。

5.9 室内装修 （略）。

6. 门窗 （略）

7 幕墙设计详幕施（略）

8 电梯（略）

9 建筑防火设计（略）

10 无障碍设计（略）

11 建筑节能设计

本项目建筑节能设计详建物施。

12 装配式建筑设计：

12.1 设计依据：

（1）《工业化建筑评价标准》　　　GB/T 51129-2015

（2）《装配式混凝土建筑技术标准》　GB/T 51231-2016

（3）《装配式混凝土结构技术规程》　JGJ 1-2014

（4）《四川省装配式混凝土建筑设计标准》DBJ51/T 024-2017

（5）《内隔墙－轻质条板（一）构造详图》GB 10J113-1

12.2 设计目标：

（1）实现装配式标准化、模块化，尽量减少构件种类。

（2）办公楼预制装配率达到55.71%。

12.3 总则：

（1）本工程1-1号楼为装配整体式混凝土框架核心筒结构体系，装配式技术及预制装配式部品、部件选用详表1装配式建筑技术配置表。

（2）本工程改性石膏轻质隔墙由生产厂家负责进行深化设计，构造做法可以参照《内隔墙－轻质条板（一）构造详图》（GB10J113-1），并且必须结合本工程结构类型和抗震设防烈度考虑地震和风荷载等各种工况下的要求，必须满足国家相关生产和验收标准及《建筑用轻质隔墙条板》（GB/T23451-2009）。

（3）改性石膏轻质隔墙必须满足以下重要控制指标要满足且生产厂家要提供相应检测报告（100厚墙体）：

① 面密度不大于90 kg/m²；

② 抗压强度不小于3.5；

③ 耐火极限不小于60 min；

④ 隔音系数不小于35 dB；

⑤ 软化系数不小于0.6（防水石膏标准）；

⑥ 单点吊挂（膨胀螺栓）性能不小于40 kg；

⑦ 干燥收缩率不大于0.6；

⑧ 放射性指标：内照$I_{Ra} < 1.0$；外照$I_r < 1.0$；

⑨ 抗冲击性不小于5次。

（4）预埋件、内外墙成品墙板、耐候密封胶、灌浆料等均为装配式混凝土结构

表1 装配式建筑技术配置表

阶段	技术配置选项	本项目落实情况
标准化设计	标准化模块、多样化组合	●
	模数协调	●
工厂化生产/装配化施工	预制外墙挂板	●
	装配式内墙	●
	预制叠合楼板	●
	预制叠合梁	●
	预制柱	●
	预制女儿墙	●
	预制楼梯	●
	预制装饰构件	●
	无外架施工	●
	预制装配率	55.71%
一体化装修	整体卫生间	●
	装配式内装修	●
信息化管理	BIM策划与应用	●
绿色建筑	绿色星级标准	设计评价一星级

设计说明（二）（A-W-NT001）	图集号	川2017G127-TY
审核 李峰 姜峰　校对 佘龙　　　设计 李浩 李浩	页	99

设 计 说 明 （三）

专用，且需满足相关规范、规程要求，并经过相关机构检测合格，并由施工单位在现场选择一层局部安装实验，明确强度和安全性后，方可大规模施工。

12.4 设计范围：本子项所有部位。

12.5 预制构件范围：预制外墙挂板、预制梁、预制叠合楼板、预制柱、预制楼梯、预制装饰构件等。

12.6 装配式构件范围：改性石膏轻质隔墙或其他轻质墙体、玻璃栏板、幕墙、玻璃门窗、水泥增强纤维板幕墙、铝合金防雨百页、铝合金矩管等。

12.7 标准化设计：对平面柱网、立面单元、房间分隔、细部尺寸进行优化统一，减少结构构件种类，以适合墙板、地砖等成品材料规格，减少现场切割。

12.8 构造细部：对不同材料交接处应重点处理，防止因墙板开裂影响美观。绿化外墙防水、防潮、防腐处理等，确保建筑安全性及使用舒适性。

12.9 工业化部品：整体卫浴、一体化装修。

12.10 预制装配率计算书（成都市标准）：

《成都市城乡建设委员会关于进一步明确我市装配式混凝土结构单体预制装配率计算方法的通知》：

单体建筑预制装配率：装配式建筑中，±0.000以上部分，使用预制构件（指在工厂或现场预先制作的构件，如墙体、梁柱、楼板、楼梯、阳台、雨蓬等）体积占全部构件（指包括预制构件在内的所有构件）体积的比例。

本项目预制装配率计算数据详表2预制装配率计算表。

$$预制装配率 = \frac{预制构件体积}{全部构件体积} = \frac{5910.18\,m^3}{10608.97\,m^3}$$

表2 预制装配率计算表

部件	单类构件体积（m³）	全部构件体积（m³）	单类构件预制装配率	预制装配率
预制外墙挂板	824.80		7.77%	
预制叠合楼板	544.90		5.14%	
预制叠合梁	600.20		5.66%	
预制柱	1234.30	5910.18	11.63%	55.71%
预制女儿墙				
预制楼梯	109.46		1.03%	
装配式内墙	2596.52		24.47%	
现浇/砌筑部分	4698.79			

13 绿色建筑设计（略）

14 其他

14.1 图名编号原则：

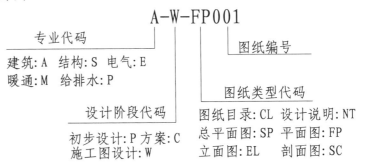

A-W-FP001

专业代码
　建筑：A　结构：S　电气：E
　暖通：M　给排水：P
　设计阶段代码
　　初步设计：P　方案：C
　　施工图设计：W

图纸编号
图纸类型代码
　图纸目录：CL　设计说明：NT
　总平面图：SP　平面图：FP
　立面图：EL　剖面图：SC

14.2 门窗编号原则：

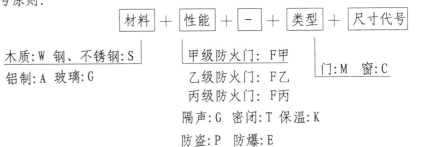

材料 ＋ 性能 ＋ － ＋ 类型 ＋ 尺寸代号

木质：W　钢、不锈钢：S
铝制：A　玻璃：G

甲级防火门：F甲
乙级防火门：FZ
丙级防火门：F丙
隔声：G　密闭：T　保温：K
防盗：P　防爆：E

门：M　窗：C

例如：SF甲-M1522代表1500X2200的钢质甲级防火门

14.3 预制板编号原则：

类型 ＋ 尺寸代号

外挂板：WGB
女儿墙：NEQ；梯段：TD

例如：WGB3441代表3380X4115的外挂板

14.4 本工程图纸图例均按GB/T50001-2001及GB/T50103-2001标准，图例如下：

大样：

小样：　改性石膏轻质墙板　　页岩多孔砖　　预制外墙挂板　　现浇钢筋混凝土

余略

设计说明（三）(A-W-NT001)		图集号	川2017G127-TY

审核 李峰　校对 余龙　设计 李浩　　页

技 术 措 施 表

类别	编号	名称	材 料 及 做 法	使用部位	备注
屋面	屋1	保温上人屋面（Ⅰ级防水）（燃烧性能等级A）	略	办公楼屋面（非种植屋面）	
	屋2	保温非上人屋面（Ⅰ级防水）（燃烧性能等级A）	略	楼梯间等不上人屋面	
	屋3	非保温非上人屋面（Ⅰ级防水）（燃烧性能等级A）	略	雨棚	
	屋4	非保温上人屋面（Ⅰ级防水）（燃烧性能等级A）	略	商业屋面（踏步）	
	屋5	种植屋面保温上人屋面（Ⅰ级防水）（燃烧性能等级A）	略	商业屋面（平台）	
楼地面	楼1	水泥砂浆楼面（一）（燃烧性能等级A）	略	水井、电井、阳台空调位等有水房间、VRV室外机位	
	楼2	水泥砂浆楼面（二）（燃烧性能等级A）	略	公共卫生间、11~18层卫生间、厨房区域等有水房间	
	楼3	水泥砂浆楼面（三）（燃烧性能等级A）	略	除楼1、楼2外其他无水房间	
	楼4	水泥砂浆楼面（四）（燃烧性能等级A）	略	VRV室外机位、1层夹层空调室外机位（详图）	
	楼5	防静电活动楼面（燃烧性能等级A）	略	消防控制室	
踢脚	踢1	水泥砂浆踢脚（燃烧性能等级A）	略	用于同材质地面、有内墙砖及二装有内墙特殊饰面的除外	
内墙面	内1	水泥砂浆内墙面（一）（燃烧性能等级A）	（1）改性石膏轻质墙板基层处理 （2）耐碱玻纤网格布一道，刮腻子两道 （3）详二装	办公、政务中心商业等所有无水房间	
	内2	水泥砂浆内墙面（二）（燃烧性能等级A）	（1）改性石膏轻质墙板基层处理 （2）耐碱玻纤网格布一道，刮腻子两道 （3）1.5厚JS防水涂料（Ⅱ型）上翻1.2 m （4）详二装	公共卫生间、11~18层卫生间、厨房区域等有水房间、空调位、阳台靠近空调一侧外墙（详图）、心筒墙体核	
	内3	水泥砂浆内墙面（三）（燃烧性能等级A）	略	详图	
	内4	水泥砂浆内墙面（四）（燃烧性能等级A）	略	水井、电井、烟井、风井	
	内5	清水墙面（燃烧性能等级A）	（1）钢筋混凝土预制构件 （2）详二装	预制构件	
	内6	保温一体板内墙（燃烧性能等级A）	（1）钢筋混凝土预制构件 （2）粘贴仿清水混凝土保温一体板（4厚水泥纤维板＋岩棉＋8厚水泥纤维板，岩棉厚度详建物施工节能设计） （3）耐碱玻纤网格布一道耐水腻子两道 （4）详二装	（详图）	第（4）项有生产厂家深化设计，各认可后方可施工

类别	编号	名称	材 料 及 做 法	使用部位	备注
内墙面	内7	吸声内墙（燃烧性能等级A）	（1）改性石膏轻质墙板基层处理 （2）耐碱玻纤网格布一道，刮耐水腻子两道 （3）1.5厚JS防水涂料（Ⅱ型） （4）喷涂50厚硬质超细无机纤维隔声层+配套深灰色罩面防尘涂料	新风机房	1.无机纤维隔声层须由四方确认后方可施工 2.无机纤维隔声层材料要
外墙面	外1	清水混凝土外墙（燃烧性能等级A）	（1）白色清水钢筋混凝土预制外挂板 （2）刷专用无机混凝土保护剂	预制外墙面	专用无机混凝土保护剂需要三方看样后确定
	外2	仿清水混凝土一体板外墙（燃烧性能等级A）	（1）改性石膏轻质墙板基层处理 （2）耐碱玻纤网格布一道，刮耐水腻子两道 （3）1.5厚JS防水涂料（Ⅱ型） （4）粘贴白色仿清水混凝土保温一体板（4厚水泥纤维板＋岩棉＋8厚水泥纤维板＋仿清水混凝土涂料，岩棉厚度详建物施工节能设计）	办公、政务中心阳台靠近房间一侧外墙（详图）	1.第（4）项有生产厂家深化设计，各认可后方可施工 2.一体板表面仿清水混凝土处理需各方共同看样后确定
	外3	水泥纤维板幕墙（燃烧性能等级A）	（1）改性石膏轻质墙板基层处理 （2）耐碱玻纤网格布一道，刮耐水腻子两道 （3）1.5厚JS防水涂料（Ⅱ型） （4）幕墙铝合金龙骨，龙骨间满填双面铝箔岩棉（厚度详建物施工节能设计） （5）白色仿清水混凝土加强水泥纤维板幕墙	商业外墙（详图）	1.若第（1）项为钢筋混凝土梁柱基层处理，10厚界面砂浆找平，则不做第（2）项 2.第（4）、（5）项幕墙做法详施
	外4	穿孔铝板幕墙（燃烧性能等级A）	略	空调位（详图）	详幕墙
	外5	玻璃幕墙	略	外立面，详图	
	外6	吸声外墙（燃烧性能等级A	（1）改性石膏轻质墙板基层处理 （2）1.5厚JS防水涂料（Ⅱ型） （3）粘贴保温一体板（4厚水泥纤维板＋岩棉＋8厚水泥纤维板，岩棉厚度详建物施工节能设计） （4）耐碱玻纤网格布一道 （5）喷涂50厚硬质超细无机纤维隔声层+配套深灰色罩面防尘涂料	VRV室外机位	1.无机纤维隔声层须由四方确认后方可施工 2.无机纤维隔声层材料要求：略
顶棚	顶1	清水顶棚（燃烧性能等级A）	略	除顶2、顶3外其他顶棚	现浇部分采用清水模板
	顶2	保温一体板顶板（燃烧性能等级A）	略	商业屋面（踏步）、楼板顶棚	
	顶3	吸声吊顶（燃烧性能等级A）	略	新风机房、VRV室外机位	1.无机纤维隔声层须由四方确认后方可施工 2.无机纤维隔声层材料要求：略
油漆	油1	沥青漆		用于防腐木砖及防腐构件	本色
	油2	防锈漆		用于钢构件及预埋件的防锈处理	本色
	油3	银粉漆	均按高级油漆工艺要求进行	用于露明金属管道	本色
	油4	醇酸磁漆		所有室内木装修、木门	详装修设计
	油5	特殊装修漆		用于构件装饰，详小样及大样	按外观设计
	油6	金属氟碳漆	详GB 05J909/TL20/油31	用于金属栏杆、钢爬梯	按外观设计

注：
一、凡措施表中墙面、楼地面未做找平层，基层处理须清水模板并保证基层的平整度，若无法满足下一步工序的平整度时，须根据国家标准增加找平层。
二、本措施表中的防水材料性能须满足相关规范要求；
三、乳胶漆、油漆等的施工工序和要求在《建筑装修工程质量验收规范》（GB 50210-2001）中已有规定，在做法表中不再列出，照该规范执行。
四、墙体基层处理（略）

措施表（A-W-NT002）

图集号 川2017G127-TY

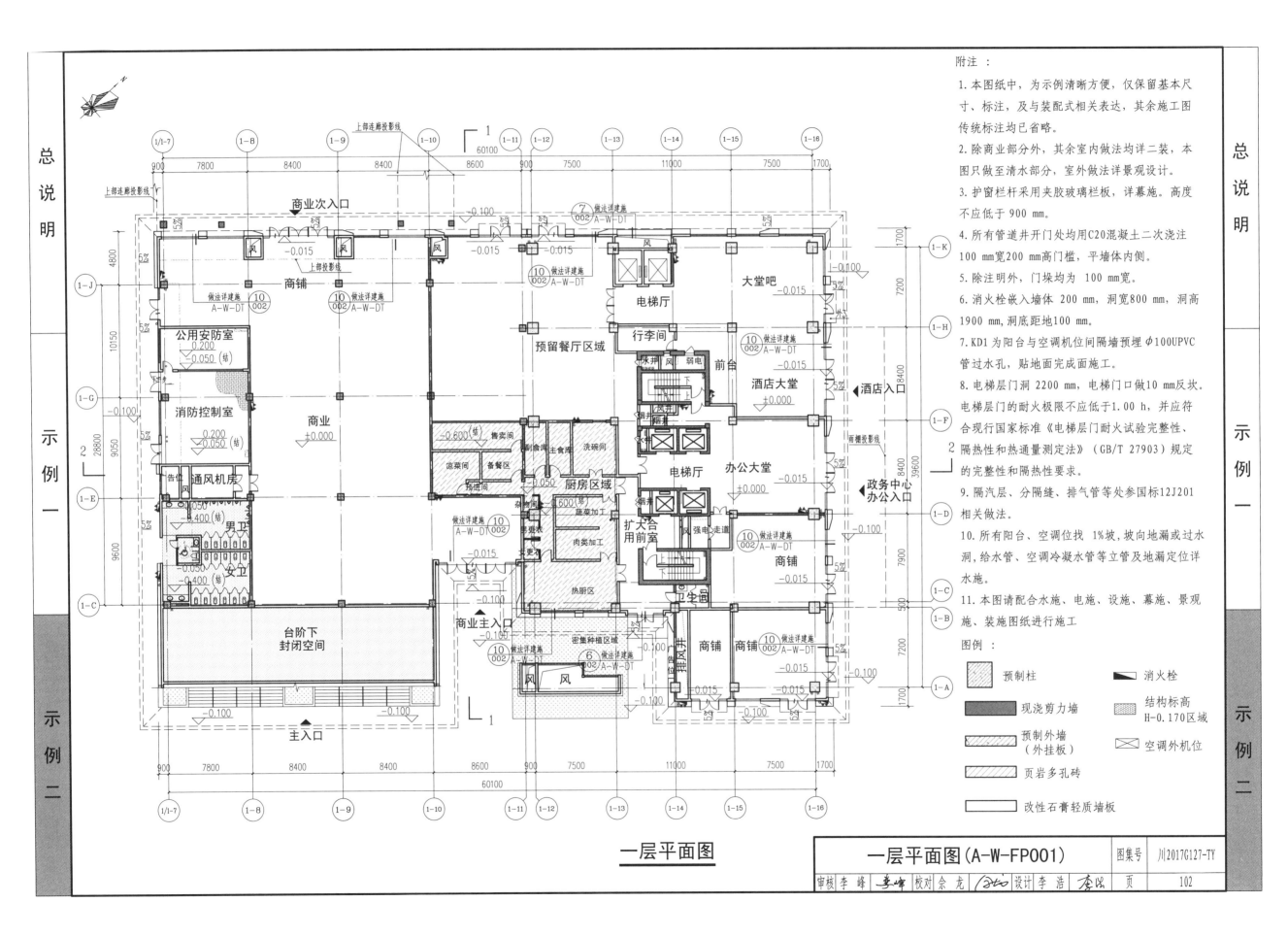

附注：

1. 本图纸中，为示例清晰方便，仅保留基本尺寸、标注，及与装配式相关表达，其余施工图传统标注均已省略。

2. 除商业部分外，其余室内做法均详二装，本图只做至清水部分，室外做法详景观设计。

3. 护窗栏杆采用夹胶玻璃栏板，详幕施。高度不应低于900 mm。

4. 所有管道井开门处均用C20混凝土二次浇注100 mm宽，200 mm高门槛，平墙体内侧。

5. 除注明外，门垛均为100 mm宽。

6. 消火栓嵌入墙体200 mm，洞宽800 mm，洞高1900 mm，洞底距地100 mm。

7. KD1为阳台与空调机位间隔墙预埋φ100UPVC管过水孔，贴地面完成面施工。

8. 电梯层门洞2200 mm，电梯门口做10 mm反坎。电梯层门的耐火极限不应低于1.00 h，并应符合现行国家标准《电梯层门耐火试验完整性、隔热性和热通量测定法》（GB/T 27903）规定的完整性和隔热性要求。

9. 隔汽层、分隔缝、排气管等处参国标12J201相关做法。

10. 所有阳台、空调位找1%坡，坡向地漏或过水洞，给水管、空调冷凝水管等立管及地漏定位详水施。

11. 本图请配合水施、电施、设施、幕施、景观施、装施图纸进行施工

图例：

- 预制柱
- 消火栓
- 现浇剪力墙
- 结构标高H-0.170区域
- 预制外墙（外挂板）
- 空调外机位
- 页岩多孔砖
- 改性石膏轻质墙板

一层平面图

一层平面图（A-W-FP001）

图集号	川2017G127-TY

| 审核 | 李峰 | 校对 | 佘龙 | 设计 | 李浩 | 页 | 102 |

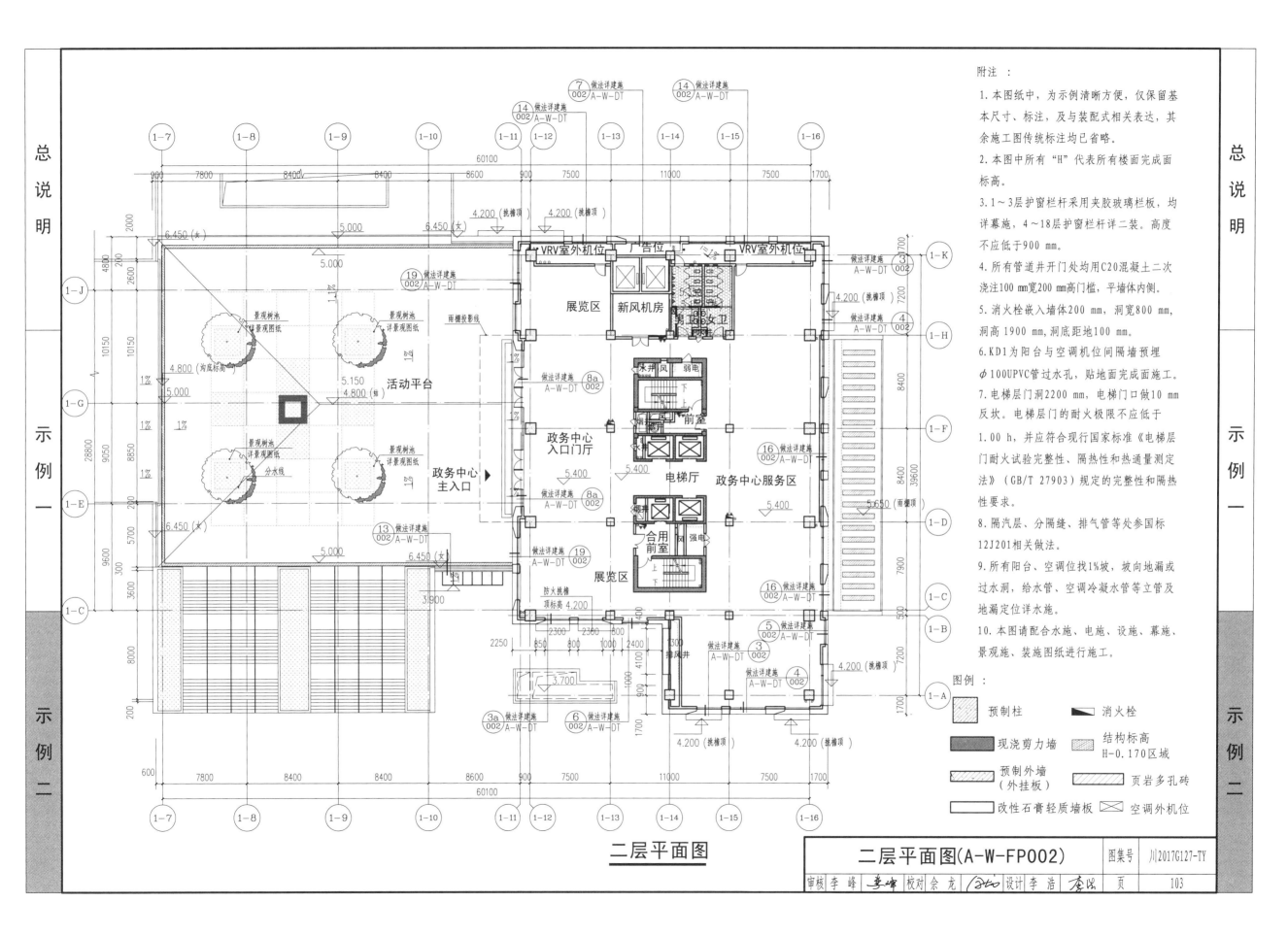

附注：

1. 本图纸中，为示例清晰方便，仅保留基本尺寸、标注，及与装配式相关表达，其余施工图传统标注均已省略。

2. 本图中所有"H"代表所有楼面完成面标高。

3. 1~3层护窗栏杆采用夹胶玻璃栏板，均详幕施，4~18层护窗栏杆详二装。高度不应低于900 mm。

4. 所有管道井开门处均用C20混凝土二次浇注100 mm宽，200 mm高门槛，平墙体内侧。

5. 消火栓嵌入墙体200 mm，洞宽800 mm，洞高1900 mm，洞底距地100 mm。

6. KD1为阳台与空调机位间隔墙预埋φ100UPVC管过水孔，贴地面完成面施工。

7. 电梯层门洞2200 mm，电梯门口做10 mm反坎。电梯层门的耐火极限不应低于1.00 h，并应符合现行国家标准《电梯层门耐火试验完整性、隔热性和热通量测定法》（GB/T 27903）规定的完整性和隔热性要求。

8. 隔汽层、分隔缝、排气管等处参国标12J201相关做法。

9. 所有阳台、空调位找1%坡，坡向地漏或过水洞，给水管、空调冷凝水管等立管及地漏定位详水施。

10. 本图请配合水施、电施、设施、幕施、景观施、装施图纸进行施工。

图例：

▨ 预制柱　　◥ 消火栓

▨ 现浇剪力墙　▨ 结构标高 H-0.170区域

▨ 预制外墙（外挂板）　▨ 页岩多孔砖

□ 改性石膏轻质墙板　⊠ 空调外机位

二层平面图

二层平面图（A-W-FP002）

图集号	川2017G127-TY

审核 李 峰　校对 佘 龙　设计 李 浩　页 103

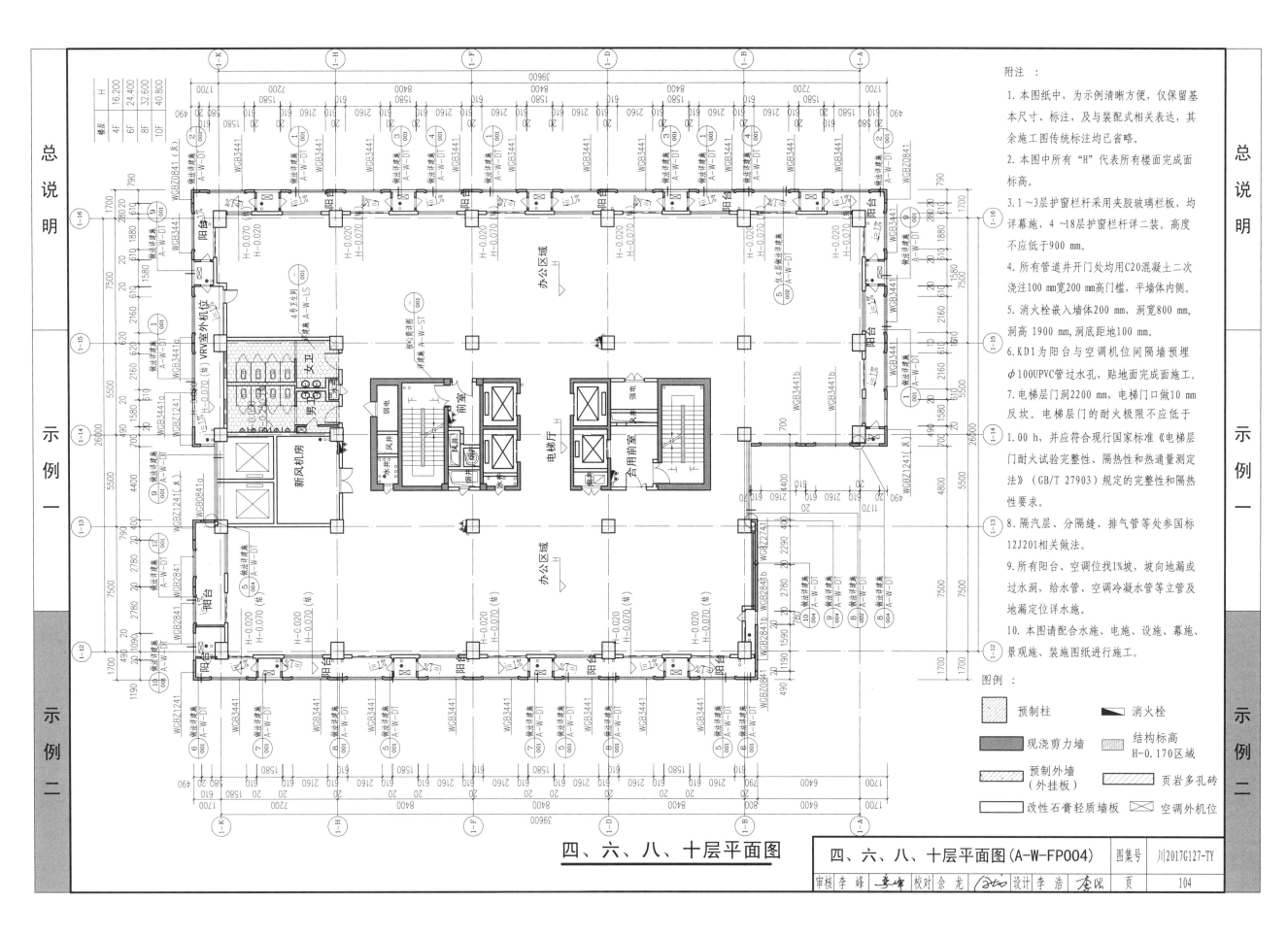

附注：

1. 本图纸中，为示例清晰方便，仅保留基本尺寸、标注，及与装配式相关表达，其余施工图传统标注均已省略。

2. 本图中所有"H"代表所有楼面完成面标高。

3. 1～3层护窗栏杆采用夹胶玻璃栏板，均详幕施，4～18层护窗栏杆详二装。高度不应低于900 mm。

4. 所有管道井开门处均用C20混凝土二次浇注100 mm宽200 mm高门槛，平墙体内侧。

5. 消火栓嵌入墙体200 mm，洞宽800 mm，洞高1900 mm，洞底距地100 mm。

6. KD1为阳台与空调机位间隔墙预埋Φ100UPVC管过水孔，贴地面完成面施工。

7. 电梯层门洞2200 mm，电梯门口做10 mm反坎。电梯层门的耐火极限不应低于1.00 h，并应符合现行国家标准《电梯层门耐火试验完整性、隔热性和热通量测定法》（GB/T 27903）规定的完整性和隔热性要求。

8. 隔汽层、分隔缝、排气管等处参国标12J201相关做法。

9. 所有阳台、空调位找1%坡，坡向地漏或过水洞、给水管、空调冷凝水管等立管及地漏定位详水施。

10. 本图请配合水施、电施、设施、幕施、景观施、装施图纸进行施工。

图例：

图例	名称	图例	名称
	预制柱		消火栓
	现浇剪力墙		结构标高 H-0.170区域
	预制外墙（外挂板）		页岩多孔砖
	改性石膏轻质墙板		空调外机位

办公区域

四、六、八、十层平面图

四、六、八、十层平面图（A-W-FP004）

图集号	川2017G127-TY
审核 李峰	校对 佘龙	设计 李浩	页 104

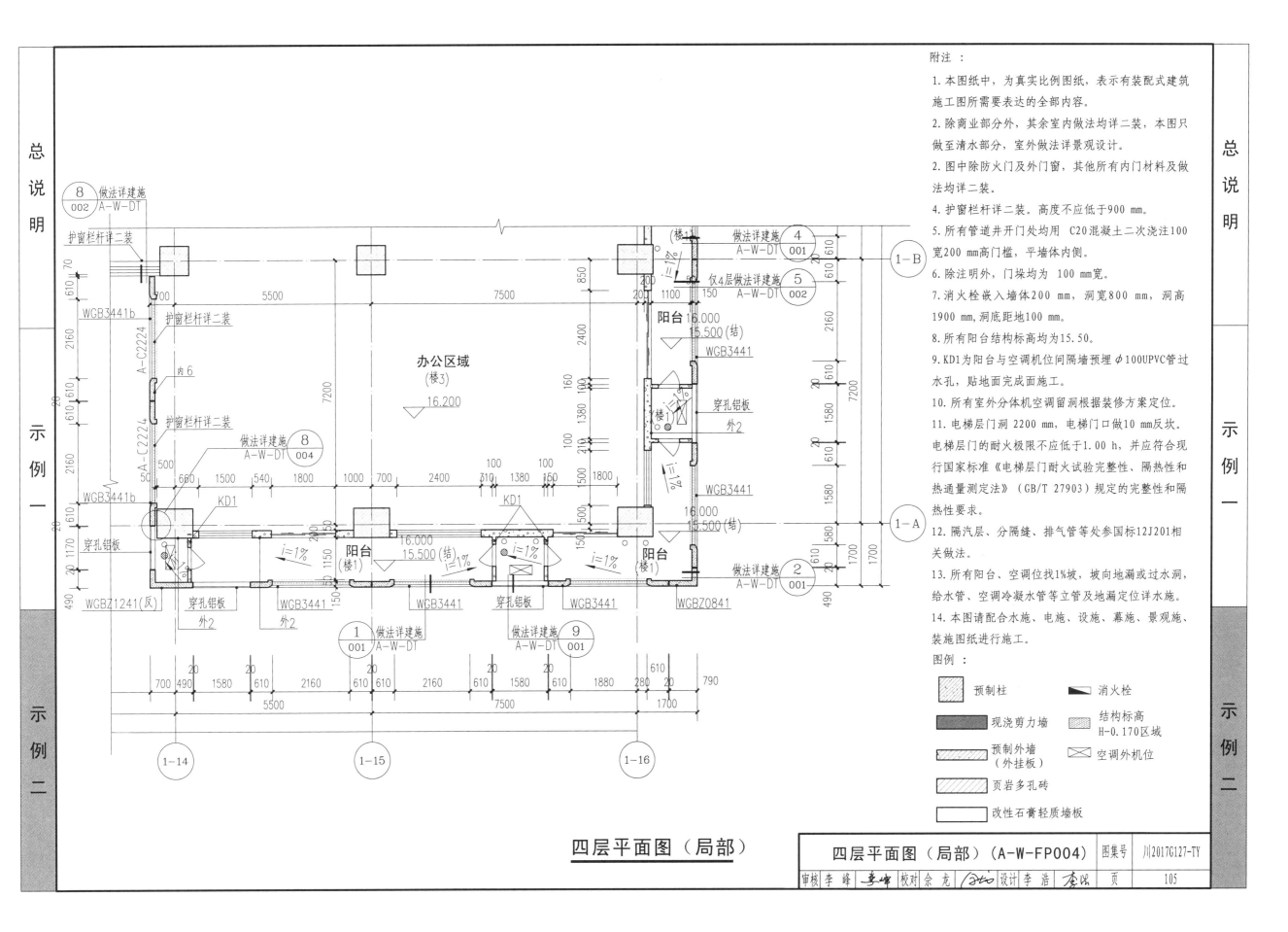

附注：

1. 本图纸中，为真实比例图纸，表示有装配式建筑施工图所需要表达的全部内容。

2. 除商业部分外，其余室内做法均详二装，本图只做至清水部分，室外做法详景观设计。

2. 图中除防火门及外门窗，其他所有内门材料及做法均详二装。

4. 护窗栏杆详二装。高度不应低于900 mm。

5. 所有管道井开门处均用 C20混凝土二次浇注100宽200 mm高门槛，平墙体内侧。

6. 除注明外，门垛均为 100 mm宽。

7. 消火栓嵌入墙体200 mm，洞宽800 mm，洞高1900 mm，洞底距地100 mm。

8. 所有阳台结构标高均为15.50。

9. KD1为阳台与空调机位间隔墙预埋φ100UPVC管过水孔，贴地面完成面施工。

10. 所有室外分体机空调留洞根据装修方案定位。

11. 电梯层门洞2200 mm，电梯门口做10 mm反坎。电梯层门的耐火极限不应低于1.00 h，并应符合现行国家标准《电梯层门耐火试验完整性、隔热性和热通量测定法》（GB/T 27903）规定的完整性和隔热性要求。

12. 隔汽层、分隔缝、排气管等处参国标12J201相关做法。

13. 所有阳台、空调位找1%坡，坡向地漏或过水洞，给水管、空调冷凝水管等立管及地漏定位详水施。

14. 本图请配合水施、电施、设施、幕施、景观施、装施图纸进行施工。

图例：

	预制柱		消火栓
	现浇剪力墙		结构标高 H-0.170区域
	预制外墙（外挂板）		空调外机位
	页岩多孔砖		
	改性石膏轻质墙板		

办公区域
(楼3)
16.200

阳台 16.000
15.500 (结)

穿孔铝板
外2

KD1

KD1

阳台
(楼1)
16.000
15.500(结)

阳台
(楼1)

穿孔铝板

WGB3441

WGBZ0841

WGB3441b
A-C2224
内 6
A-C2224
WGB3441b
穿孔铝板
WGBZ1241(反)
穿孔铝板
外2
WGB3441
外2
WGB3441
穿孔铝板

护窗栏杆详二装
护窗栏杆详二装
护窗栏杆详二装

做法详建施 8 / 002 A-W-DT
做法详建施 4 / 001 A-W-DT
仅4层做法详建施 5 / 002 A-W-DT
做法详建施 8 / 004 A-W-DT
做法详建施 2 / 001 A-W-DT
做法详建施 1 / 001 A-W-DT
做法详建施 9 / 001 A-W-DT

1-B
1-A

1-14   1-15   1-16

四层平面图（局部）

四层平面图（局部）（A-W-FP004）	图集号	川2017G127-TY

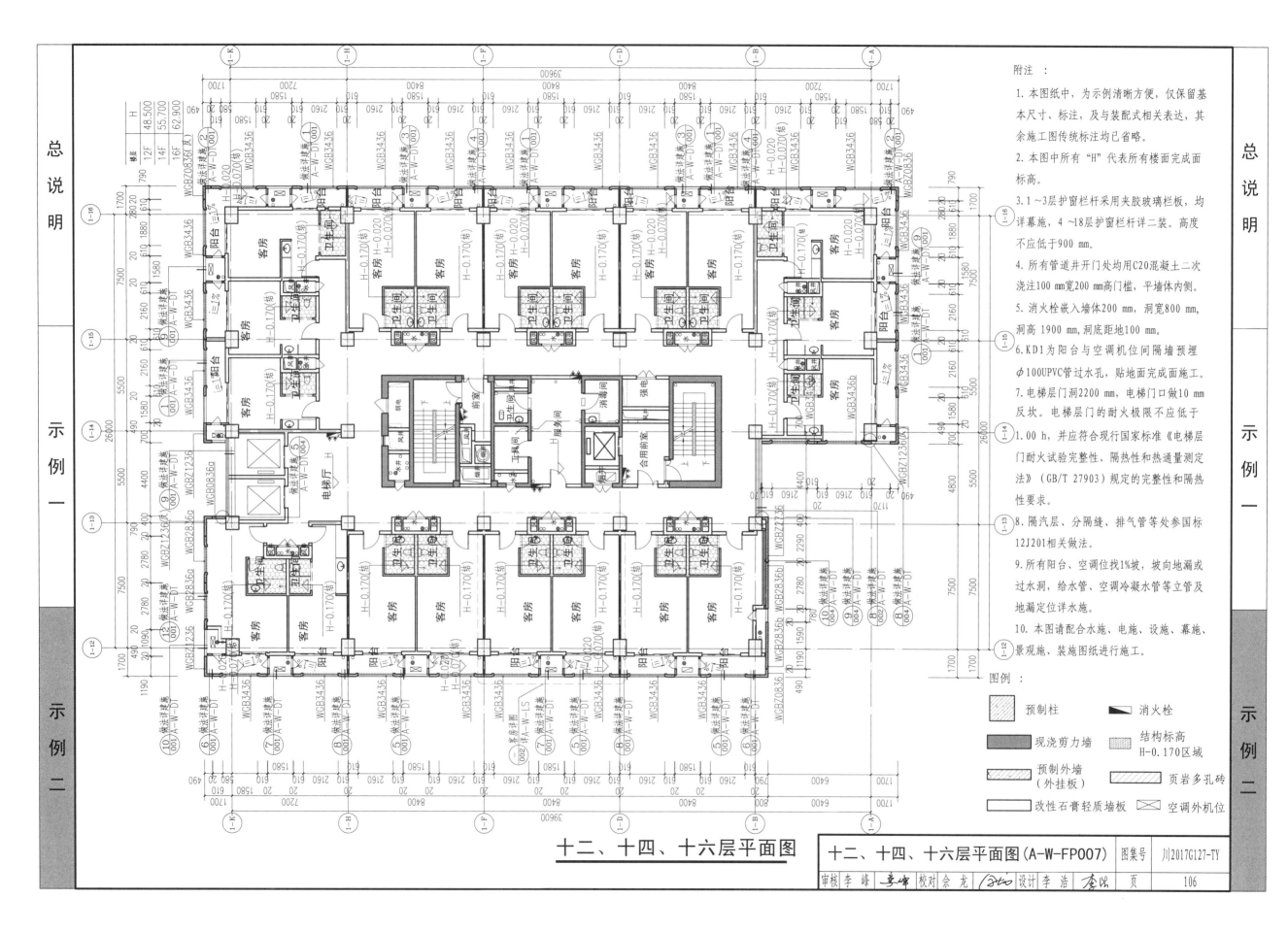

附注：

1. 本图纸中，为示例清晰方便，仅保留基本尺寸、标注，及与装配式相关表达，其余施工图传统标注均已省略。

2. 本图中所有"H"代表所有楼面完成面标高。

3. 1~3层护窗栏杆采用夹胶玻璃栏板，均详二装，4~18层护窗栏杆详二装。高度不应低于900 mm。

4. 所有管道井开门处均用C20混凝土二次浇注100 mm宽200 mm高门槛，平墙体内侧。

5. 消火栓嵌入墙体200 mm，洞宽800 mm，洞高1900 mm，洞底距地100 mm。

6. KD1为阳台与空调机位间隔墙预埋φ100UPVC管过水孔，贴地面完成面施工。

7. 电梯层门洞2200 mm，电梯门口做10 mm反坎。电梯层门的耐火极限不应低于1.00 h，并应符合现行国家标准《电梯层门耐火试验完整性、隔热性和热通量测定法》（GB/T 27903）规定的完整性和隔热性要求。

8. 隔汽层、分隔缝、排气管等处参国标12J201相关做法。

9. 所有阳台、空调位找1%坡，坡向地漏或过水洞，给水管、空调冷凝水管等立管及地漏定位详水施。

10. 本图请配合水施、电施、设施、幕施、景观施、装施图纸进行施工。

图例：

预制柱	消火栓
现浇剪力墙	结构标高H-0.170区域
预制外墙（外挂板）	页岩多孔砖
改性石膏轻质墙板	空调外机位

十二、十四、十六层平面图

十二、十四、十六层平面图（A-W-FP007）

图集号 川2017G127-TY

审核 李峰 李峰 校对 余龙 设计 李浩

页 106

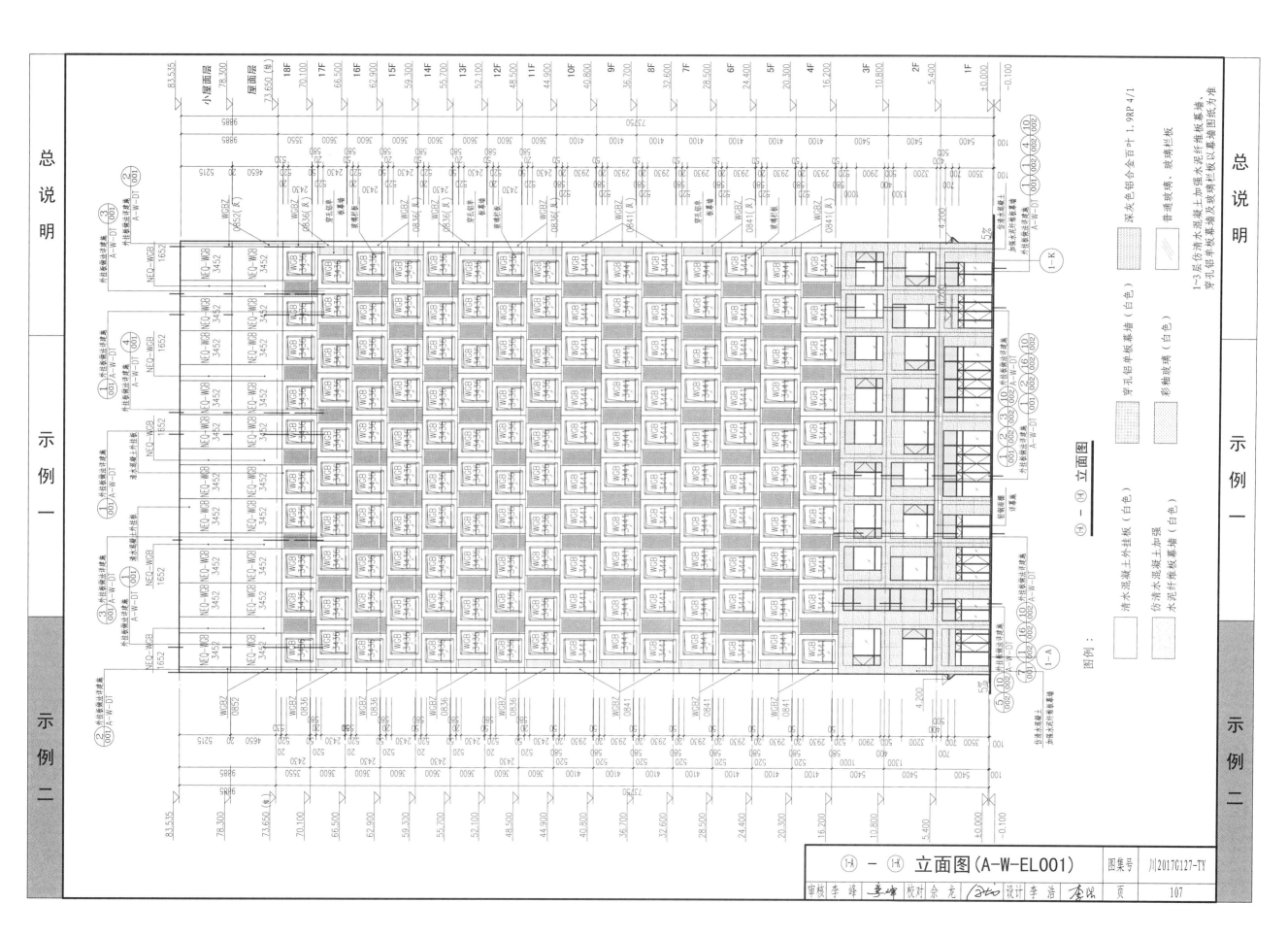

立面图（A-W-EL001）

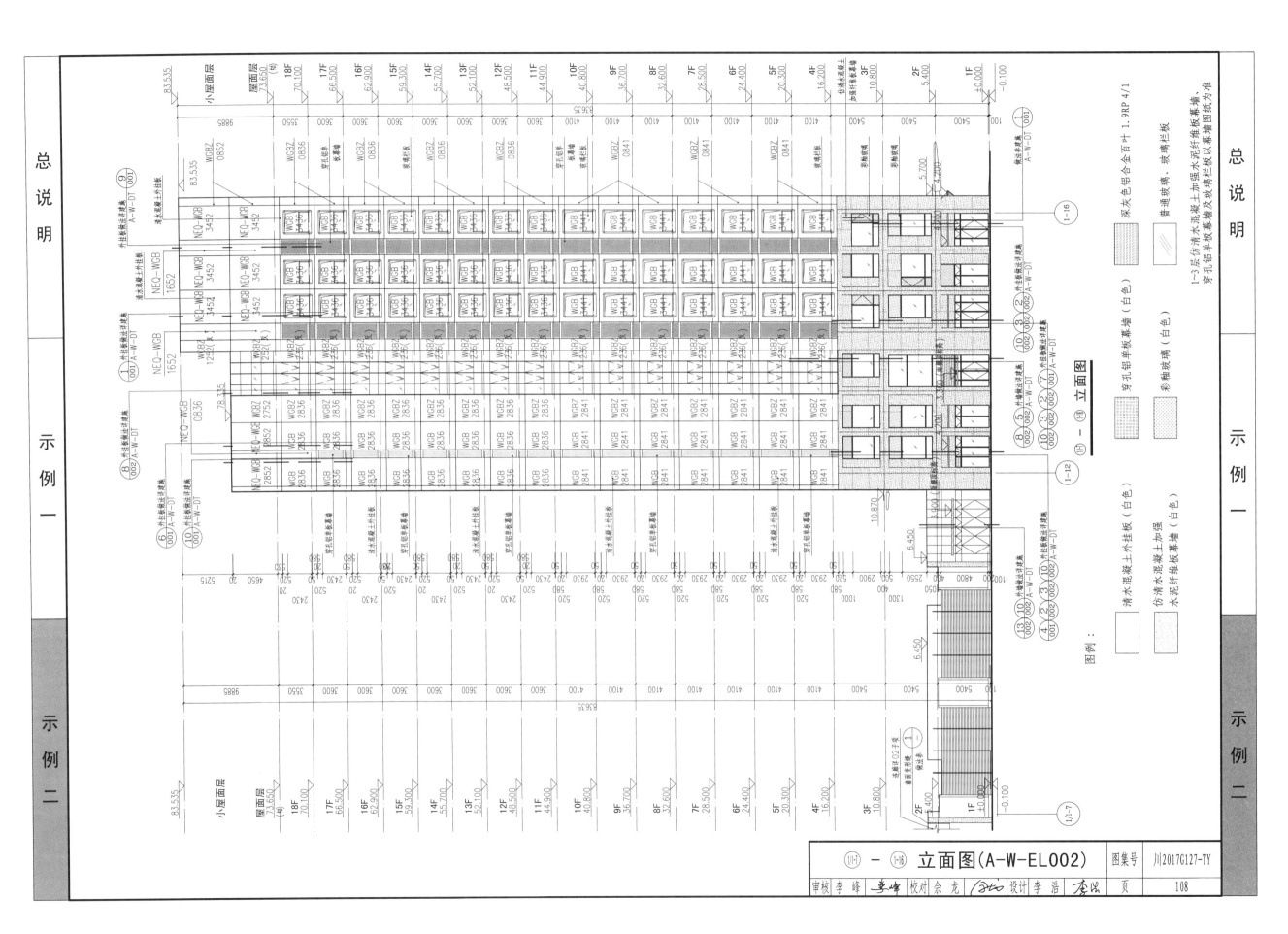

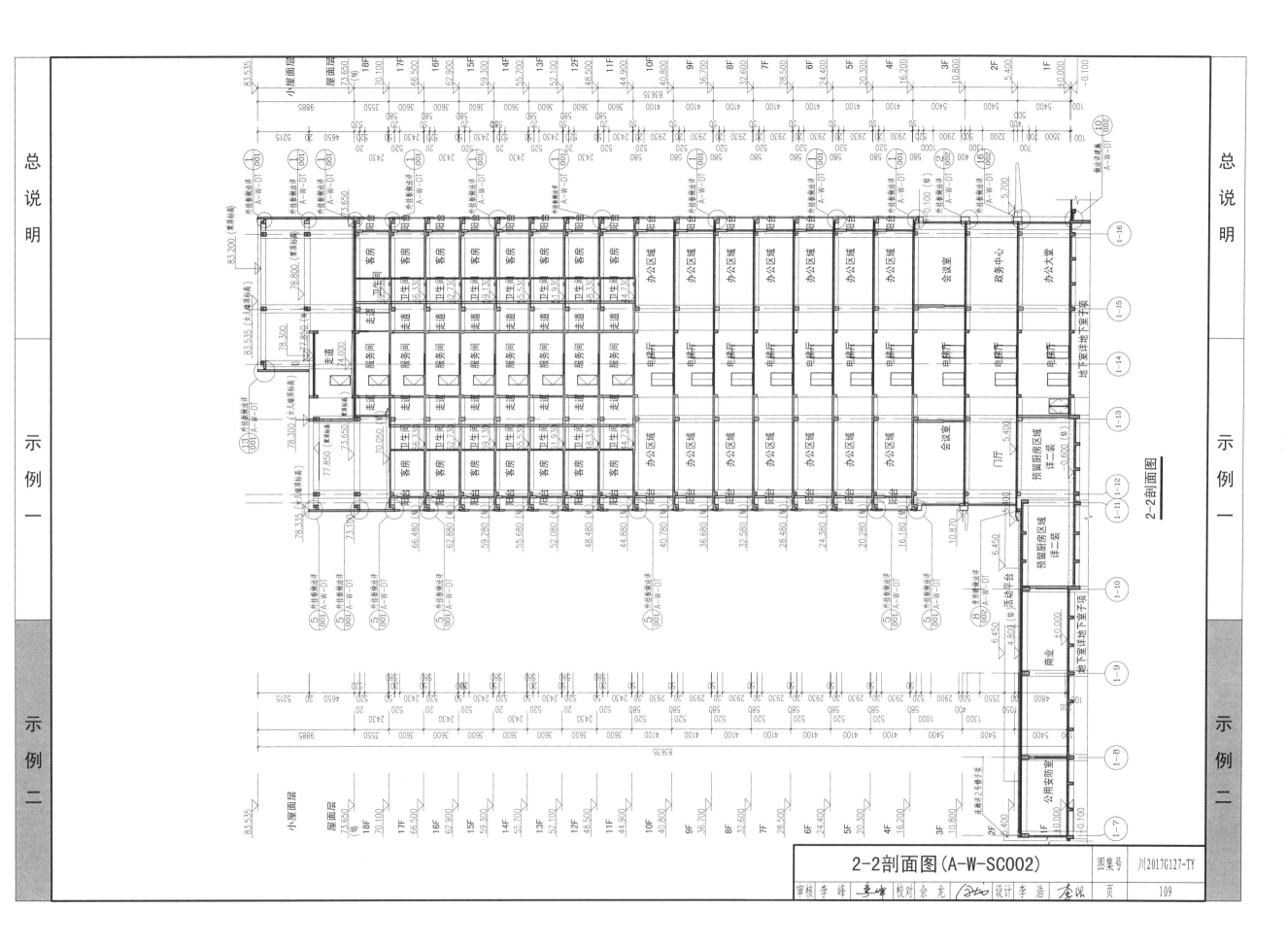

2-2剖面图（A-W-SC002）

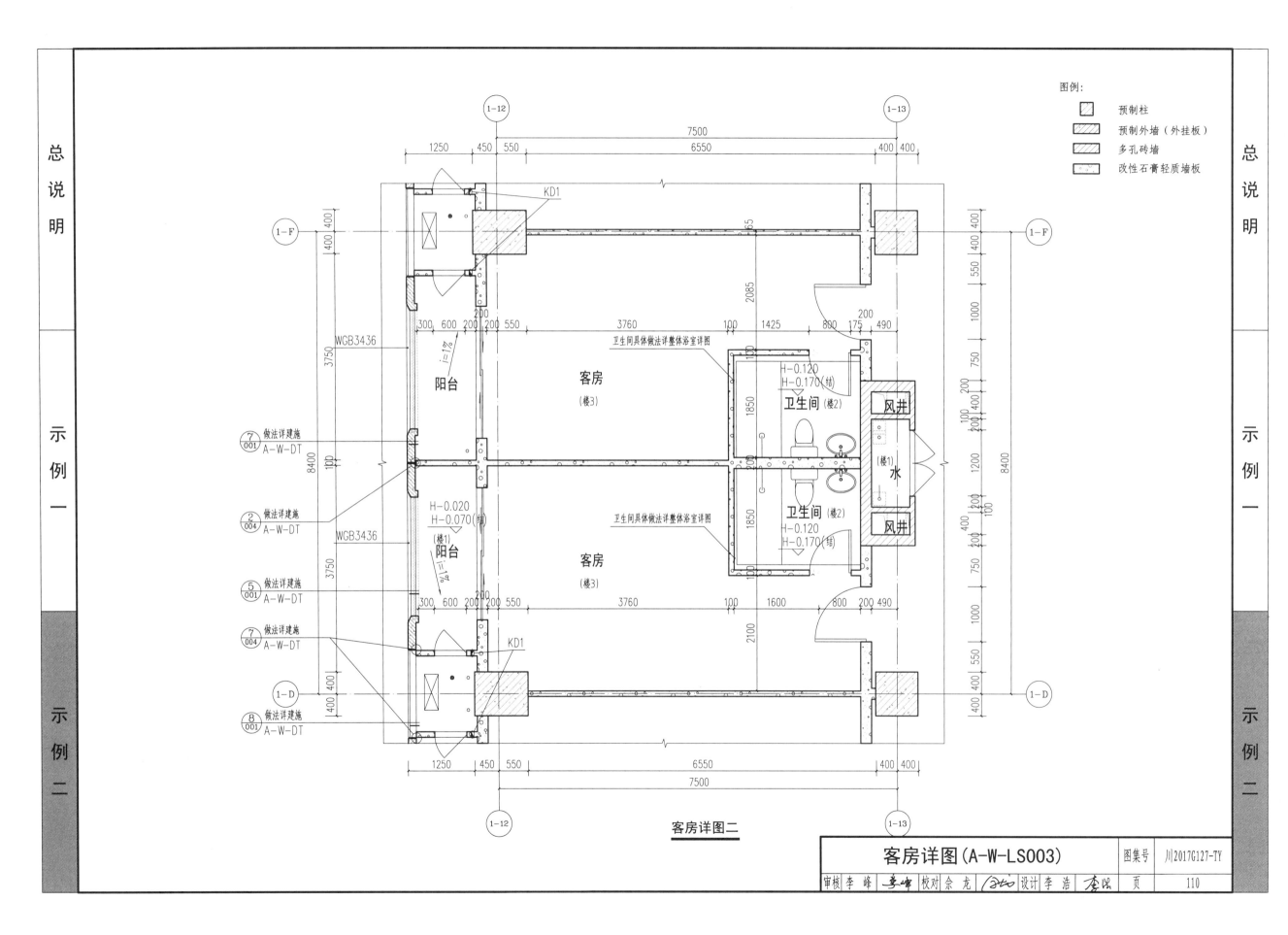

图例：
预制柱
预制外墙（外挂板）
多孔砖墙
改性石膏轻质墙板

7500
1250 450 550 6550 400 400

KD1

1-12   1-13

1-F   1-F

WGB3436

阳台

i=1%

7/001 做法详建施 A-W-DT

8400

2/004 做法详建施 A-W-DT

WGB3436

3750

H-0.020
H-0.070(结)
(楼1)
阳台
i=1%

5/001 做法详建施 A-W-DT

7/004 做法详建施 A-W-DT

KD1

1-D   1-D

8/001 做法详建施 A-W-DT

客房
(楼3)

卫生间具体做法详整体浴室详图

H-0.120
H-0.170(结)
卫生间 (楼2)

风井

(楼1) 水

卫生间具体做法详整体浴室详图

卫生间 (楼2)
H-0.120
H-0.170(结)

风井

客房
(楼3)

1850

1850

1250 450 550 6550 400 400
7500

1-12   1-13

客房详图二

客房详图（A-W-LS003）

图集号	川2017G127-TY
审核 李峰 李峰 校对 佘龙 设计 李浩	页 110

说明：

1. 图中整体卫生间外轮廓标注尺寸为净空尺寸。
2. 此图整体卫生间楼板开孔尺寸均以浴室最小安装尺寸线作为基准，现场实际尺寸大于卫生间最小安装尺寸后则可根据实际情况做相应调整；
3. 卫生间面盆下水预留 PVC直接φ50、坐便器排污预留 PVC直接φ110、地漏下水均预留 PVC直接φ75，管件的对接及汇总工作由施工方现场完成。
4. 注意土建施工和整体卫生间施工顺序的有序组织。
5. 剖面示意图中接管方式仅为示意，实际安装方式需要由设计院、设备生产厂家及施工方协同配合完成。

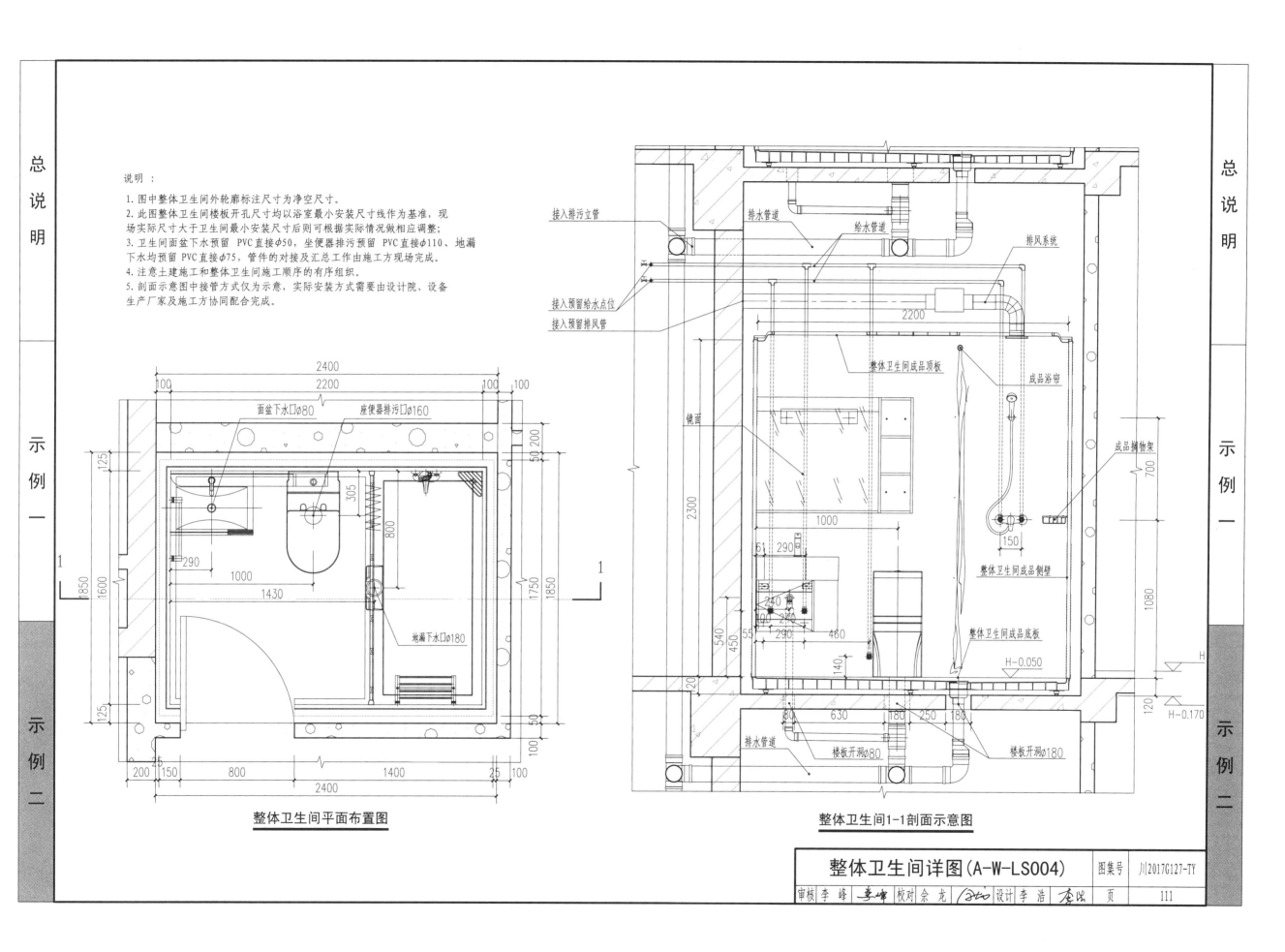

接入排污立管
排水管道
给水管道
排风系统
接入预留给水点位
接入预留排风管
整体卫生间成品顶板
成品浴帘
镜面
成品搁物架
整体卫生间成品侧壁
整体卫生间成品底板
排水管道
楼板开洞φ80
楼板开洞φ180

面盆下水口φ80
座便器排污口φ160
地漏下水口φ180

整体卫生间平面布置图

整体卫生间1-1剖面示意图

整体卫生间详图（A-W-LS004）	图集号	川2017G127-TY
审核 李峰 李峰 校对 佘龙 设计 李浩	页	111

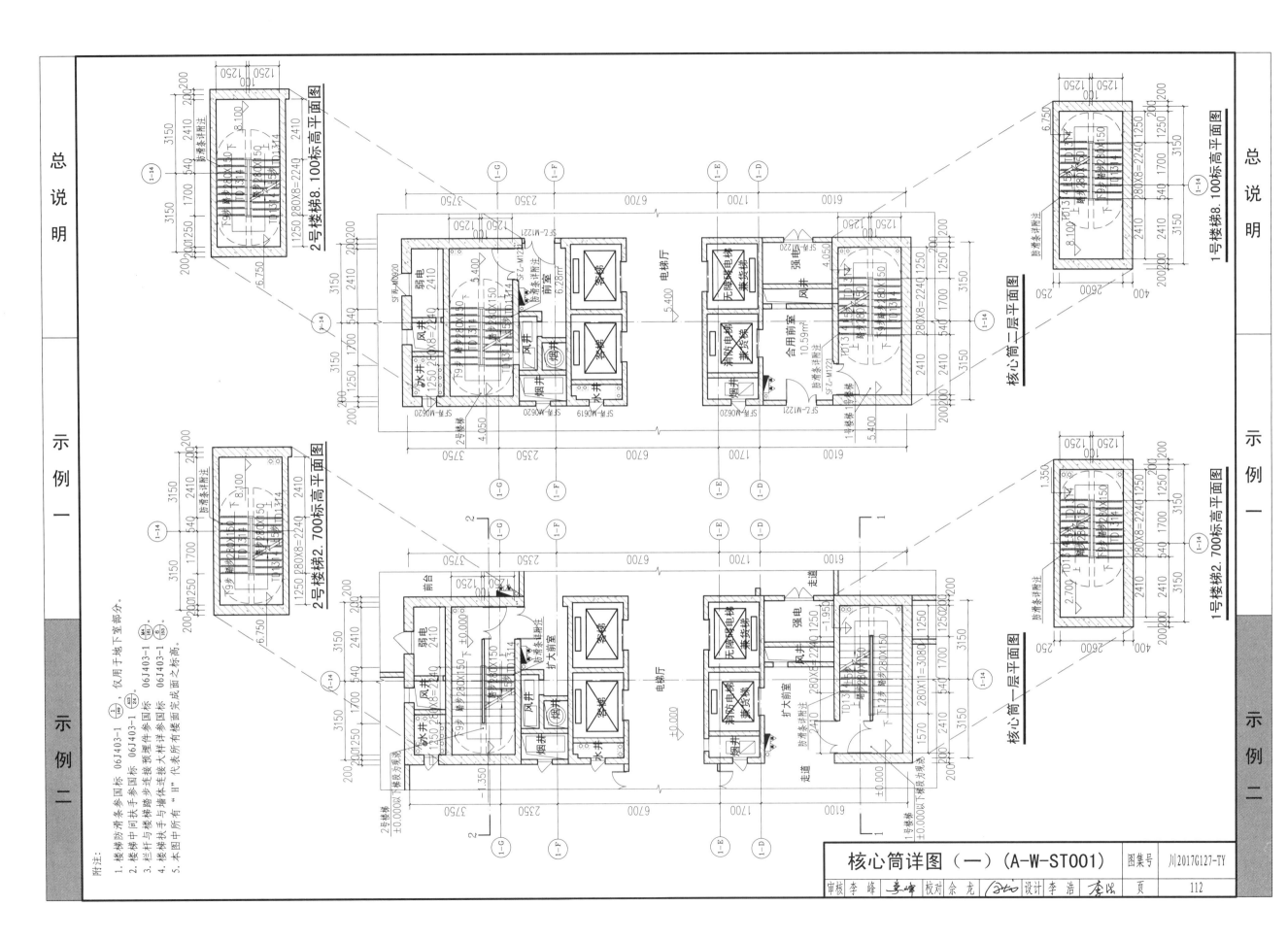

核心筒详图（一）(A-W-ST001)

2号楼梯8.100标高平面图

2号楼梯2.700标高平面图

1号楼梯8.100标高平面图

1号楼梯2.700标高平面图

核心筒二层平面图

核心筒一层平面图

附注：
1. 楼梯防滑条参参国标 06J403-1。
2. 楼梯中间扶手参参国标 06J403-1。
3. 栏杆与楼梯踏步连接预理件参参国标 06J403-1。
4. 楼梯扶手与墙体连接大样详参国标 06J403-1。
5. 本图中所有"H"代表所有楼面完成面之标高。

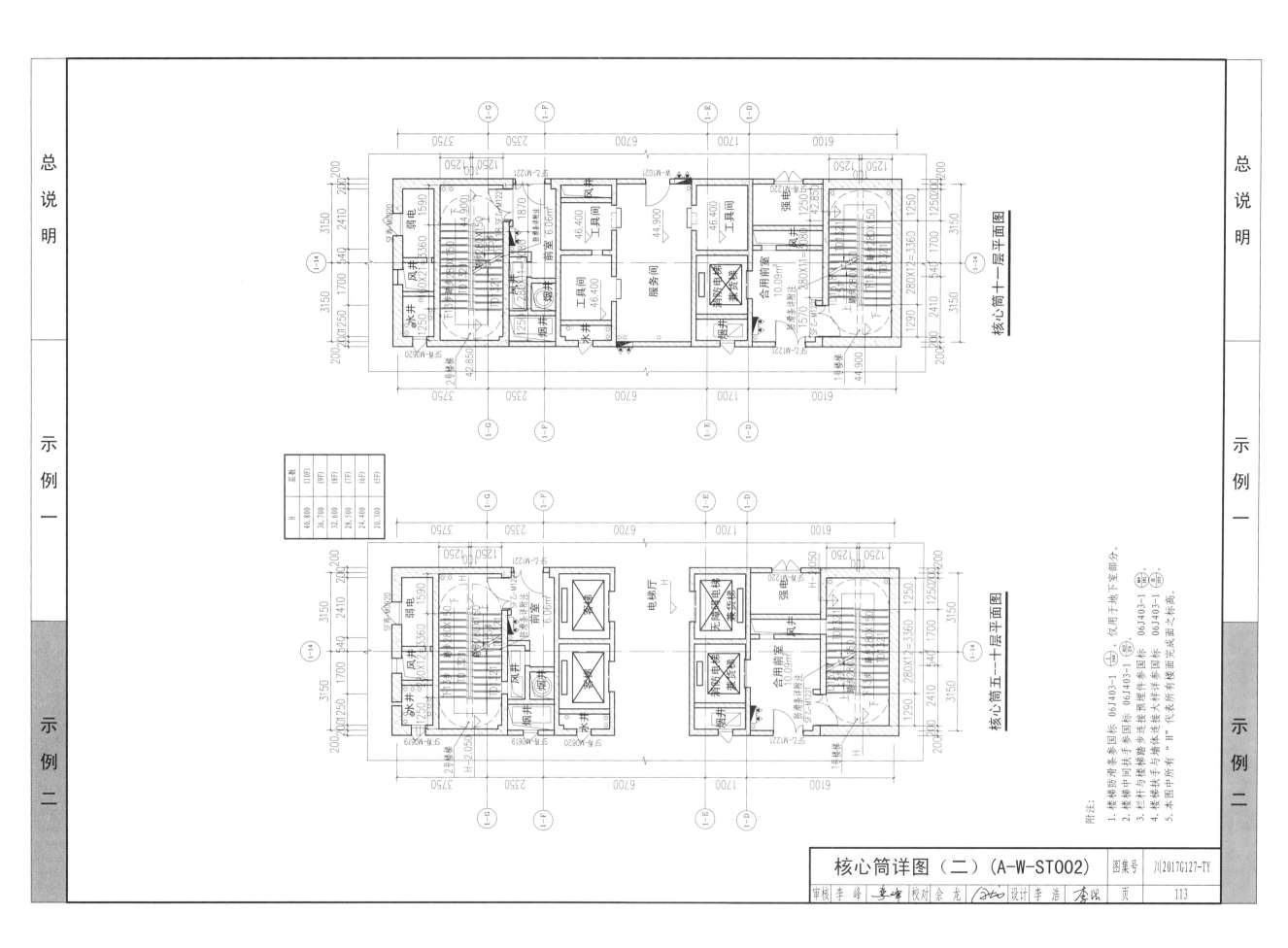

核心筒详图（二）（A-W-ST002）

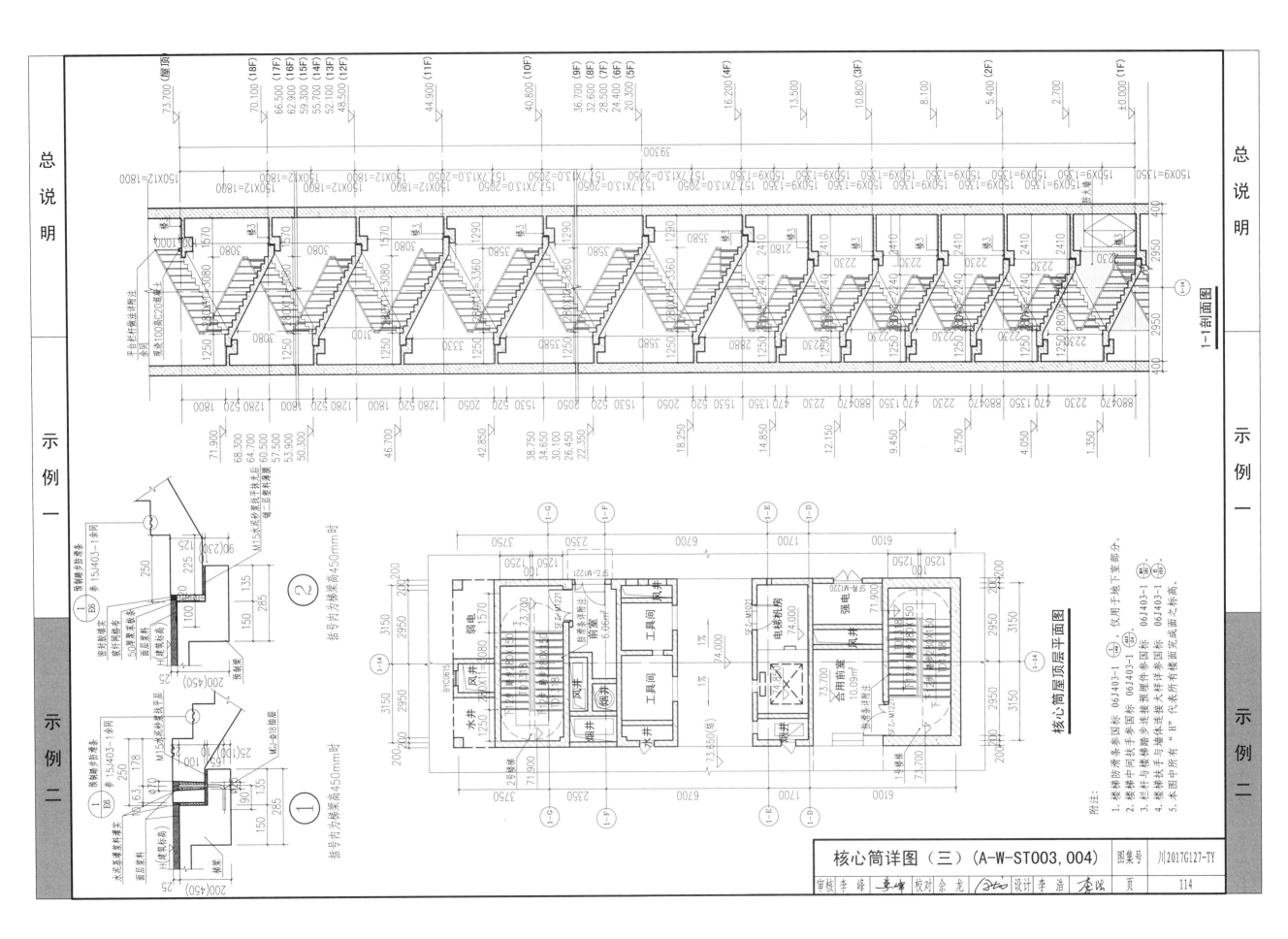

核心筒详图（三）（A-W-ST003,004）

图集号 川2017G127-TY

页 114

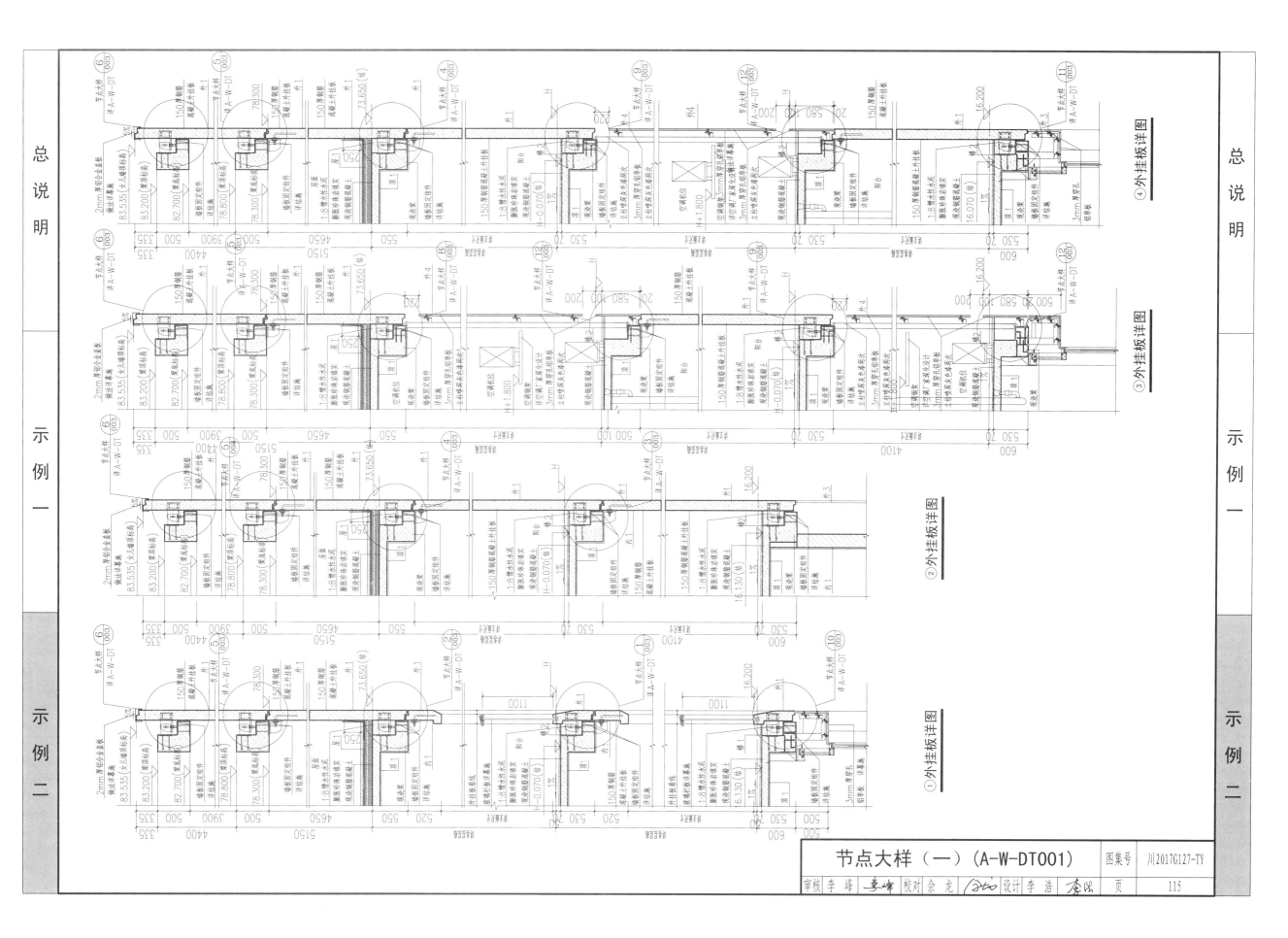

④外挂板详图

③外挂板详图

②外挂板详图

①外挂板详图

节点大样（一）（A-W-DT001）

	图集号	川2017G127-TY
审核 李峰 校对 佘龙 设计 李浩	页	115

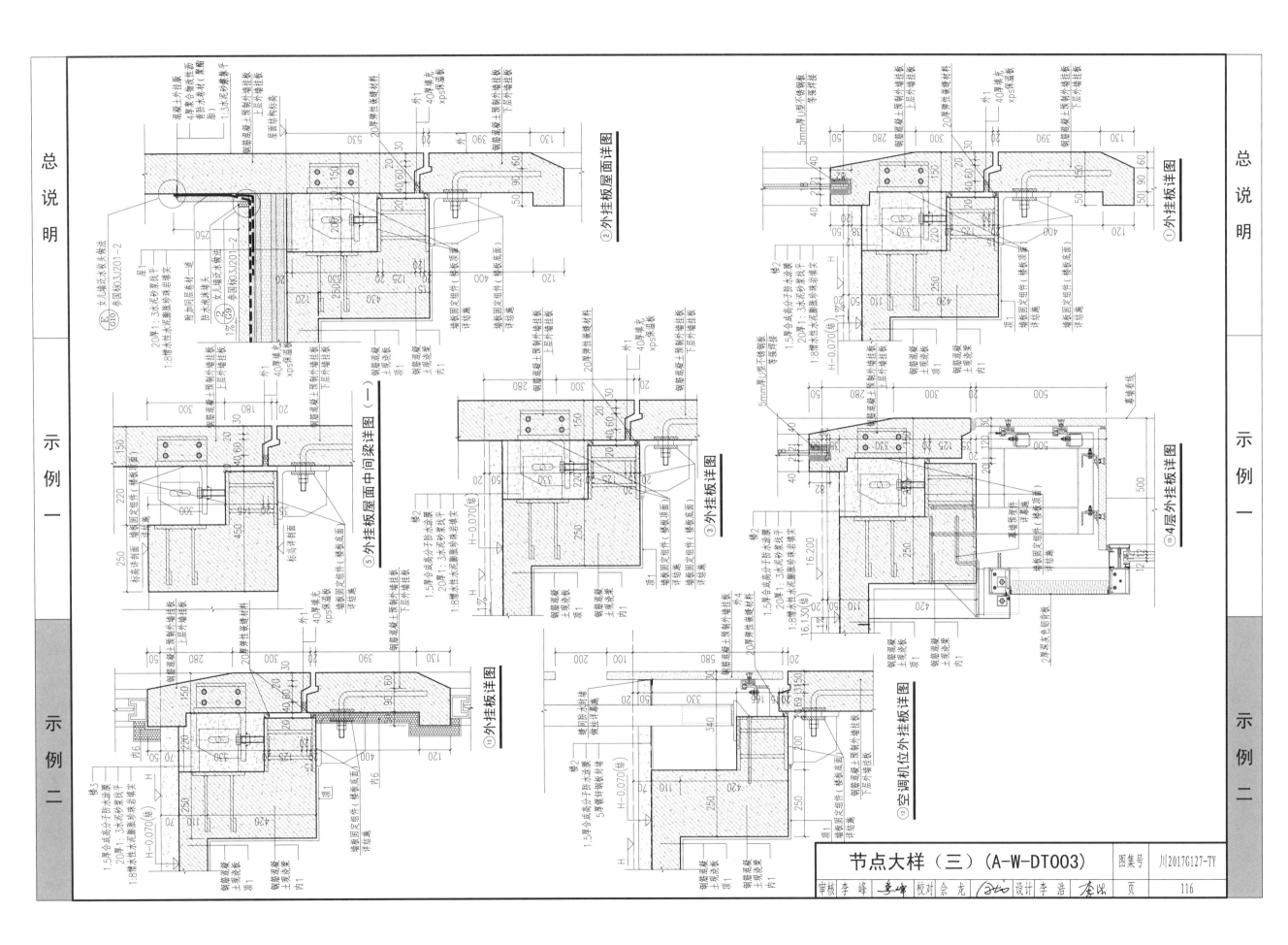

②外挂板屋面详图

①外挂板详图

⑤外挂板屋面中间梁详图（一）

③外挂板详图

⑩4层外挂板详图

⑬外挂板详图

⑫空调机位外挂板详图

节点大样（三）（A-W-DT003）

图集号	川2017G127-TY
审核 李峰	校对 佘龙	设计 李浩	页 116

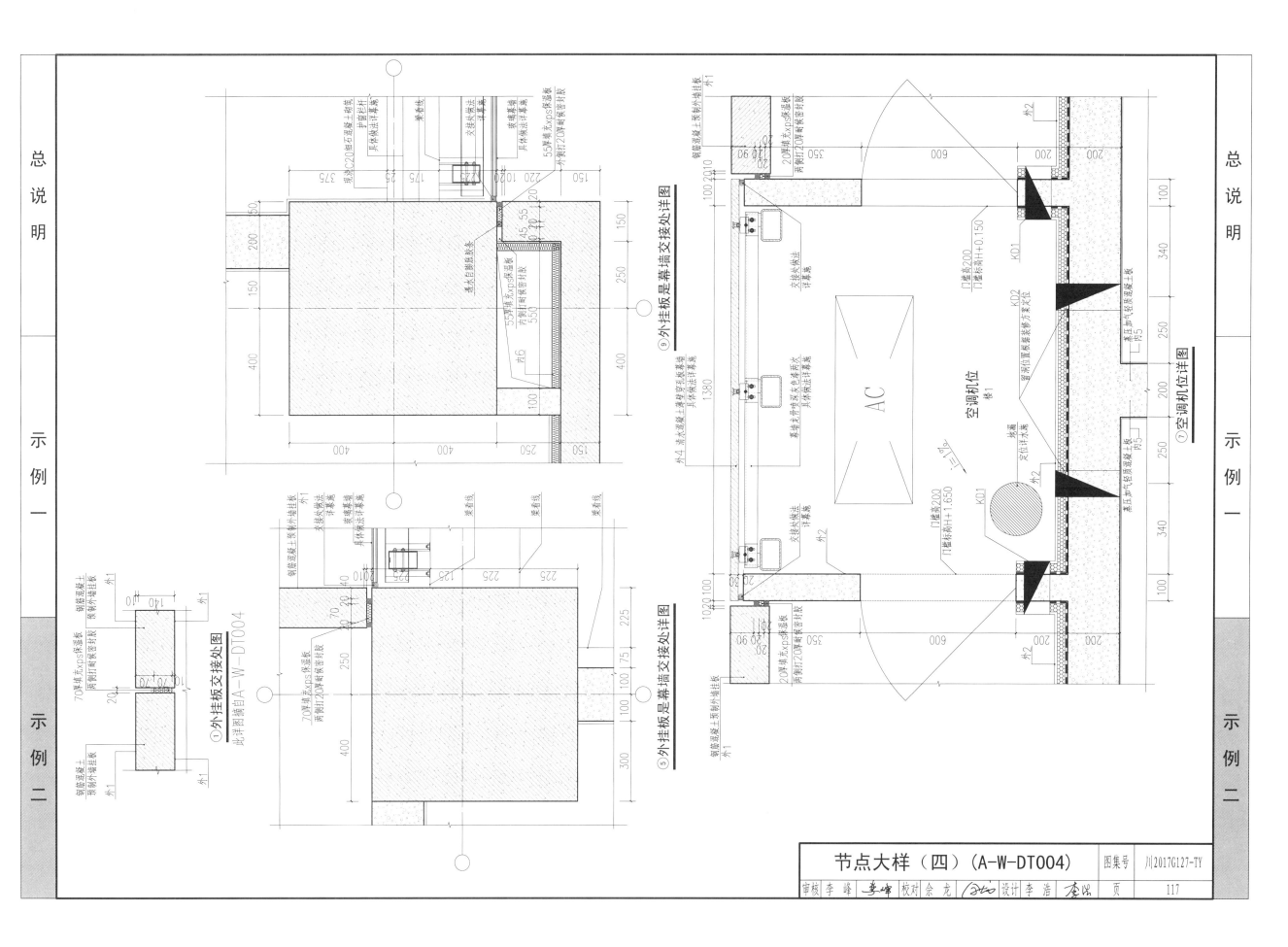

①外挂板交接处大图
此详图摘自A-W-DT004

⑤外挂板足幕墙交接处详图

⑨外挂板足幕墙交接处详图

⑦空调机位详图

节点大样（四）（A-W-DT004）

图集号	川2017G127-TY

审核	李峰	校对	佘龙	设计	李浩	页	117

外挂板统计表一

序号	构件编号	尺寸	4F	5F	6F	7F	8F	9F	10F	合计	图名	图纸编号
			C30									
1	WGBZ0841	790×4080	2	2	2	2	2	2	2	14	WGBZ0841构件图	A-W-3D002
	WGBZ0841(反)	790×4080	1	1	1	1	1	1	1	7		
2	WGBZ1241	1190×4080	2	2	2	2	2	2	2	14	WGBZ1241构件图	
	WGBZ1241(反)	1190×4080	2	2	2	2	2	2	2	14		
3	WGB3441	3380×4080	22	23	22	23	22	23	22	157	WGB3441构件图	A-W-3D003
4	WGB3441a	3380×4080	2	1	2	1	2	1	2	11	WGB3441a构件图	A-W-3D004
5	WGB3441b	3380×4080	2	2	2	2	2	2	2	14	WGB3441b构件图	A-W-3D005
6	WGB2841	2780×4080	2	0	2	0	2	0	2	8	WGB2841构件图	A-W-3D006
7	WGB2841a	2780×4080	0	2	0	2	0	2	0	6	WGB2841a构件图	A-W-3D007
8	WGB2841b	2780×4080	2	2	2	2	2	2	2	14	WGB2841b构件图	A-W-3D008
9	WGB0841a	820×4080	1	1	1	1	1	1	1	7	WGB0841a构件图	A-W-3D009
10	WGBZ2741	2690×4080	1	1	1	1	1	1	1	7	WGBZ2741构件图	A-W-3D010

外挂板统计表二

序号	构件编号	尺寸	11F	12F	13F	14F	15F	16F	17F	18F	合计	图名	图纸编号
			C30										
11	WGBZ0836	790×3580	2	2	2	2	2	2	2	2	16	WGBZ0836构件图	A-W-3D011
	WGBZ0836(反)	790×3580	1	1	1	1	1	1	1	1	8		
12	WGBZ1236	1190×3580	2	2	2	2	2	2	2	2	16	WGBZ1236构件图	
	WGBZ1236(反)	1190×3580	2	2	2	2	2	2	2	2	16		
13	WGB3436	3380×3580	24	24	24	24	24	24	24	16	184	WGB3436构件图	A-W-3D012
14	WGB3436b	3380×3580	2	2	2	2	2	2	2	2	16	WGB3436b构件图	A-W-3D013
15	WGB2836a	2780×3580	2	2	2	2	2	2	2	0	14	WGB2836a构件图	A-W-3D014
16	WGB2836b	2780×3580	2	2	2	2	2	2	2	4	18	WGB2836b构件图	A-W-3D015
17	WGB0836a	820×3580	1	1	1	1	1	1	1	1	8	WGB0836a构件图	A-W-3D016
18	WGBZ2736	2690×3580	1	1	1	1	1	1	1	1	8	WGBZ2736构件图	A-W-3D017

外挂板统计表三

序号	构件编号	尺寸	18F	屋面	小屋面	合计	图名	图纸编号
			C30					
19	WGBZ0852	790×5180	0	2	1	3	WGBZ0852构件图	A-W-3D018
	WGBZ0852(反)	790×5180	0	1	1	2		
20	WGBZ1252	1190×5180	0	2	1	3	WGBZ1252构件图	
	WGBZ1252(反)	1190×5180	0	2	1	3		
21	NEQ-WGB3452	3380×5180	0	26	26	52	NEQ-WGB3452构件图	A-W-3D019
22	NEQ-WGB2852	2780×5180	0	4	0	4	NEQ-WGB2852构件图	A-W-3D020
23	WGB0852a	820×5180	0	2	0	2	WGB0852a构件图	A-W-3D021
24	WGBZ2752	2690×5180	0	1	0	1	WGBZ2752构件图	A-W-3D022
25	WGB3436a	3380×3580	8	0	0	8	WGB3436a构件图	A-W-3D023
26	NEQ-WGB0836	780×3580	3	0	0	3	NEQ-WGB0836构件图	A-W-3D024
27	NEQ-WGB1636	1580×3580	3	0	0	3	NEQ-WGB1636构件图	A-W-3D025
28	NEQ-WGB1652	1580×5180	0	13	13	26	NEQ-WGB1652构件图	A-W-3D026
29	NEQ-WGB0852	780×5180	0	3	1	4	NEQ-WGB0852构件图	A-W-3D027
30	NEQ-WGB1252a	1170×5180	0	1	1	2	NEQ-WGB1252a构件图	A-W-3D028

外挂板统计表（A-W-3D000）

图集号	川2017G127-TY

审核 李峰 校对 佘龙 设计 李浩

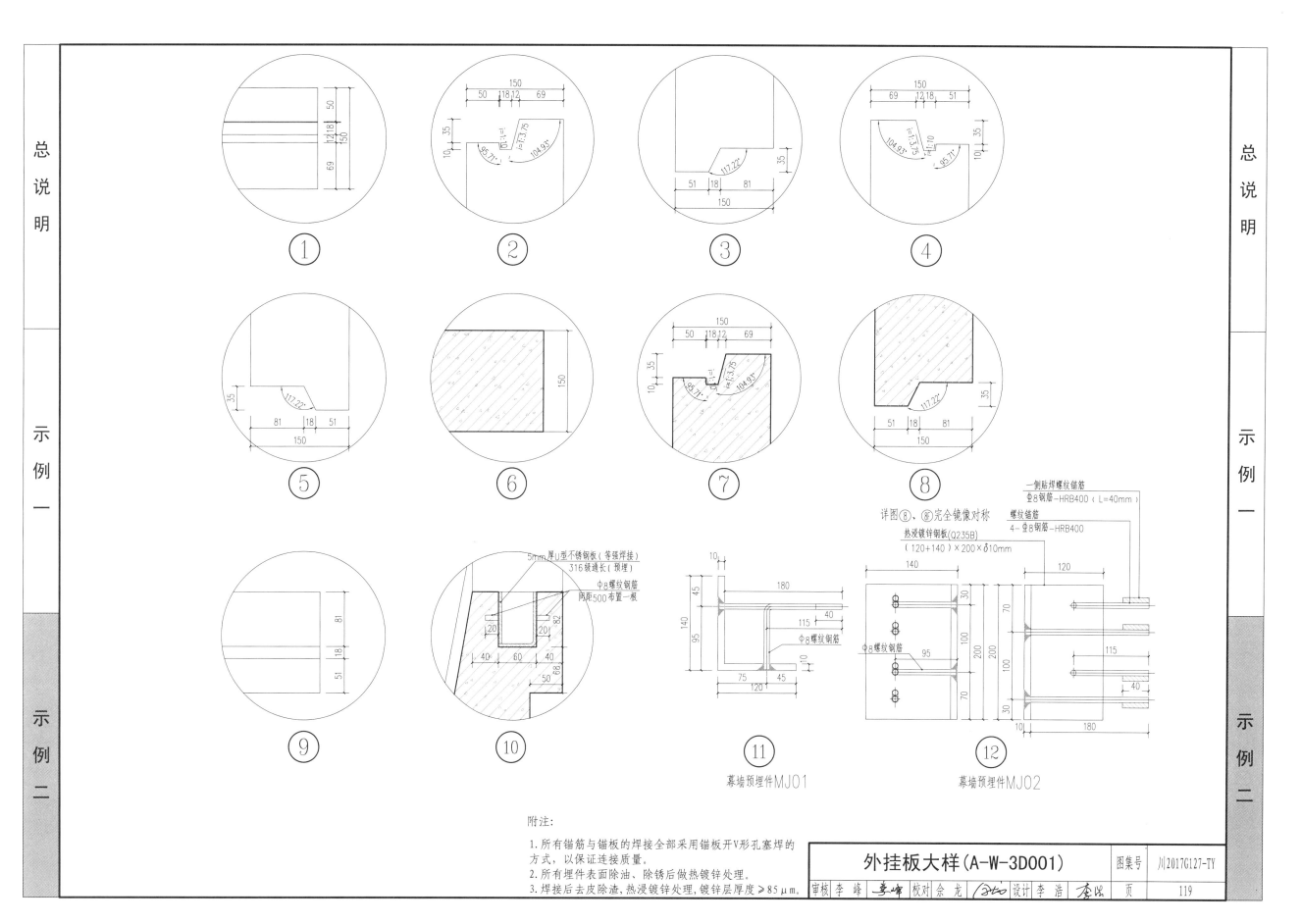

①

②

③

④

⑤

⑥

⑦

⑧

⑨

⑩

5mm厚U型不锈钢板（等强焊接）
316级通长（预埋）

Φ8螺纹钢筋
间距500布置一根

详图⑧、⑧'完全镜像对称

一侧贴焊螺纹锚筋
Φ8钢筋–HRB400（L=40mm）

螺纹锚筋
4–Φ8钢筋–HRB400

热浸镀锌钢板(Q235B)
（120+140）×200×δ10mm

Φ8螺纹钢筋

⑪

幕墙预埋件MJ01

⑫

幕墙预埋件MJ02

附注:
1. 所有锚筋与锚板的焊接全部采用锚板开V形孔塞焊的
   方式，以保证连接质量。
2. 所有埋件表面除油、除锈后做热浸镀锌处理。
3. 焊接后去皮除渣，热浸镀锌处理，镀锌层厚度≥85μm。

外挂板大样(A-W-3D001)

图集号	川2017G127-TY

审核 李 峰　李峰　校对 佘 龙　设计 李 浩　李浩

页	119

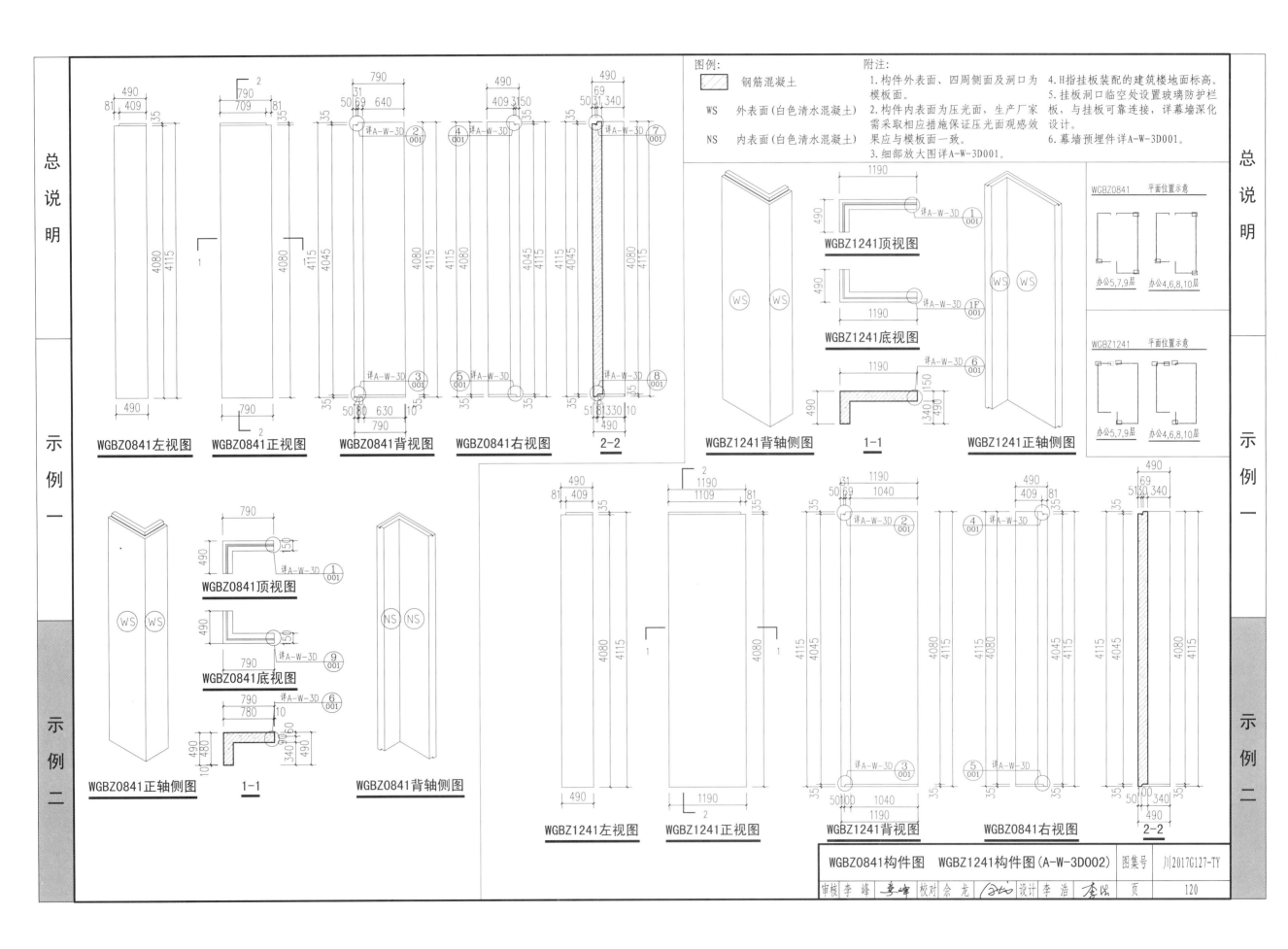

图例：

钢筋混凝土

WS 外表面(白色清水混凝土)

NS 内表面(白色清水混凝土)

附注：
1. 构件外表面、四周侧面及洞口为模板面。
2. 构件内表面为压光面，生产厂家需采取相应措施保证压光面观感效果应与模板面一致。
3. 细部放大图详A-W-3D001。
4. H指挂板装配的建筑楼地面标高。
5. 挂板洞口临空处设置玻璃防护栏板，与挂板可靠连接，详幕墙深化设计。
6. 幕墙预埋件详A-W-3D001。

WGBZ0841左视图

WGBZ0841正视图

WGBZ0841背视图

WGBZ0841右视图

2-2

WGBZ1241顶视图

WGBZ1241底视图

WGBZ1241背轴侧图

1-1

WGBZ1241正轴侧图

WGBZ0841 平面位置示意

办公5,7,9层　办公4,6,8,10层

WGBZ1241 平面位置示意

办公5,7,9层　办公4,6,8,10层

WGBZ0841顶视图

WGBZ0841底视图

WGBZ0841正轴侧图

1-1

WGBZ0841背轴侧图

WGBZ1241左视图

WGBZ1241正视图

WGBZ1241背视图

WGBZ0841右视图

2-2

图例:
- 钢筋混凝土
- WS　外表面(白色清水混凝土)
- NS　内表面(白色清水混凝土)

附注:
1. 构件外表面、四周侧面及洞口为模板面。
2. 构件内表面为压光面,生产厂家需采取相应措施保证压光面观感效果应与模板面一致。
3. 细部放大图详A-W-3D001。
4. H指挂板装配的建筑楼地面标高。
5. 挂板洞口临空处设置玻璃防护栏板,与挂板可靠连接,详幕墙深化设计。
6. 幕墙预埋件详A-W-3D001。

WGB3441平面位置示意

办公5,7,9层　　办公4,6,8,10层

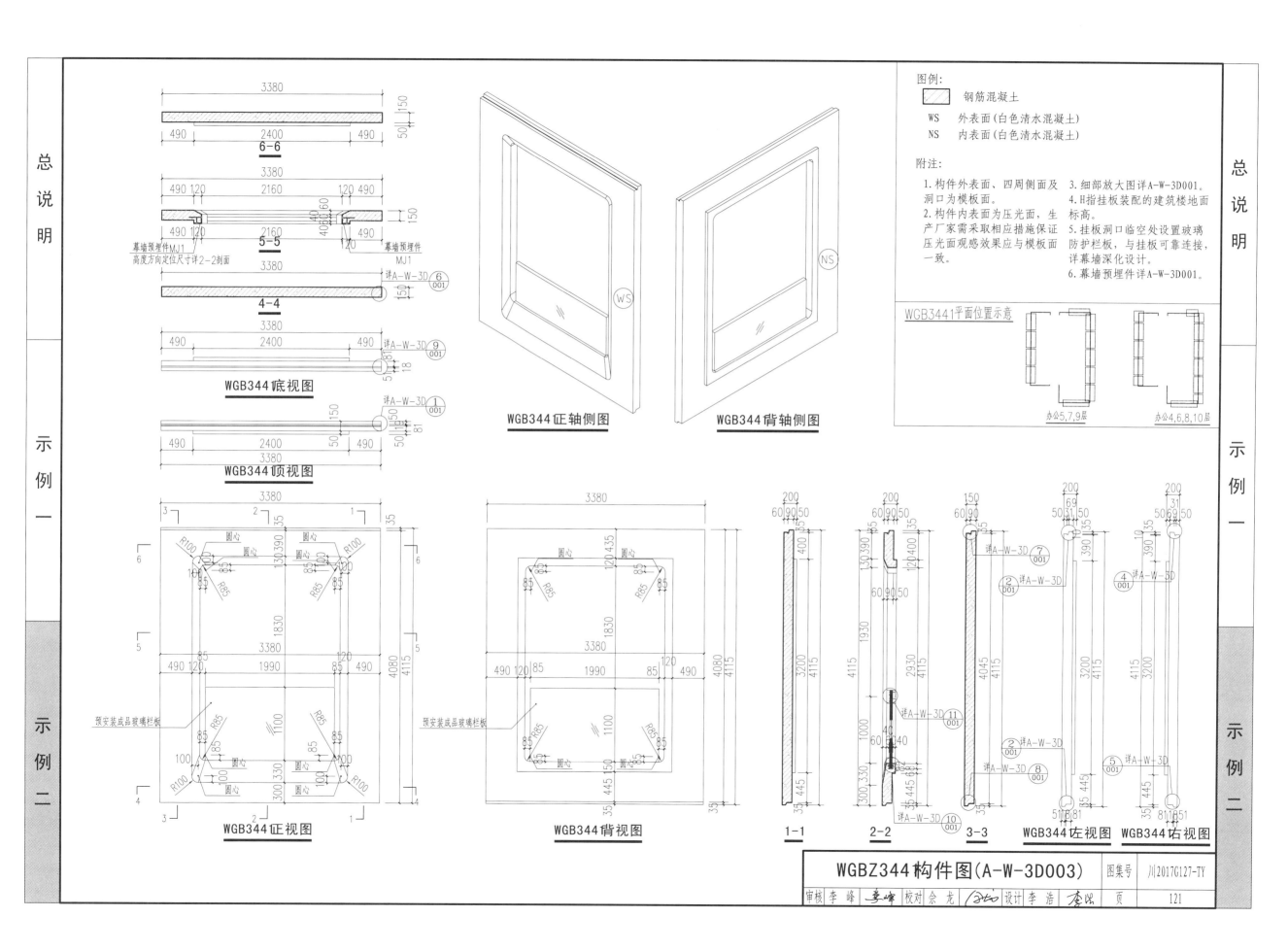

6-6

5-5

幕墙预埋件MJ1高度方向定位尺寸详2-2剖面

幕墙预埋件MJ1

4-4　详A-W-3D⑥/001

WGB344底视图　详A-W-3D⑨/001

WGB344顶视图　详A-W-3D①/001

WGB344正轴侧图　　WGB344背轴侧图

WGB344正视图　　WGB344背视图

预安装成品玻璃栏板　　预安装成品玻璃栏板

1-1　2-2　3-3　WGB344左视图　WGB344右视图

详A-W-3D⑦/001
详A-W-3D②/001
详A-W-3D④/001
详A-W-3D⑪/001
详A-W-3D②/001
详A-W-3D⑧/001
详A-W-3D⑤/001
详A-W-3D⑩/001

WGBZ344构件图(A-W-3D003)

图集号　川2017G127-TY

审核 李峰　校对 佘龙　设计 李浩

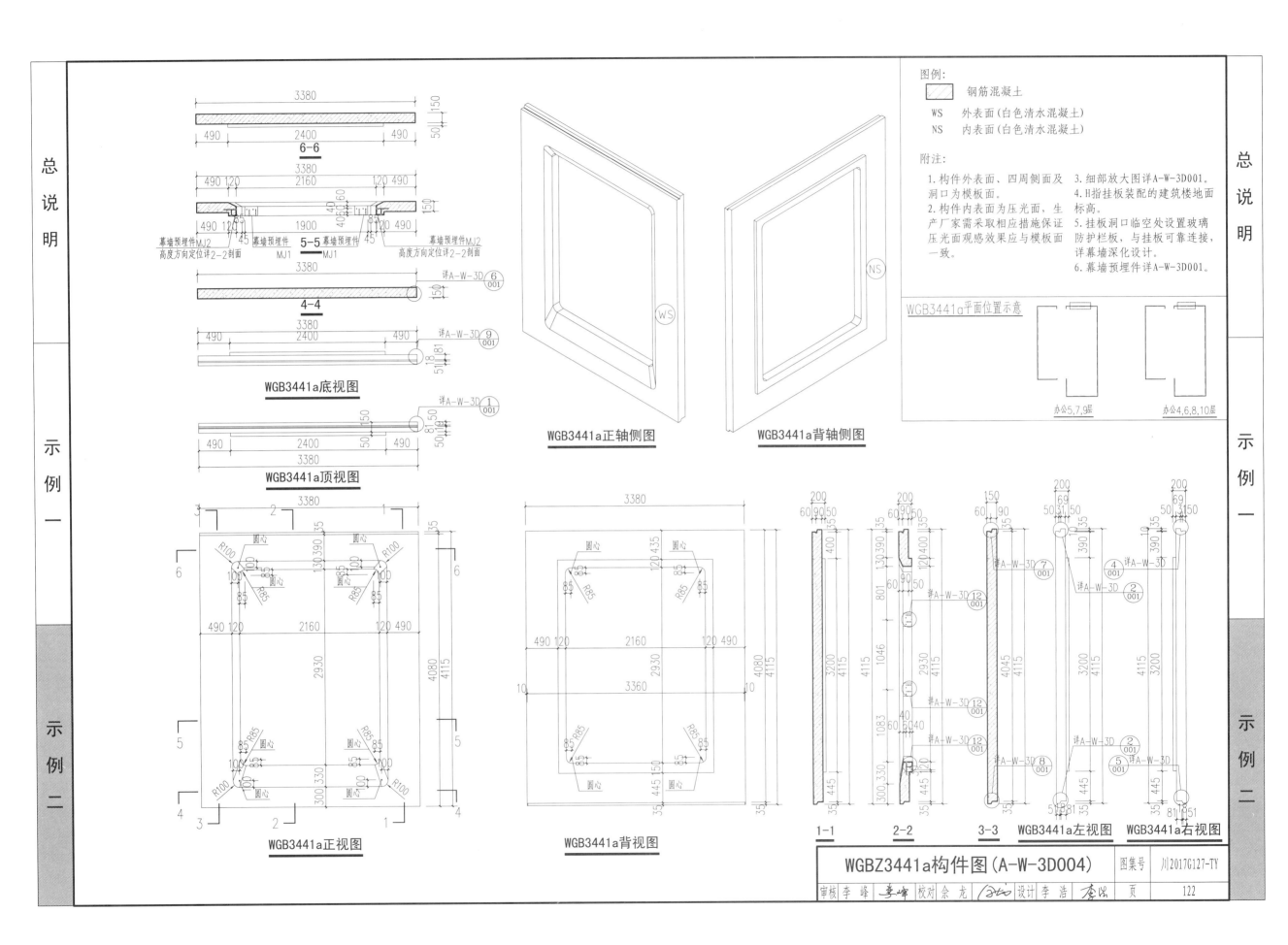

图例：
钢筋混凝土
WS 外表面（白色清水混凝土）
NS 内表面（白色清水混凝土）

附注：
1. 构件外表面、四周侧面及洞口为模板面。
2. 构件内表面为压光面，生产厂家需采取相应措施保证压光面观感效果应与模板面一致。
3. 细部放大图详A-W-3D001。
4. H指挂板装配的建筑楼地面标高。
5. 挂板洞口临空处设置玻璃防护栏板，与挂板可靠连接，详幕墙深化设计。
6. 幕墙预埋件详A-W-3D001。

WGB3441a平面位置示意
办公5,7,9层   办公4,6,8,10层

WGB3441a底视图

WGB3441a顶视图

WGB3441a正轴侧图

WGB3441a背轴侧图

WGB3441a正视图

WGB3441a背视图

1-1   2-2   3-3   WGB3441a左视图   WGB3441a右视图

WGBZ3441a构件图（A-W-3D004）
图集号 川2017G127-TY
审核 李峰 校对 佘龙 设计 李浩
页 122

图例：

钢筋混凝土

WS　外表面(白色清水混凝土)

NS　内表面(白色清水混凝土)

附注：

1. 构件外表面、四周侧面及洞口为模板面。

2. 构件内表面为压光面，生产厂家需采取相应措施保证压光面观感效果应与模板面一致。

3. 细部放大图详A-W-3D001。

4. H指挂板装配的建筑楼地面标高。

5. 挂板洞口临空处设置玻璃防护栏板，与挂板可靠连接，详幕墙深化设计。

6. 幕墙预埋件详A-W-3D001。

WGB2841b平面位置示意

办公5,7,9层　　办公4,6,8,10层

2780
2760
10　10

详A-W-3D ⑥/001
150

1-1

2780

详A-W-3D ⑨/001

WGB2841b底视图

详A-W-3D ①/001

WGB2841b顶视图

WGB2841b正轴侧图

WS

NS

WGB2841b背轴侧图

2780
2
35

4080
4115

1

1

2

WGB2841b正视图

2780

4080
4115

35

WGB2841b背视图

150
60　90
135

详A-W-3D ⑦/001

4045
4115

详A-W-3D ⑧/001

35

2-2

200
69
50 31 50

详A-W-3D ②/001

4035
4115

详A-W-3D ②/001

WGB2841b左视图

200
69
50 3 150

详A-W-3D ④/001

4115
4035

详A-W-3D ⑤/001

WGB2841b右视图

WGBZ2841b构件图（A-W-3D008）

	图集号	川2017G127-TY
审核 李峰　校对 佘龙　设计 李浩	页	123

施工图图纸目录

序号	图名	备注
1	图纸目录（S-W-CL001）	本图集124页
2	结构设计总说明（S-W-NT001）	本图集125页（部分）
3	结构设计总说明附图（S-W-NT002）	本图集略
4	1层结构平面图（S-W-FP001）	本图集略
5	2层结构平面图（S-W-FP002）	本图集略
6	3层结构平面图（S-W-FP003）	本图集略
7	4层结构平面图（S-W-FP004）	本图集126~127页（部分）
8	办公标准层结构平面图（S-W-FP005）	本图集略
9	11层结构平面图（S-W-FP006）	本图集略
10	酒店标准层结构平面图（S-W-FP007）	本图集略
11	18层结构平面图（S-W-FP008）	本图集略
12	屋顶层结构平面图（S-W-FP009）	本图集略
13	小屋面结构平面图（S-W-FP010）	本图集略
14	小屋架结构平面图（S-W-FP011）	本图集略
15	2层板配筋图（S-W-FP012）	本图集略
16	3层板配筋图（S-W-FP013）	本图集略
17	4层板配筋图（S-W-FP014）	本图集132页（部分）
18	办公标准层板配筋图（S-W-FP015）	本图集略
19	酒店标准层板配筋图（S-W-FP016）	本图集略
20	18层板配筋图（S-W-FP017）	本图集略
21	4层外挂板及埋件布置图（S-W-FP018）	本图集133页（部分）
22	5,7,9层外挂板及埋件布置图（S-W-FP019）	本图集略
23	6,8,10层外挂板及埋件布置图（S-W-FP020）	本图集略
24	11,13,15,17层外挂板及埋件布置图（S-W-FP021）	本图集略
25	12,14,16层外挂板及埋件布置图（S-W-FP022）	本图集略
26	18层外挂板及埋件布置图（S-W-FP023）	本图集略
27	屋顶层外挂板及埋件布置图（S-W-FP024）	本图集略
28	小屋面外挂板及埋件布置图（S-W-FP025）	本图集略
29	小屋架外挂板及埋件布置图（S-W-FP026）	本图集略
30	酒店标准层装配式节点索引图（S-W-FP027）	本图集略
31	一层梁配筋图（S-W-CB001）	本图集略
32	二层梁配筋图（S-W-CB002）	本图集略
33	三层梁配筋图（S-W-CB003）	本图集略
34	四层梁配筋图（S-W-CB004）	本图集130~131页（部分）
35	五至十层梁配筋图（S-W-CB005）	本图集略
36	十一层梁配筋图（S-W-CB006）	本图集略
37	十二至十七层梁配筋图（S-W-CB007）	本图集略
38	十八层梁配筋图（S-W-CB008）	本图集略
39	屋顶层梁配筋图（S-W-CB009）	本图集略
40	小屋面梁配筋图（S-W-CB010）	本图集略
41	小屋架梁配筋图（S-W-CB011）	本图集略
42	柱平面布置图（S-W-CU001）	本图集128页（部分）
43	柱详图（S-W-CU002）	本图集129页（部分）
44	墙平面布置图（S-W-WL001）	本图集略
45	墙详图（S-W-WL001）	本图集略
46	平面节点详图（S-W-DT001）	本图集略
47	外挂板节点详图（S-W-DT002）	本图集137~138页
48	装配式节点详图（S-W-DT003）	本图集135~136页
49	梁柱大样图一（S-W-DT004）	本图集134页
50	梁柱大样图二（S-W-DT005）	本图集略
51	WGBZ0841配筋图（S-W-3D001）	本图集139~140页
52	WGBZ0836配筋图（S-W-3D002）	本图集略
53	WGBZ0852配筋图（S-W-3D003）	本图集略
54	WGBZ1241配筋图（S-W-3D004）	本图集139~140页
55	WGBZ1236配筋图（S-W-3D005）	本图集略
56	WGBZ1252配筋图（S-W-3D006）	本图集略
57	WGB2841b配筋图（S-W-3D007）	本图集略
58	WGB2836b配筋图（S-W-3D008）	本图集略
59	NEQ-WGB2852配筋图（S-W-3D009）	本图集略
60	WGBZ2741配筋图（S-W-3D010）	本图集略
61	WGBZ2736配筋图（S-W-3D011）	本图集略
62	WGBZ2052配筋图（S-W-3D012）	本图集略
63	WGB3436a配筋图（S-W-3D013）	本图集略
64	WGB3452配筋图（S-W-3D014）	本图集略
65	WGB3441配筋图（S-W-3D015）	本图集141~142页
66	WGB3436配筋图（S-W-3D016）	本图集略
67	WGB2841配筋图（S-W-3D017）	本图集略
68	WGB3441a配筋图（S-W-3D018）	本图集略
69	WGB3441b配筋图（S-W-3D019）	本图集略
70	WGB3436b配筋图（S-W-3D020）	本图集略
71	WGB2836a配筋图（S-W-3D021）	本图集略
72	WGB2841a配筋图（S-W-3D022）	本图集略
73	NEQ-WGB0852配筋图（S-W-3D023）	本图集略
74	NEQ-WGB0836配筋图（S-W-3D024）	本图集略
75	（S-W-WGB0852a配筋图（S-W-3D025）	本图集略
76	WGB0841a配筋图（S-W-3D026）	本图集略
77	WGB0836a配筋图（S-W-3D027）	本图集略
78	WGB1252a配筋图（S-W-3D028）	本图集略
79	NEQ-WGB1652配筋图（S-W-3D029）	本图集略
80	NEQ-WGB1636配筋图（S-W-3D030）	本图集略
81	楼梯详图（S-W-LS001）	本图集143页（部分）

设　计　说　明

1　项目概况和设计范围

1.1　项目名称：（略）。

1.2　建设单位：（略）。

1.3　建设地点：（略）。

1.4　主要使用功能：办公加酒店高层。

1.5　本项目设计号：（略）；本工程地上部分采用装配整体式框架剪力墙结构，地上18层，大屋面标高为74.050 m。建筑平面外形为矩形，其平面尺寸为43.2 m×29.4 m，框架轴网基本尺寸为7.5 m×8.4 m、7.2 m×7.5 m。核心筒范围内的剪力墙和梁板混凝土采用现浇；外围框架部分的梁、柱主要采用预制，楼板主要采用叠合楼板。内墙采用轻质隔墙板，外墙：1~3层采用幕墙，4~屋顶层采用预制混凝土墙板。

2　设计依据

2.1　主管部门的立项批复文件。

2.2　建设单位提供的有关资料（包括项目设计任务书等）。

2.3　地勘单位提供的工程勘察报告。

2.4　主要采用的设计规范、规程、标准：

2.4.1　国家现行标准规范：

《房屋建筑制图统一标准》　　　　　　GB/T 50001-2010

《建筑地基基础设计规范》　　　　　　GB 50007-2011

《建筑结构荷载规范》　　　　　　　　GB 50009-2012

《混凝土结构设计规范》　　　　　　　GB 50010-2010

《建筑抗震设计规范》　　　　　　　　GB 50011-2010

《高层建筑混凝土结构规程》　　　　　JGJ 3-2010

《建筑设计防火规范》　　　　　　　　GB 50016-2014

《钢结构设计规范》　　　　　　　　　GB 50017-2003

《装配式混凝土结构技术规程》　　　　JGJ 1-2014

《装配整体式混凝土结构设计规程》　　DBJ51/T 024-2014

《水泥基灌浆材料应用技术规范》　　　GB/T 50448-2008

《钢筋连接用套筒灌浆料》　　　　　　JG/T 408-2013

《钢筋连接用灌浆套筒》　　　　　　　JG/T 398-2012

2.4.2　本工程按现行国家设计标准进行设计，施工时除应遵守本说明及各设计图纸说明外，尚应严格执行现行国家及工程所在地区的有关设计、施工验收规范或规程。当各规范、规程、标准和规定之间有不同规定时应按较严格的要求施工。

3　自然条件　（略）

4　建筑结构安全等级及设计使用年限　（略）

5　荷载标准值　（略）

6　材料　（略）

7　预制混凝土部分

7.1　本说明应与结构平面图、预制构件大样图等配合使用。

7.2　主要材料

7.2.1　混凝土强度等级应满足"结构设计总说明"规定，且竖向预制构件的轴心抗压强度标准值高于设计要求的20%时，应由设计单位复。

7.2.2　施工现场节点现浇部分的混凝土强度等级不应小于预制构件的混凝土强度等级.

7.2.3　预制构件纵向受力钢筋连接宜采用钢筋套筒灌浆连接接头；接头使用灌浆套筒和套筒灌浆料。灌浆套筒和套筒灌浆料的性能应分别符合《钢筋连接用灌浆套筒》（JG/T 398-2012）、《钢筋连接用套筒灌浆料》（JG/T 408-2013）及《钢筋套筒灌浆连接应用技术规程》（JGJ 355-2015）。

7.2.4　封堵材料应有足够的强度和刚度，防止漏浆和胀浆，且不能削弱构件的截面面积。

7.2.5　座浆材料的强度等级不应低于被连接构件混凝土强度等级，必要时采用高强度膨胀水泥砂浆。座浆材料应满足下列要求：砂浆流动度（130~170 mm），1天抗压强度值（30MPa），预制楼梯与主体结构的找平层采用干硬性砂浆，其强度等级不低于M15。

7.3　施工总承包单位应根据本施工图设计要求和加工单位的要求编制专项施工方案。

7.4　预制构件的生产单位应按照生产计划连续生产，保证施工进度，并保证预制构件的质量稳定。

7.5　预制构件的设计要求。（略）

7.6　预制构件的深化设计。（略）

7.7　预制构件在现场的运输线路和存放位置需经设计确认。

7.8　施工构件在吊装、安装就位和连接施工中的误差控制详《装配式混凝土结构技术规程》（JGJ1-2014）中第13章相关要求。

8　其他　（略）

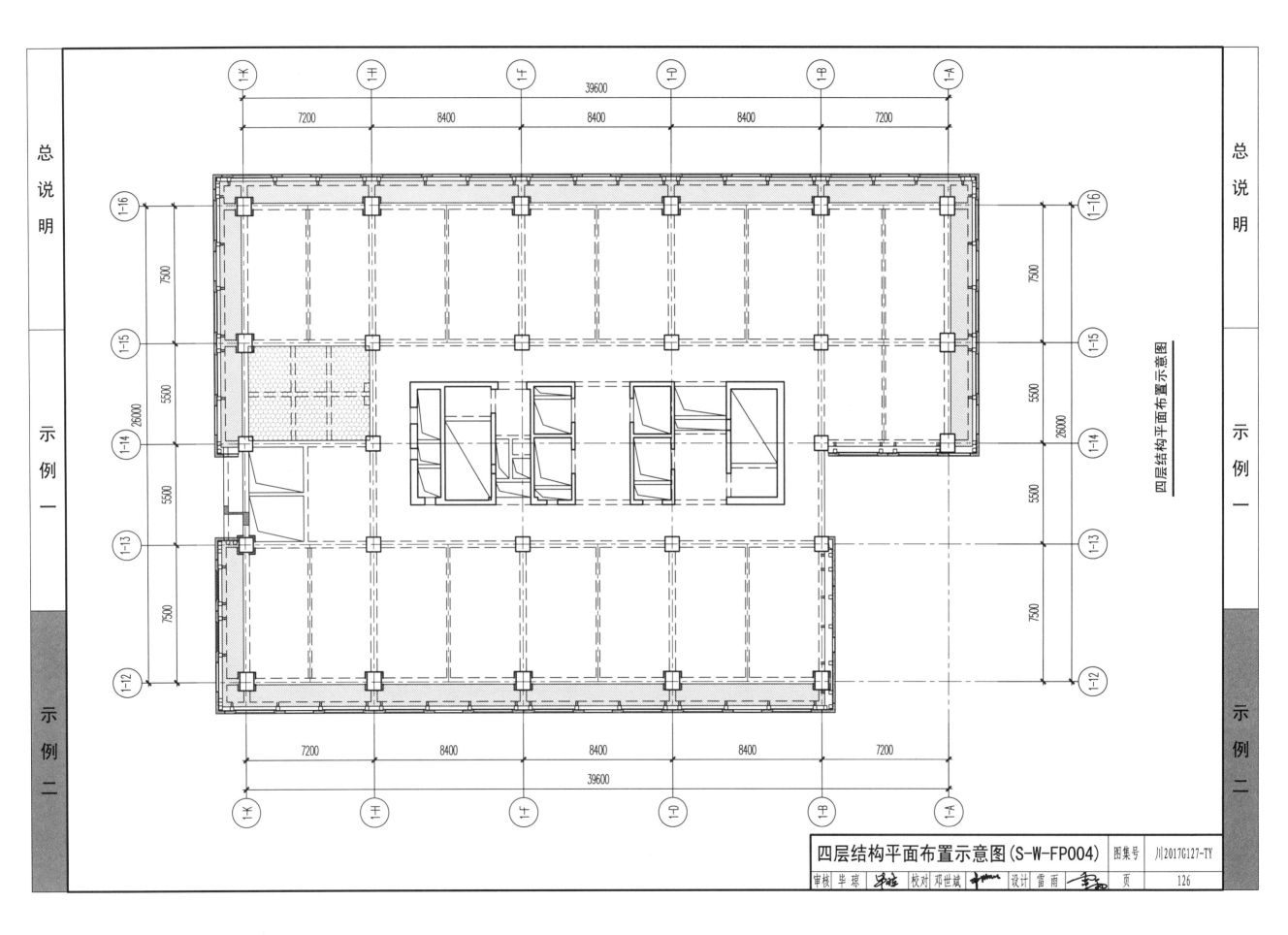

四层结构平面布置示意图

39600

7200　8400　8400　8400　7200

7500

5500

26000

5500

7500

7200　8400　8400　8400　7200

39600

四层结构平面布置示意图（S-W-FP004）

审核　毕琼　　校对　邓世斌　　设计　雷雨

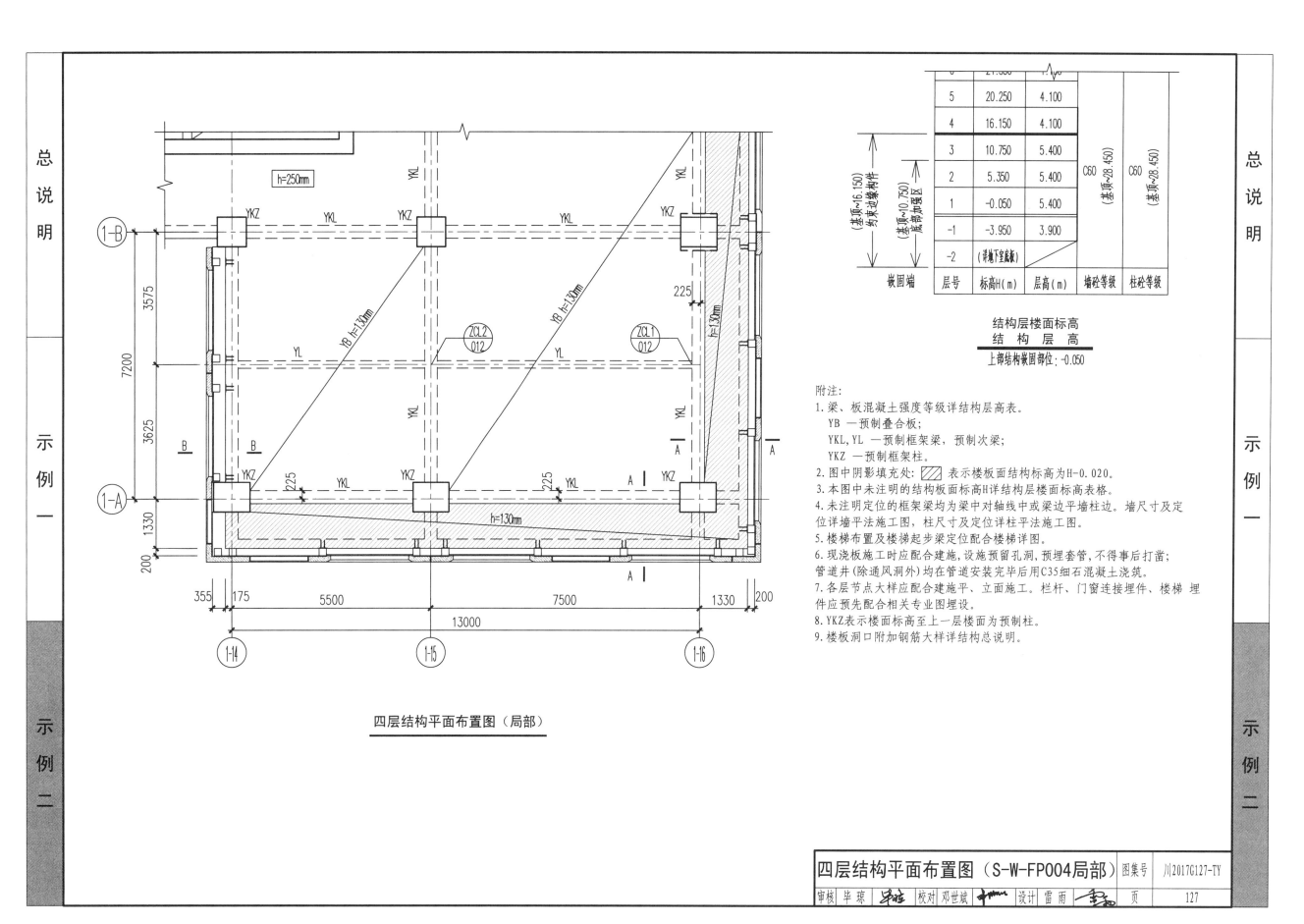

h=250mm

YKL YKZ YKL YKZ YKL YKL YKZ

1-B

3575

7200

YL YB h=130mm YB h=130mm YL

3625

ZCL2 012   ZCL1 012

h=130mm

B   B

YKL YKL   YKL   A A

200

225 225

YKZ YKZ YKZ YKZ

1-A

1330

h=130mm

A

355 175   5500   7500   1330 200

13000

1-14   1-15   1-16

四层结构平面布置图（局部）

层号	标高H(m)	层高(m)	墙砼等级	柱砼等级
6	21.000	1.100		
5	20.250	4.100		
4	16.150	4.100		
3	10.750	5.400		
2	5.350	5.400	C60（基顶~28.450)	C60（基顶~28.450)
1	-0.050	5.400		
-1	-3.950	3.900		
-2	(详地下室底版)			

约束边缘构件（基顶~6.150）

底部加强区（基顶~10.750）

嵌固端

结构层楼面标高
结 构 层 高

上部结构嵌固部位: -0.050

附注:
1. 梁、板混凝土强度等级详结构层高表。
   YB —预制叠合板；
   YKL，YL —预制框架梁，预制次梁；
   YKZ —预制框架柱。
2. 图中阴影填充处：▨ 表示楼板面结构标高为H-0.020。
3. 本图中未注明的结构板面标高H详结构层楼面标高表格。
4. 未注明定位的框架梁均为梁中对轴线中或梁边平墙柱边。墙尺寸及定位详墙平法施工图，柱尺寸及定位详柱平法施工图。
5. 楼梯布置及楼梯起步梁定位配合楼梯详图。
6. 现浇板施工时应配合建施，设施预留孔洞，预埋套管，不得事后打凿；管道井（除通风洞外）均在管道安装完毕后用C35细石混凝土浇筑。
7. 各层节点大样应配合建施平、立面施工。栏杆、门窗连接埋件、楼梯埋件应预先配合相关专业图埋设。
8. YKZ表示楼面标高至上一层楼面为预制柱。
9. 楼板洞口附加钢筋大样详结构总说明。

四层结构平面布置图（S-W-FP004局部）	图集号	川2017G127-TY
审核 毕琼	校对 邓世斌	设计 雷雨
	页	127

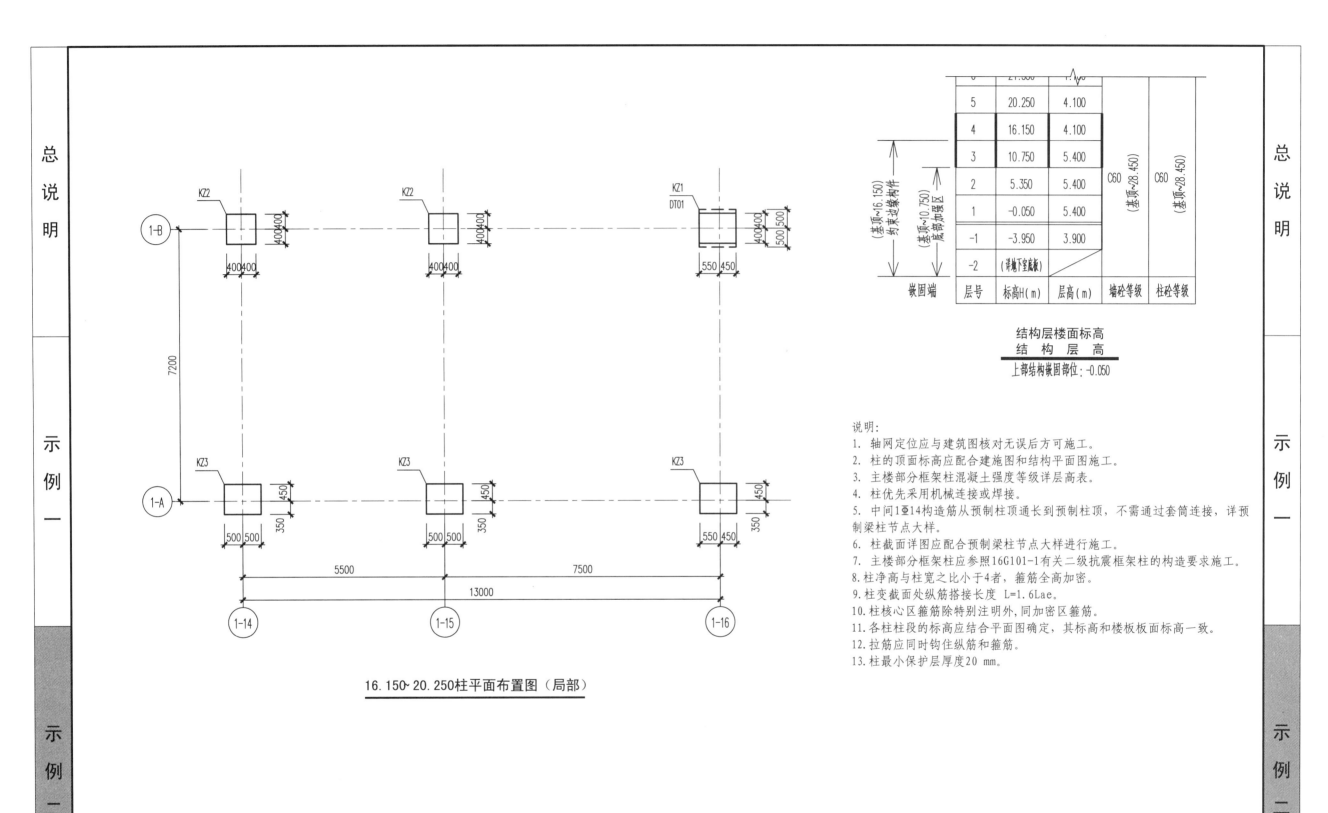

层号	标高H(m)	层高(m)	墙砼等级	柱砼等级
6	21.600	1.350		
5	20.250	4.100		
4	16.150	4.100		
3	10.750	5.400	C60	C60
2	5.350	5.400	(基顶~28.450)	(基顶~28.450)
1	-0.050	5.400		
-1	-3.950	3.900		
-2	(详地下室底板)			

结构层楼面标高
结 构 层 高
上部结构嵌固部位：-0.050

16.150~20.250柱平面布置图（局部）

说明：
1. 轴网定位应与建筑图核对无误后方可施工。
2. 柱的顶面标高应配合建施图和结构平面图施工。
3. 主楼部分框架柱混凝土强度等级详层高表。
4. 柱优先采用机械连接或焊接。
5. 中间1亚14构造筋从预制柱顶通长到预制柱顶，不需通过套筒连接，详预制梁柱节点大样。
6. 柱截面详图应配合预制梁柱节点大样进行施工。
7. 主楼部分框架柱应参照16G101-1有关二级抗震框架柱的构造要求施工。
8. 柱净高与柱宽之比小于4者，箍筋全高加密。
9. 柱变截面处纵筋搭接长度 L=1.6Lae。
10. 柱核心区箍筋除特别注明外，同加密区箍筋。
11. 各柱柱段的标高应结合平面图确定，其标高和楼板板面标高一致。
12. 拉筋应同时钩住纵筋和箍筋。
13. 柱最小保护层厚度20 mm。

16.150~20.250柱平面布置图（S-W-CU001局部）	图集号	川2017G127-TY
审核 毕琼 校对 邓世斌 设计 雷雨	页	128

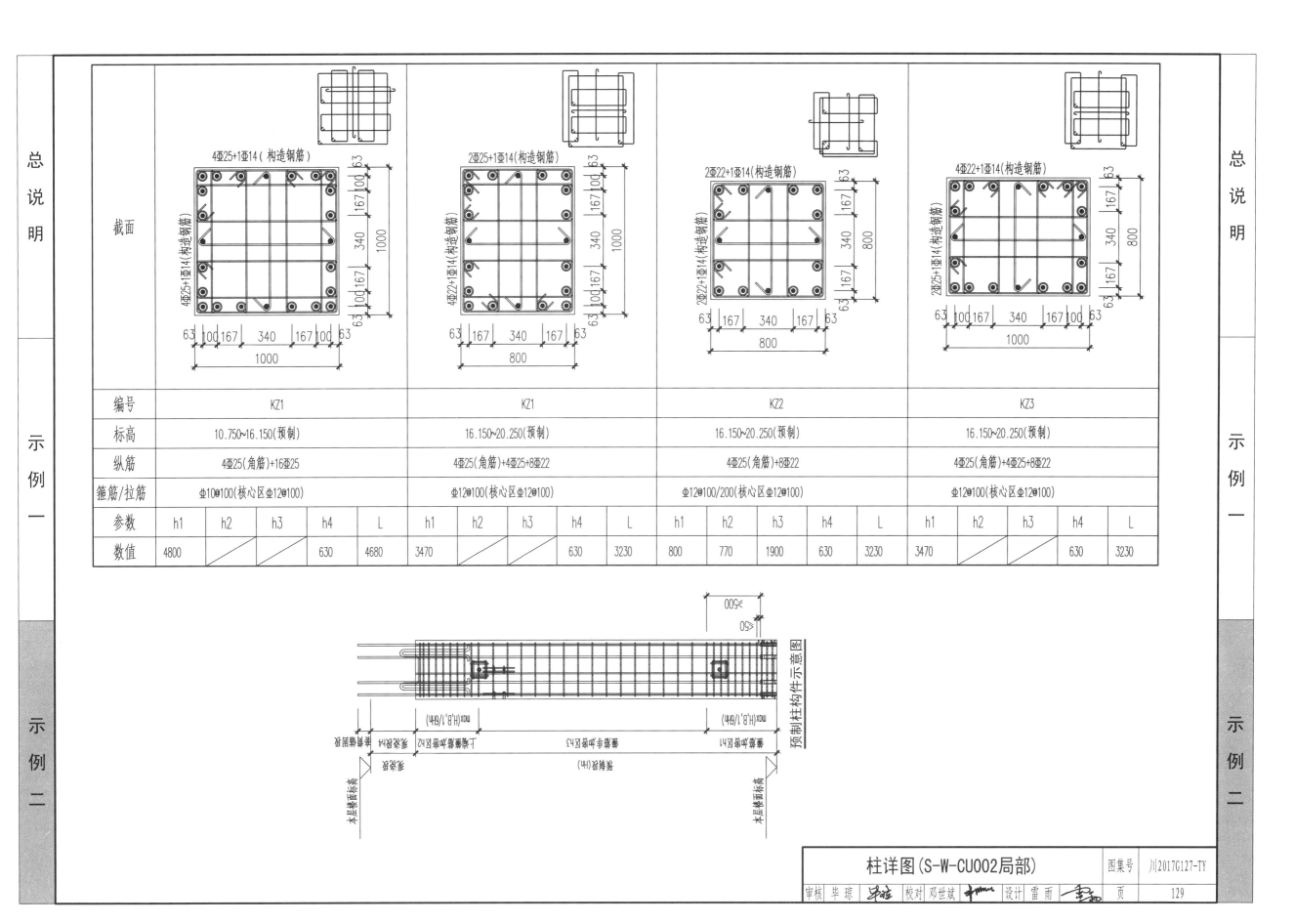

截面	4Φ25+1Φ14(构造钢筋)	2Φ25+1Φ14(构造钢筋)	2Φ22+1Φ14(构造钢筋)	4Φ22+1Φ14(构造钢筋)
编号	KZ1	KZ1	KZ2	KZ3
标高	10.750~16.150(预制)	16.150~20.250(预制)	16.150~20.250(预制)	16.150~20.250(预制)
纵筋	4Φ25(角筋)+16Φ25	4Φ25(角筋)+4Φ25+8Φ22	4Φ25(角筋)+8Φ22	4Φ25(角筋)+4Φ25+8Φ22
箍筋/拉筋	Φ10@100(核心区Φ12@100)	Φ12@100(核心区Φ12@100)	Φ12@100/200(核心区Φ12@100)	Φ12@100(核心区Φ12@100)

参数	h1	h2	h3	h4	L	h1	h2	h3	h4	L	h1	h2	h3	h4	L	h1	h2	h3	h4	L
数值	4800			630	4680	3470			630	3230	800	770	1900	630	3230	3470			630	3230

预制柱构件示意图

审核	毕琼	校对	邓世斌	设计	雷雨

柱详图（S-W-CU002局部）

图集号 川2017G127-TY

页 129

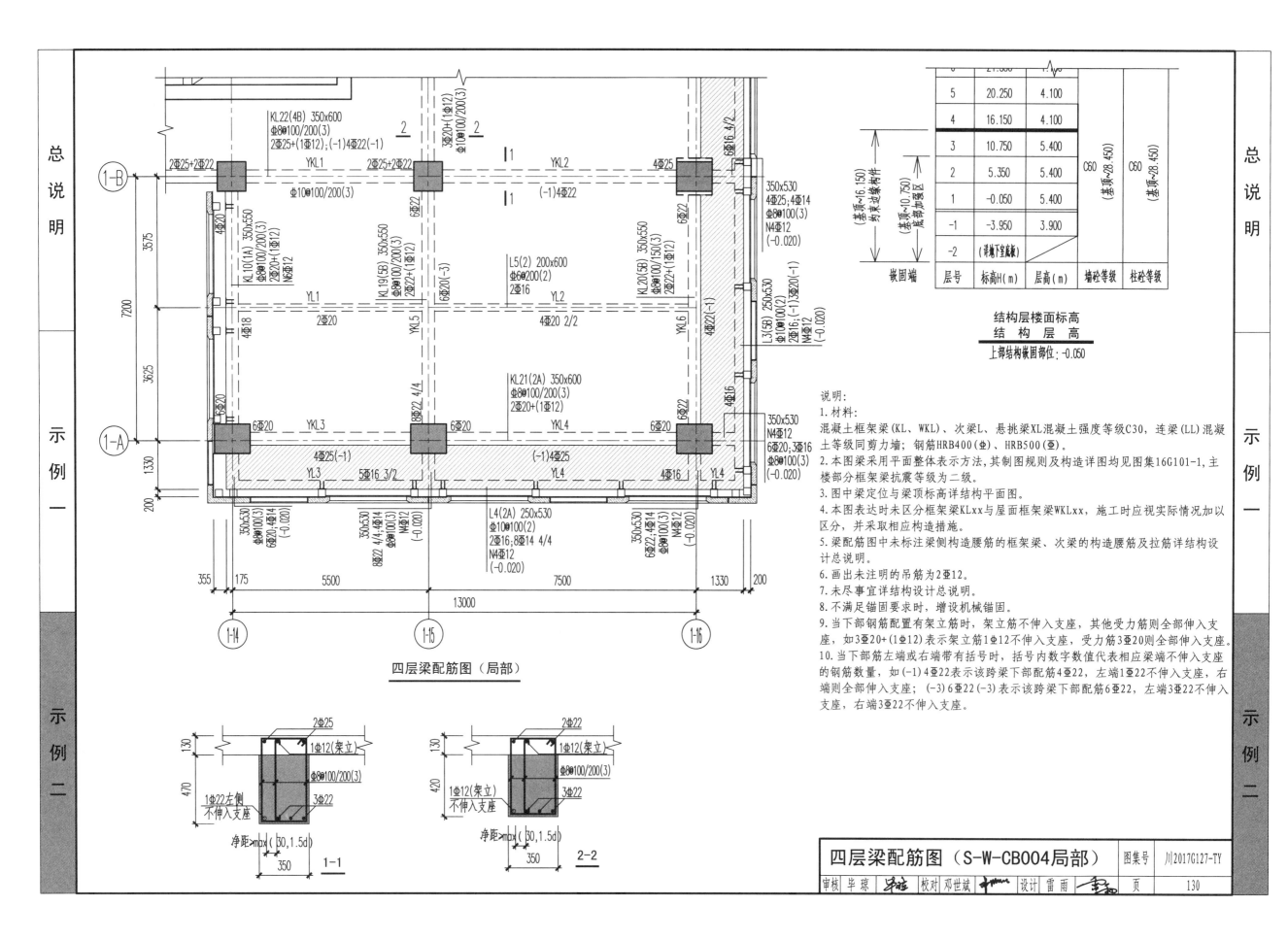

KL22(4B) 350x600
Φ8@100/200(3)
2Φ25+(1Φ12);(-1)4Φ22(-1)

2Φ25+2Φ22   YKL1   2Φ25+2Φ22   YKL2   4Φ25

Φ20+(1Φ12)
Φ10@100/200(3)

Φ10@100/200(3)   6Φ22   6Φ22   6Φ16 4/2

4Φ20   350x530
4Φ25;4Φ14
Φ8@100/200(3)
N4Φ12
(-0.020)

KL10(1A) 350x550
Φ8@100/200(3)
2Φ20+(1Φ12)
N6Φ12   KL19(5B) 350x550
Φ8@100/200(3)
2Φ20+(1Φ12)   L5(2) 200x600
Φ6@200(2)
2Φ16   KL20(5B) 350x550
Φ8@100/150(3)
2Φ20+(1Φ12)   6Φ22

YL1   YL2   350x530
250x530
Φ10@100(2)
2Φ16;(-1)3Φ20(-1)
N4Φ12
(-0.020)

4Φ18   2Φ20   YKL5   4Φ20 2/2   YKL6   4Φ22(-1)

L3(5B) 250x530
Φ10@100(2)
2Φ16;(-1)3Φ20(-1)
N4Φ12
(-0.020)

KL21(2A) 350x600
Φ8@100/200(3)
2Φ20+(1Φ12)   4Φ16

3Φ20   8Φ22 4/4   6Φ20   4Φ16

6Φ20   YKL3   6Φ20   YKL4   6Φ22

350x530
N4Φ12
6Φ20;3Φ16
Φ8@100(3)

4Φ25(-1)   (-1)4Φ25

YL3   5Φ16 3/2   YL4   4Φ16   L YL4

350x530
Φ8@100(3)
6Φ20;4Φ14
(-0.020)   350x530
8Φ22 4/4;4Φ14
Φ8@100(3)
N4Φ12
(-0.020)   L4(2A) 250x530
Φ10@100(2)
2Φ16;8Φ14 4/4
N4Φ12
(-0.020)   350x530
Φ8@100(3)
6Φ22;4Φ14
N4Φ12
(-0.020)

3575   7200   3625   1330   200

355 175   5500   7500   1330   200

13000

1-14   1-15   1-16

四层梁配筋图（局部）

结构层楼面标高
结 构 层 高

上部结构嵌固部位: -0.050

层号	标高H(m)	层高(m)	墙砼等级	柱砼等级
6	21.500			
5	20.250	4.100		
4	16.150	4.100		
3	10.750	5.400	C60	C60
2	5.350	5.400	(基顶~28.450)	(基顶~28.450)
1	-0.050	5.400		
-1	-3.950	3.900		
-2	(详地下室底板)			

说明:
1.材料:
混凝土框架梁(KL、WKL)、次梁L、悬挑梁XL混凝土强度等级C30，连梁(LL)混凝土等级同剪力墙；钢筋HRB400(Φ)、HRB500(Φ)。
2.本图梁采用平面整体表示方法，其制图规则及构造详图均见图集16G101-1，主楼部分框架梁抗震等级为二级。
3.图中梁定位与梁顶标高详结构平面图。
4.本图表达时未区分框架梁KLxx与屋面框架梁WKLxx，施工时应视实际情况加以区分，并采取相应构造措施。
5.梁配筋图中未标注梁侧构造腰筋的框架梁、次梁的构造腰筋及拉筋详结构设计总说明。
6.画出未注明的吊筋为2Φ12。
7.未尽事宜详结构设计总说明。
8.不满足锚固要求时，增设机械锚固。
9.当下部钢筋配置有架立筋时，架立筋不伸入支座，其他受力筋则全部伸入支座，如3Φ20+(1Φ12)表示架立筋1Φ12不伸入支座，受力筋3Φ20则全部伸入支座。
10.当下部筋左端或右端带有括号时，括号内数字数值代表相应梁端不伸入支座的钢筋数量，如(-1)4Φ22表示该跨梁下部配筋4Φ22，左端1Φ22不伸入支座，右端则全部伸入支座；(-3)6Φ22(-3)表示该跨梁下部配筋6Φ22，左端3Φ22不伸入支座，右端3Φ22不伸入支座。

2Φ25
1Φ12(架立)
130
470
Φ8@100/200(3)
1Φ22左侧
不伸入支座   3Φ22
净距>max(30,1.5d)
350   1-1

2Φ22
1Φ12(架立)
130
420
Φ8@100/200(3)
1Φ12(架立)
不伸入支座   3Φ22
净距>max(30,1.5d)
350   2-2

四层梁配筋图（S-W-CB004局部）

图集号 川2017G127-TY

审核 毕琼   校对 邓世斌   设计 雷雨   页 130

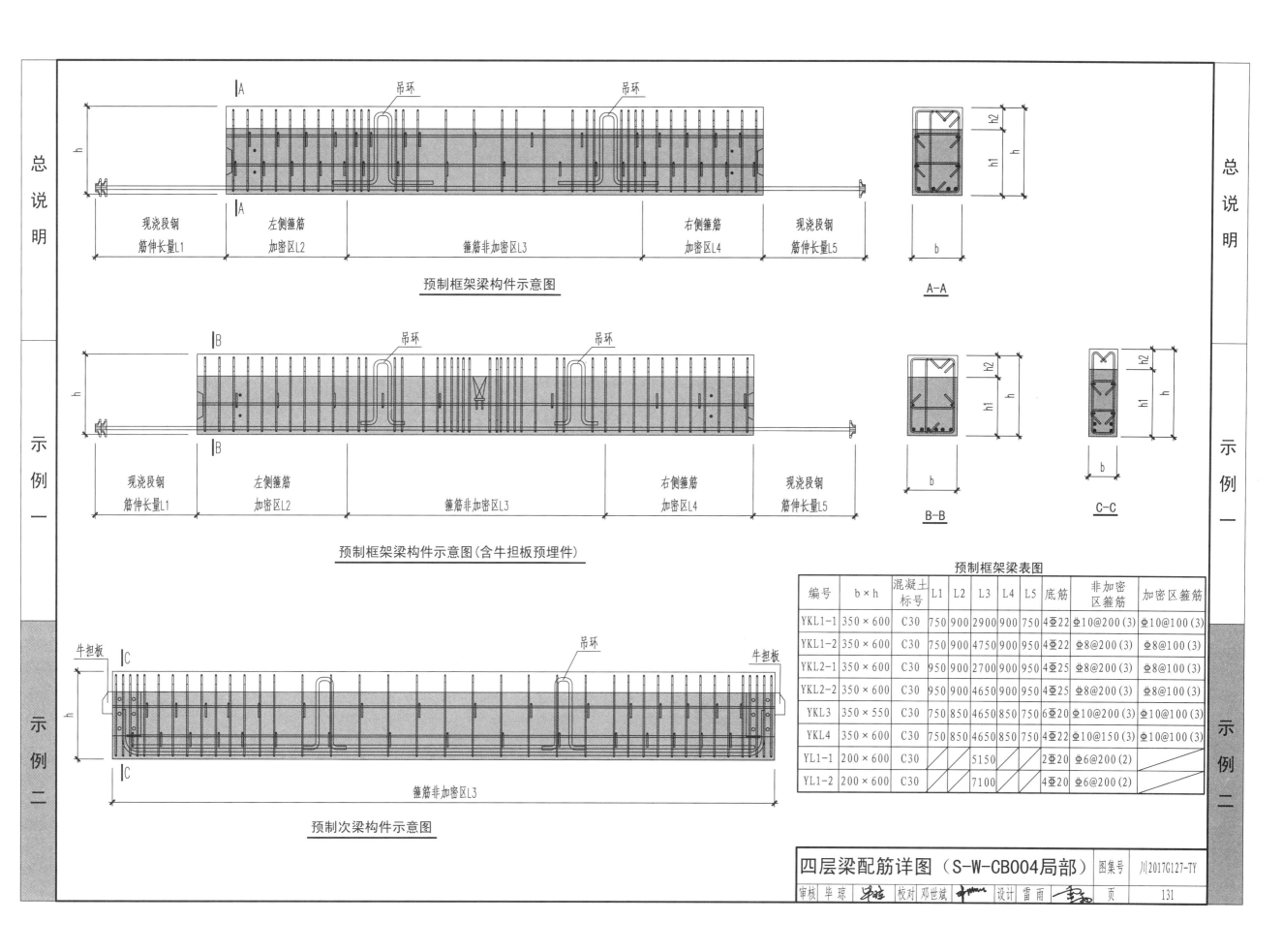

预制框架梁构件示意图

A-A

预制框架梁构件示意图（含牛担板预埋件）

B-B

C-C

现浇段钢筋伸长量L1　左侧箍筋加密区L2　箍筋非加密区L3　右侧箍筋加密区L4　现浇段钢筋伸长量L5

吊环

牛担板

牛担板

箍筋非加密区L3

预制次梁构件示意图

预制框架梁表图

编号	b×h	混凝土标号	L1	L2	L3	L4	L5	底筋	非加密区箍筋	加密区箍筋
YKL1-1	350×600	C30	750	900	2900	900	750	4Φ22	Φ10@200(3)	Φ10@100(3)
YKL1-2	350×600	C30	750	900	4750	900	950	4Φ22	Φ8@200(3)	Φ8@100(3)
YKL2-1	350×600	C30	950	900	2700	900	950	4Φ25	Φ8@200(3)	Φ8@100(3)
YKL2-2	350×600	C30	950	900	4650	900	950	4Φ25	Φ8@200(3)	Φ8@100(3)
YKL3	350×550	C30	750	850	4650	850	750	6Φ20	Φ10@200(3)	Φ10@100(3)
YKL4	350×600	C30	750	850	4650	850	750	4Φ22	Φ10@150(3)	Φ10@100(3)
YL1-1	200×600	C30	/	/	5150	/	/	2Φ20	Φ6@200(2)	
YL1-2	200×600	C30	/	/	7100	/	/	4Φ20	Φ6@200(2)	

四层梁配筋详图（S-W-CB004局部）

图集号 川2017G127-TY

审核 毕琼　校对 邓世斌　设计 雷雨

页 131

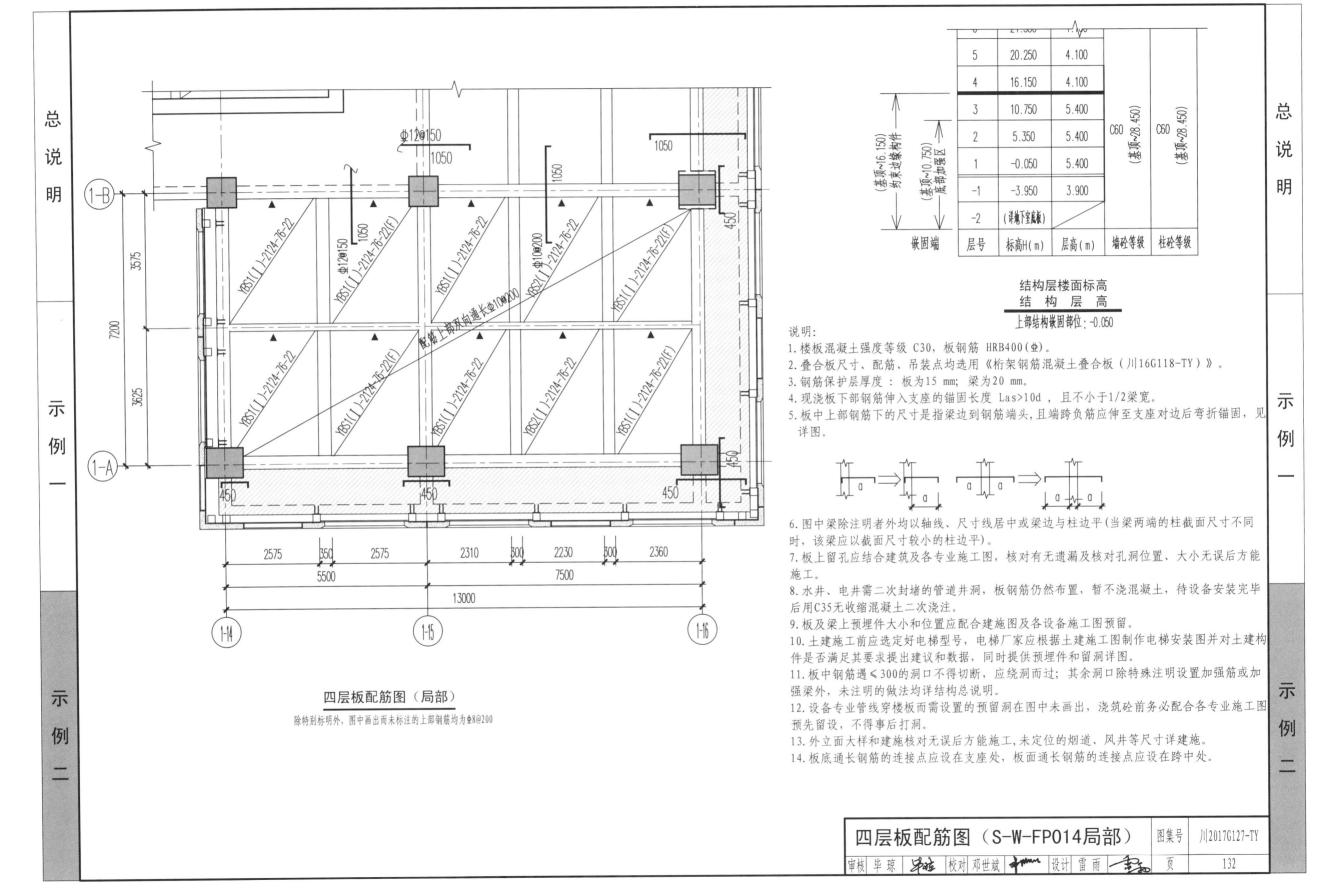

结构层楼面标高
结 构 层 高
上部结构嵌固部位: -0.050

层号	标高H(m)	层高(m)	墙砼等级	柱砼等级
6	21.060			
5	20.250	4.100		
4	16.150	4.100		
3	10.750	5.400	C60 (基顶~28.450)	C60 (基顶~28.450)
2	5.350	5.400		
1	-0.050	5.400		
-1	-3.950	3.900		
-2	(详地下室底板)			
嵌固端				

（基顶~16.150）约束边缘构件

（基顶~10.750）底部加强区

说明:
1. 楼板混凝土强度等级 C30，板钢筋 HRB400(Φ)。
2. 叠合板尺寸、配筋、吊装点均选用《桁架钢筋混凝土叠合板（川16G118-TY）》。
3. 钢筋保护层厚度：板为15 mm；梁为20 mm。
4. 现浇板下部钢筋伸入支座的锚固长度 Las>10d，且不小于1/2梁宽。
5. 板中上部钢筋下的尺寸是指梁边到钢筋端头，且端跨负筋应伸至支座对边后弯折锚固，见详图。
6. 图中梁除注明者外均以轴线、尺寸线居中或梁边与柱边平(当梁两端的柱截面尺寸不同时，该梁应以截面尺寸较小的柱边平)。
7. 板上留孔应结合建筑及各专业施工图，核对有无遗漏及核对孔洞位置、大小无误后方能施工。
8. 水井、电井需二次封堵的管道井洞，板钢筋仍然布置，暂不浇混凝土，待设备安装完毕后用C35无收缩混凝土二次浇注。
9. 板及梁上预埋件大小和位置应配合建施图及各设备施工图预留。
10. 土建施工前应选定好电梯型号，电梯厂家应根据土建施工图制作电梯安装图并对土建构件是否满足其要求提出建议和数据，同时提供预埋件和留洞详图。
11. 板中钢筋遇≤300的洞口不得切断，应绕洞而过；其余洞口除特殊注明设置加强筋或加强梁外，未注明的做法均按结构总说明。
12. 设备专业管线穿楼板而需设置的预留洞在图中未画出，浇筑砼前务必配合各专业施工图预先留设，不得事后打洞。
13. 外立面大样和建施核对无误后方能施工，未定位的烟道、风井等尺寸详建施。
14. 板底通长钢筋的连接点应设在支座处，板面通长钢筋的连接点应设在跨中处。

四层板配筋图（局部）
除特别标明外，图中画出而未标注的上部钢筋均为Φ8@200

四层板配筋图（S-W-FP014局部）

图集号	川2017G127-TY
审核 毕琼	校对 邓世斌	设计 雷雨
页	132

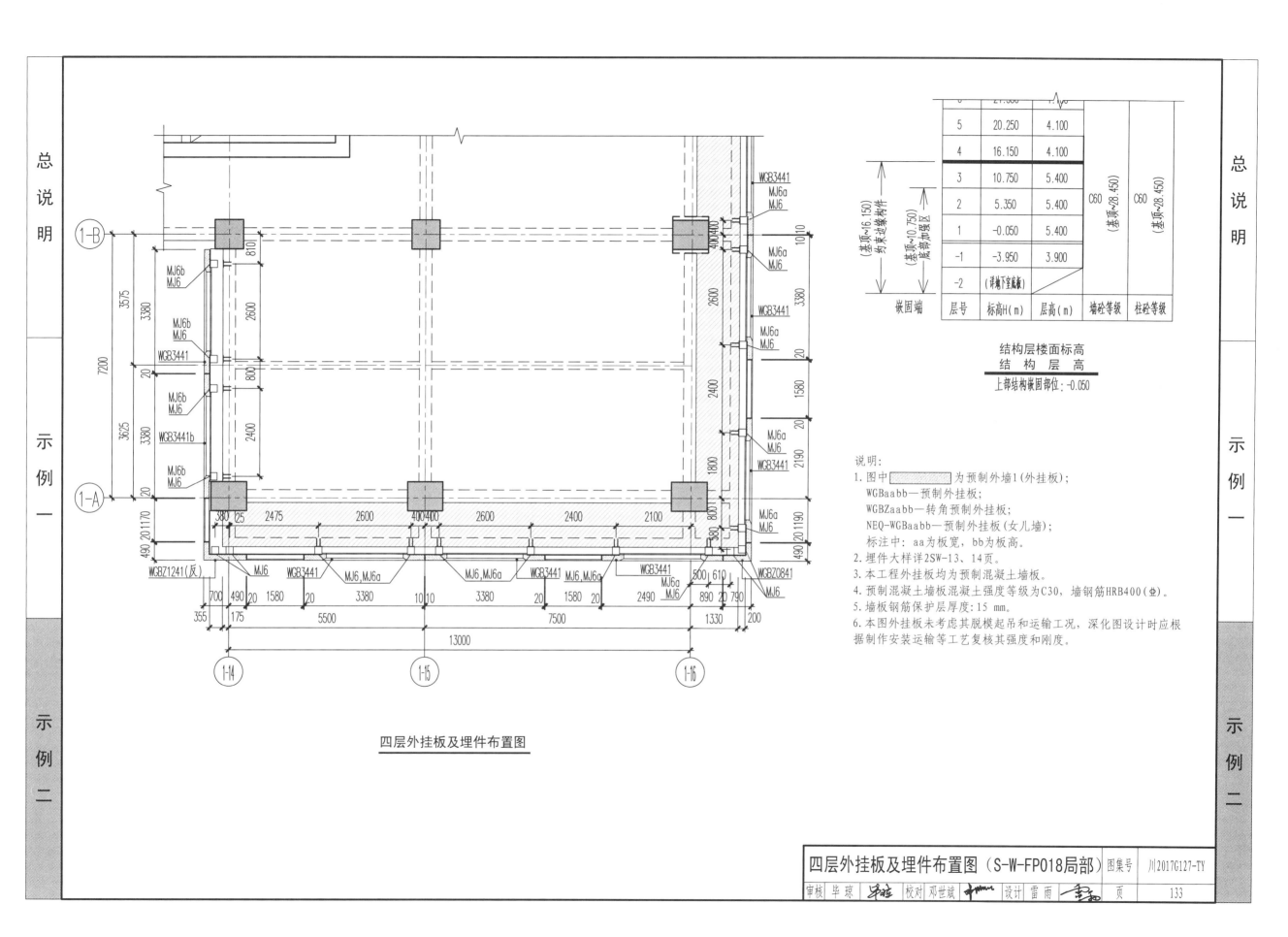

结构层楼面标高
结构层高

层号	标高H(m)	层高(m)	墙砼等级	柱砼等级
6	21.000	1.50		
5	20.250	4.100		
4	16.150	4.100		
3	10.750	5.400	C60	C60
2	5.350	5.400	(基顶~28.450)	(基顶~28.450)
1	-0.050	5.400		
-1	-3.950	3.900		
-2	(详地下室底板)			

上部结构嵌固部位：-0.050

说明：
1. 图中 ▨▨▨ 为预制外墙1(外挂板)；
   WGBaabb—预制外挂板；
   WGBZaabb—转角预制外挂板；
   NEQ-WGBaabb—预制外挂板(女儿墙)；
   标注中：aa为板宽，bb为板高。
2. 埋件大样详2SW-13、14页。
3. 本工程外挂板均为预制混凝土墙板。
4. 预制混凝土墙板混凝土强度等级为C30，墙钢筋HRB400(⚊)。
5. 墙板钢筋保护层厚度：15 mm。
6. 本图外挂板未考虑其脱模起吊和运输工况，深化图设计时应根据制作安装运输等工艺复核其强度和刚度。

四层外挂板及埋件布置图

四层外挂板及埋件布置图（S-W-FP018局部）

		图集号	川2017G127-TY
审核 毕琼	校对 邓世斌	设计 雷雨	页 133

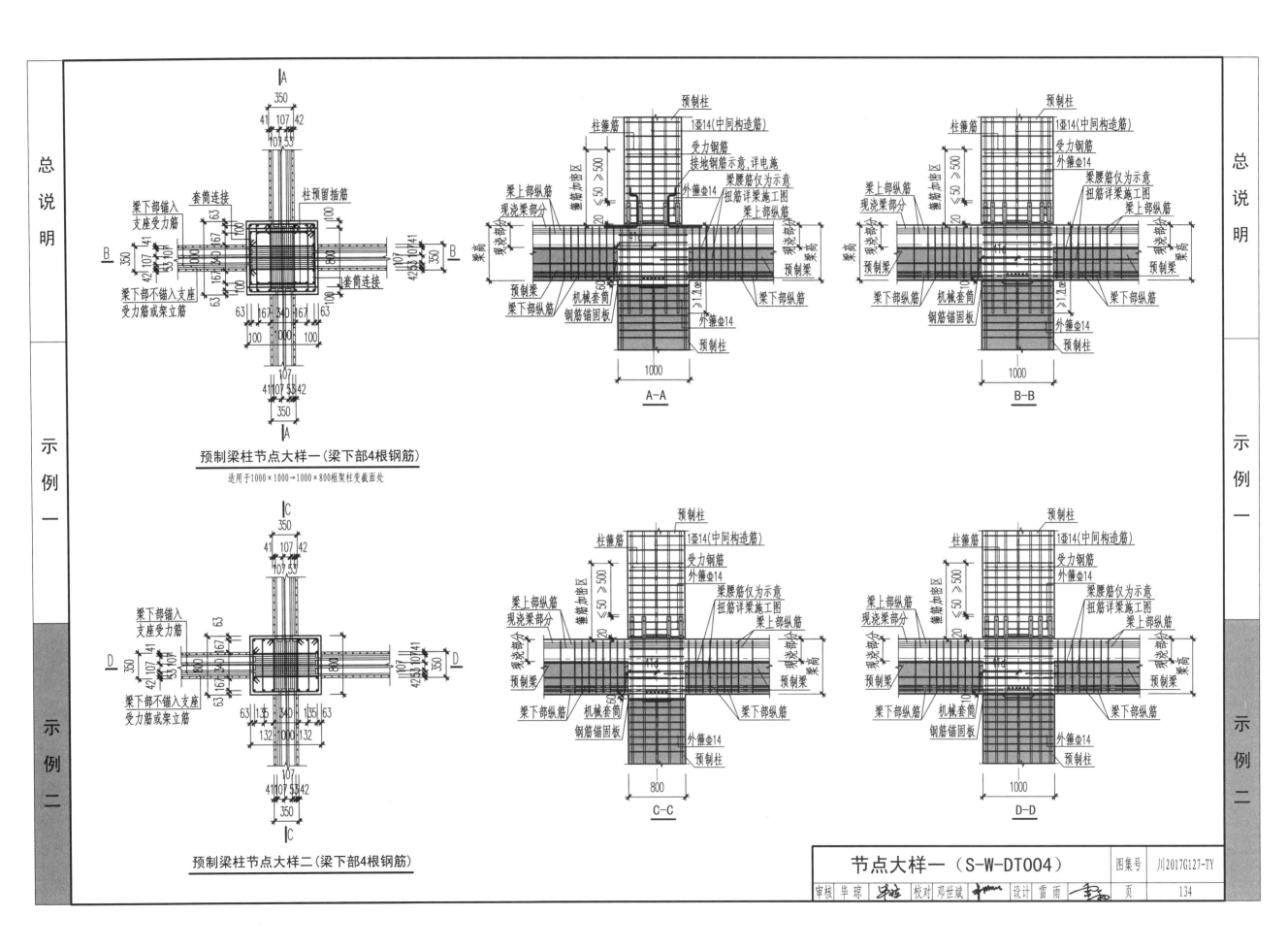

预制梁柱节点大样一(梁下部4根钢筋)

适用于1000×1000→1000×800框架柱变截面处

A—A

B—B

预制梁柱节点大样二(梁下部4根钢筋)

C—C

D—D

节点大样一（S-W-DT004）

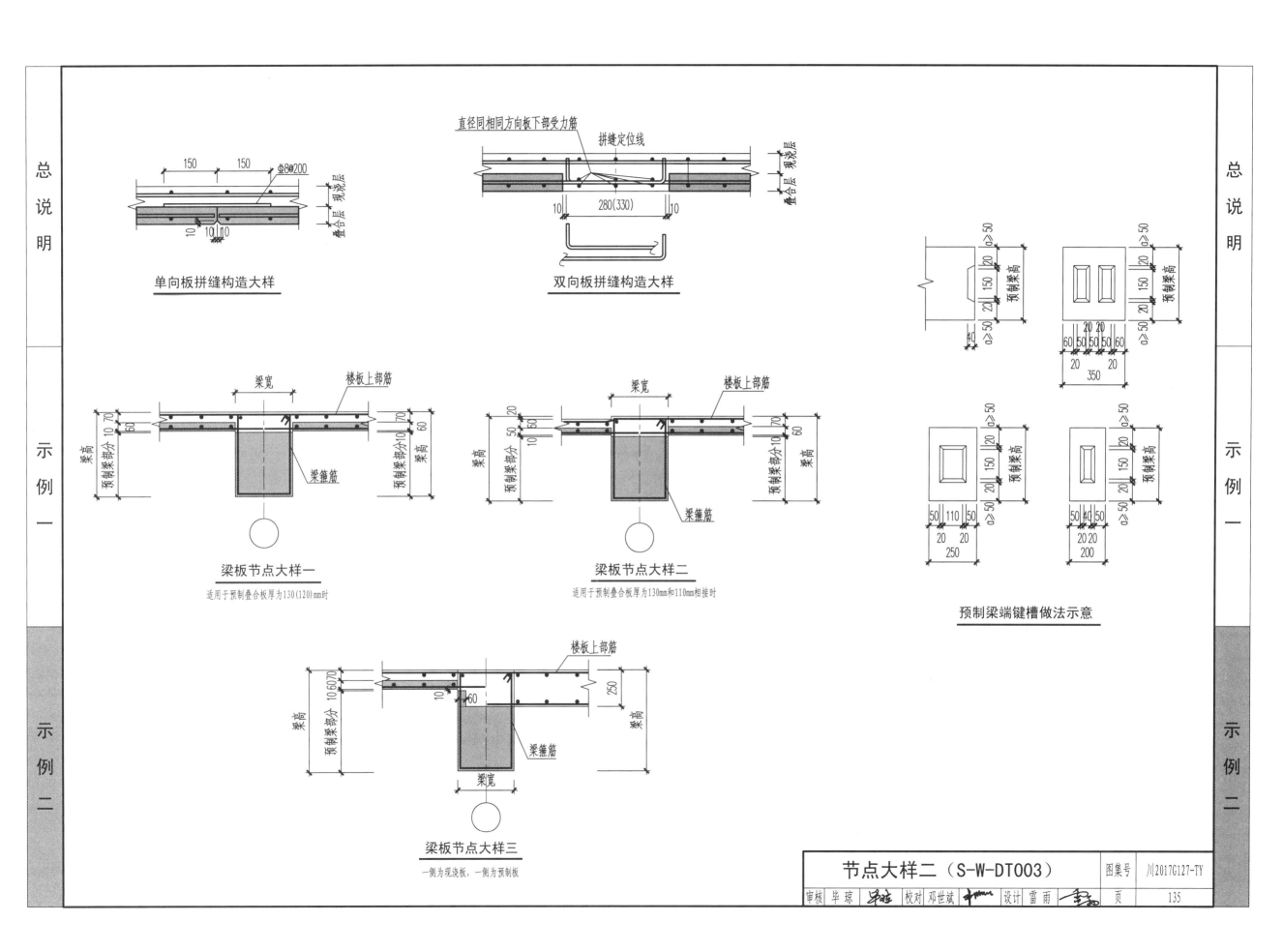

单向板拼缝构造大样

双向板拼缝构造大样

直径同相同方向板下部受力筋

拼缝定位线

梁宽

楼板上部筋

梁箍筋

梁板节点大样一

适用于预制叠合板厚为130(120)mm时

梁宽

楼板上部筋

梁箍筋

梁板节点大样二

适用于预制叠合板厚为130mm和110mm相接时

预制梁端键槽做法示意

楼板上部筋

梁箍筋

梁板节点大样三

一侧为现浇板，一侧为预制板

节点大样二（S-W-DT003）

图集号 川2017G127-TY

审核 毕琼 校对 邓世斌 设计 雷雨

页 135

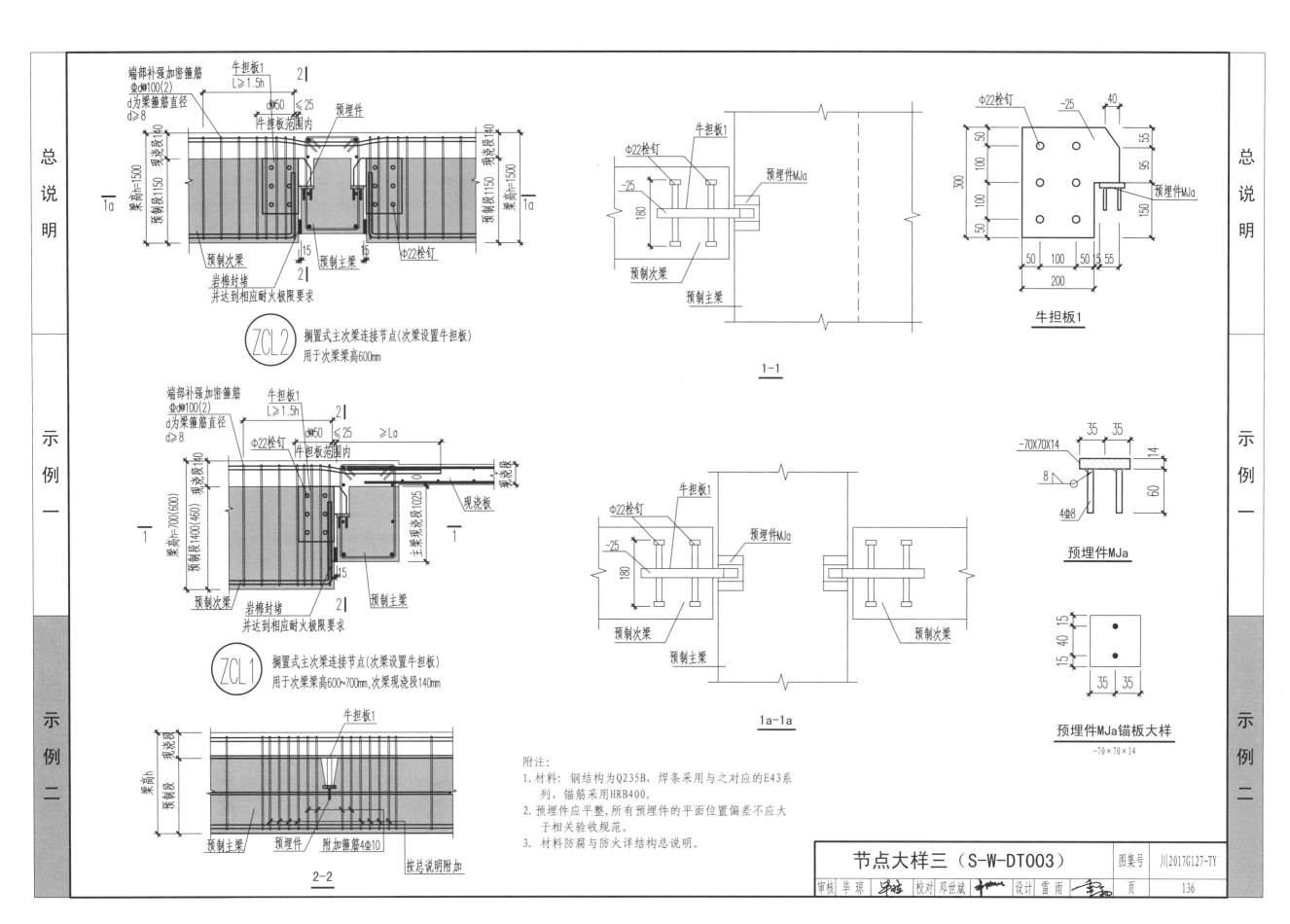

总说明

示例一

示例二

端部补强加密箍筋
Φd@100(2)
d为梁箍筋直径
d≥8

牛担板1
L≥1.5h

d@50 ≤25

牛担板范围内

预埋件

梁高h=1500
现浇段140
预制段1150

Φ22栓钉

预制次梁

岩棉封堵
并达到相应耐火极限要求

ZCL2 搁置式主次梁连接节点(次梁设置牛担板)
用于次梁梁高600mm

端部补强加密箍筋
Φd@100(2)
d为梁箍筋直径
d≥8

牛担板1
L≥1.5h

d@50 ≤25 ≥La

Φ22栓钉

牛担板范围内

现浇段

现浇板

梁高h=700(600)
现浇段140
预制段1400(460)

主梁现浇段1025

预制次梁

岩棉封堵
并达到相应耐火极限要求

预制主梁

ZCL1 搁置式主次梁连接节点(次梁设置牛担板)
用于次梁梁高600~700mm,次梁现浇段140mm

牛担板1

梁高h
现浇段
预制段

预制主梁   预埋件 附加箍筋4Φ10

按总说明附加

2-2

Φ22栓钉

牛担板1

预埋件MJa

-25
180

预制次梁

预制主梁

1-1

Φ22栓钉

牛担板1

预埋件MJa

-25
180

预制次梁

预制主梁

预制次梁

1a-1a

Φ22栓钉 -25 40

300
50 100 100 100 50

95 55

预埋件MJa

150

50 100 50 15 55
200

牛担板1

-70X70X14
35 35

14
60

8

4Φ8

预埋件MJa

15 40 15
15 40

35 35

预埋件MJa锚板大样
-70×70×14

附注:
1. 材料: 钢结构为Q235B,焊条采用与之对应的E43系
   列,锚筋采用HRB400。
2. 预埋件应平整,所有预埋件的平面位置偏差不应大
   于相关验收规范。
3. 材料防腐与防火详结构总说明。

节点大样三（S-W-DT003）

图集号 川2017G127-TY

审核 毕琼   校对 邓世斌   设计 雷雨   页 136

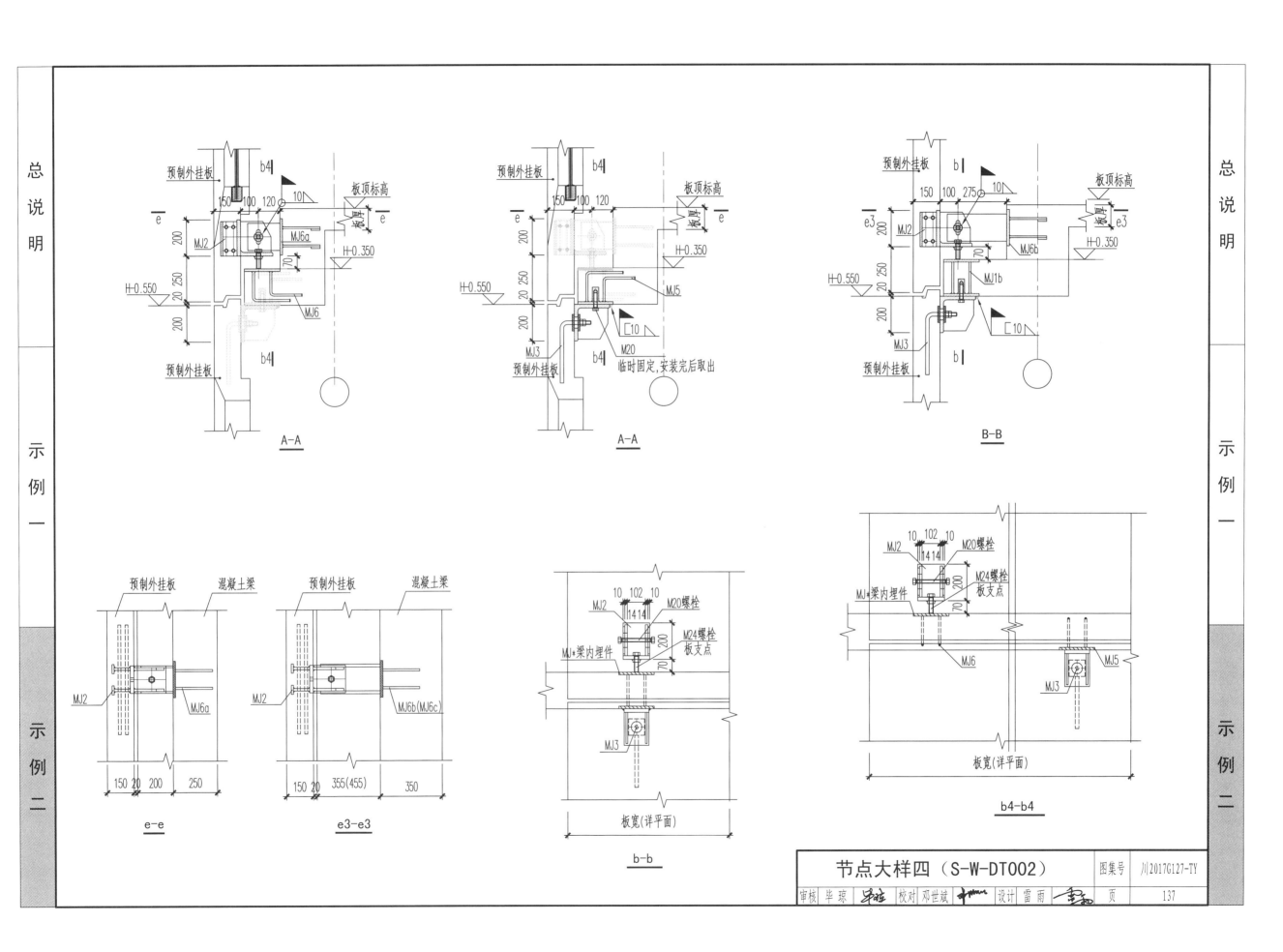

预制外挂板

板顶标高

MJ2
MJ6a
MJ6

H-0.350

H-0.550

预制外挂板

A-A

预制外挂板

板顶标高

MJ2
MJ5
MJ6b

H-0.350

H-0.550

MJ3
M20
临时固定,安装完后取出

预制外挂板

A-A

预制外挂板

板顶标高

MJ2
MJ6b

H-0.350

MJ1b

H-0.550

MJ3

预制外挂板

B-B

预制外挂板   混凝土梁

MJ2
MJ6a

150 20 200 250

e-e

预制外挂板   混凝土梁

MJ2
MJ6b(MJ6c)

150 20 355(455) 350

e3-e3

10 102 10
MJ2   M20螺栓
14 14
M24螺栓
板支点
MJ*梁内埋件

MJ3

板宽(详平面)

b-b

10 102 10
MJ2   M20螺栓
14 14
M24螺栓
MJ*梁内埋件   板支点
MJ6
MJ5
MJ3

板宽(详平面)

b4-b4

节点大样四（S-W-DT002）

图集号 川2017G127-TY

审核 毕琼   校对 邓世斌   设计 雷雨   页 137

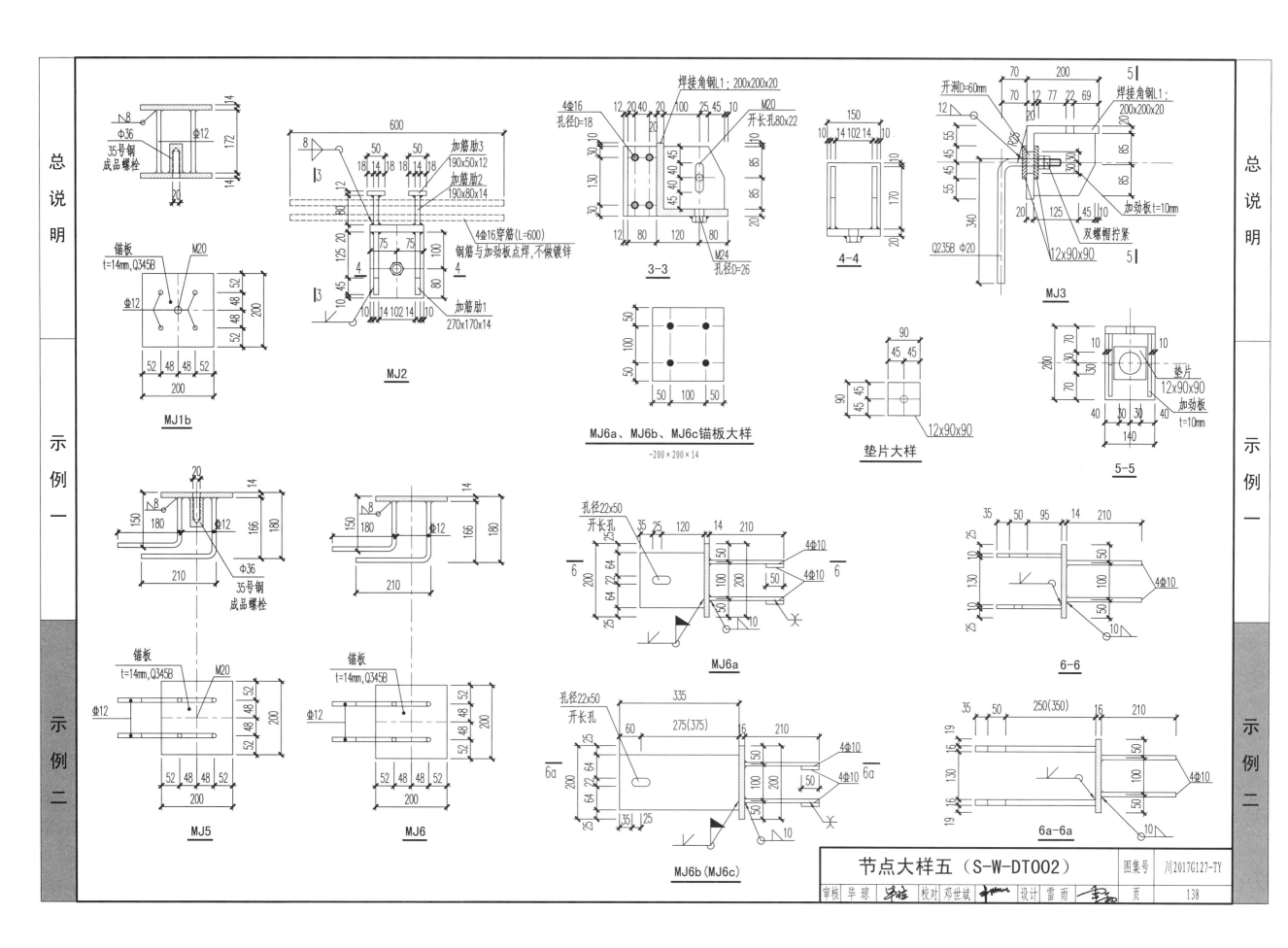

节点大样五（S-W-DT002）

图集号 川2017G127-TY

审核 毕琼 校对 邓世斌 设计 雷雨 页 138

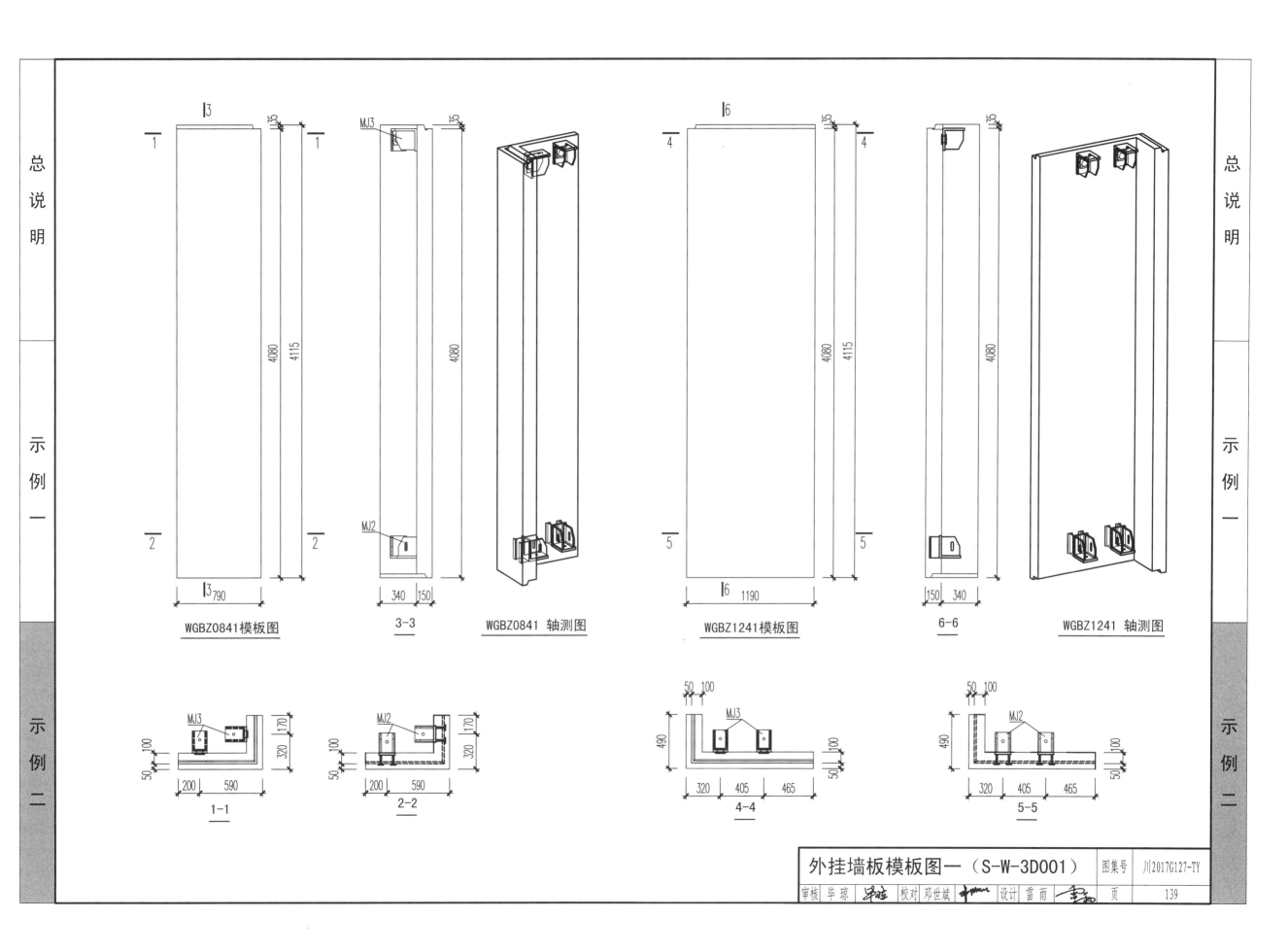

WGBZ0841模板图

3-3

WGBZ0841 轴测图

WGBZ1241模板图

6-6

WGBZ1241 轴测图

1-1

2-2

4-4

5-5

外挂墙板模板图一（S-W-3D001）

图集号	川2017G127-TY
审核 毕琼	校对 邓世斌 设计 雷雨
页	139

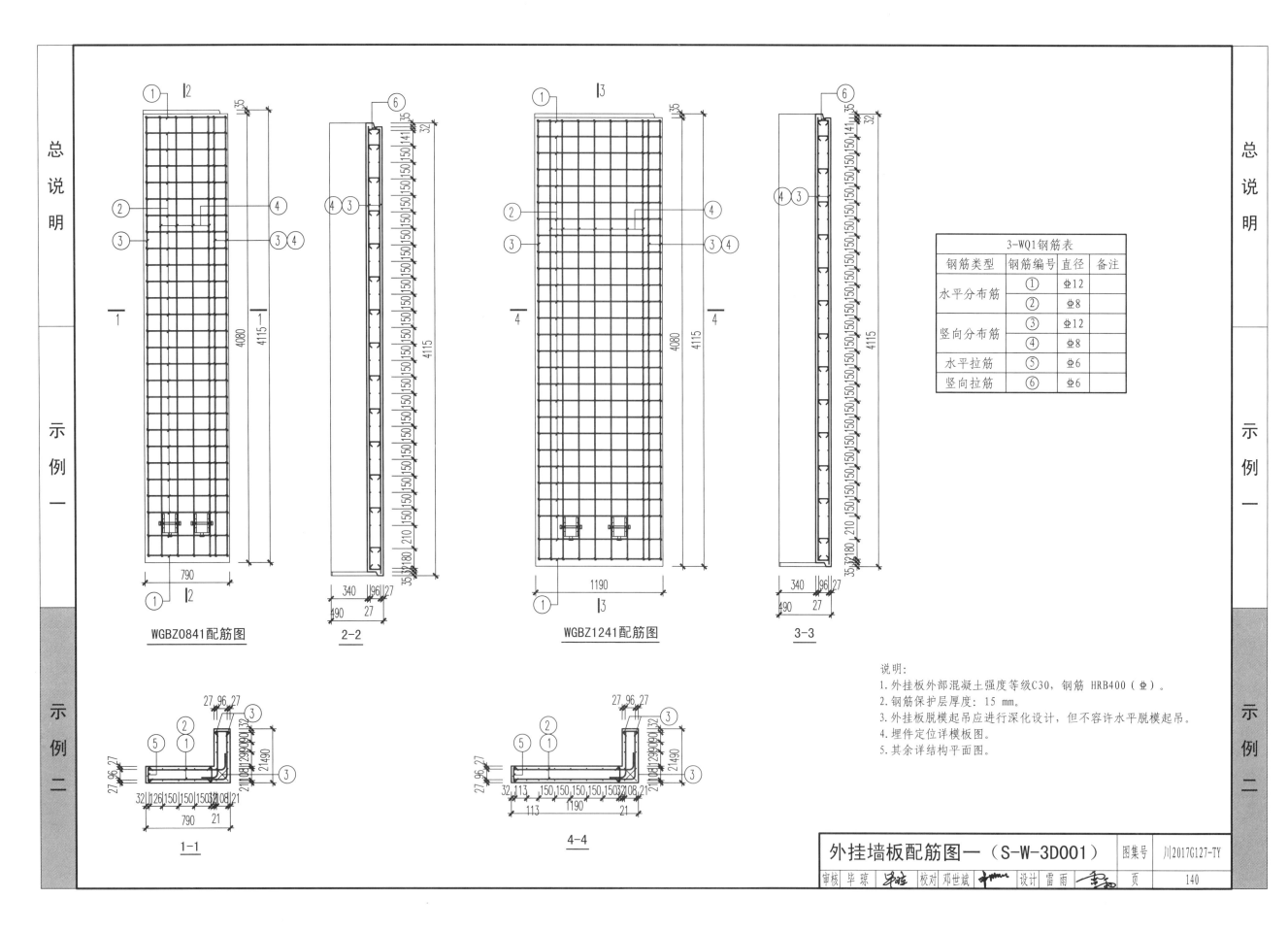

3-WQ1钢筋表			
钢筋类型	钢筋编号	直径	备注
水平分布筋	①	Φ12	
	②	Φ8	
竖向分布筋	③	Φ12	
	④	Φ8	
水平拉筋	⑤	Φ6	
竖向拉筋	⑥	Φ6	

WGBZ0841配筋图

2-2

WGBZ1241配筋图

3-3

说明:
1. 外挂板外部混凝土强度等级C30，钢筋 HRB400（Φ）。
2. 钢筋保护层厚度：15 mm。
3. 外挂板脱模起吊应进行深化设计，但不容许水平脱模起吊。
4. 埋件定位详模板图。
5. 其余详结构平面图。

1-1

4-4

外挂墙板配筋图一（S-W-3D001）

图集号	川2017G127-TY
审核 毕琼	校对 邓世斌	设计 雷雨	页 140

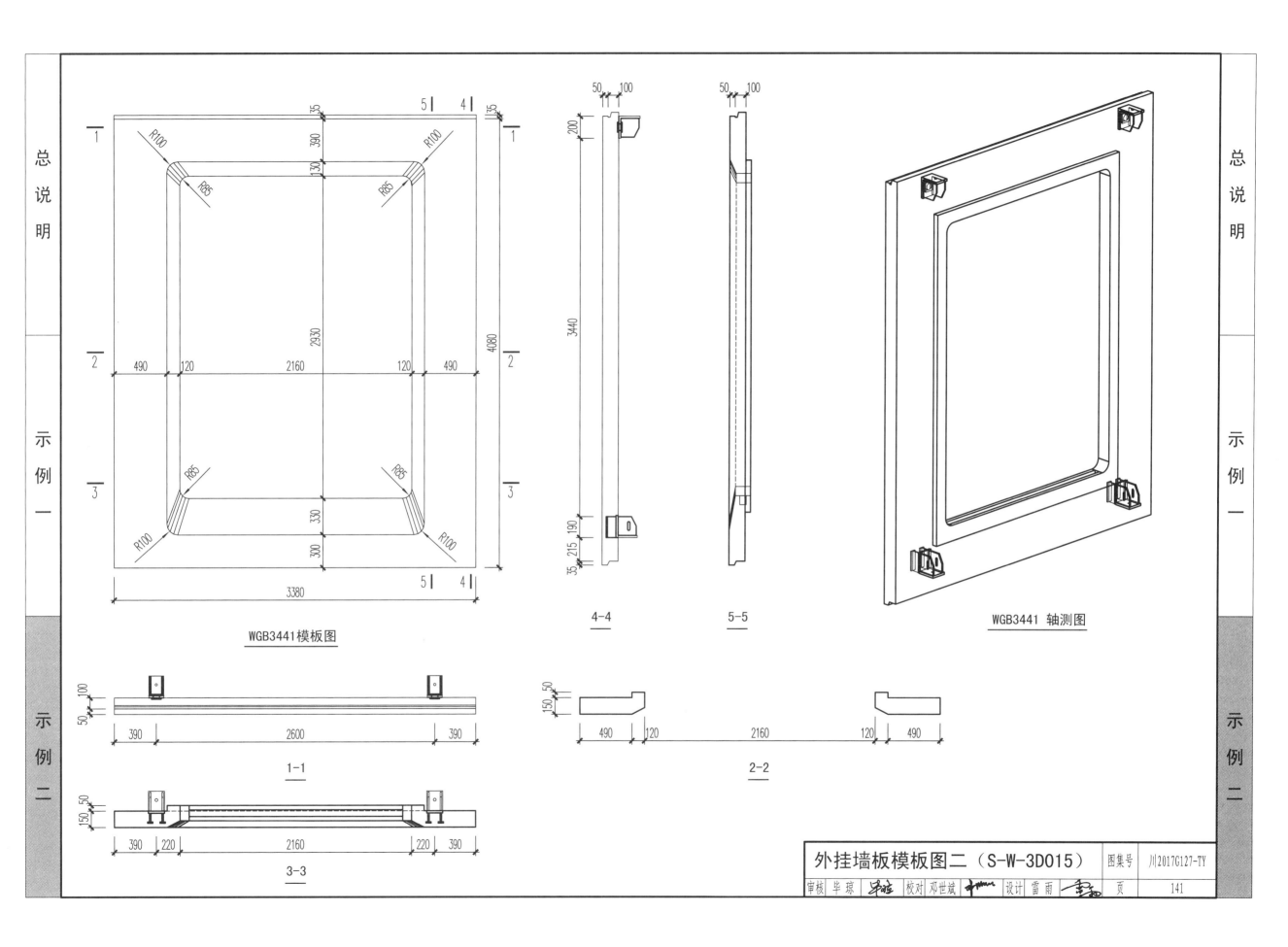

WGB3441模板图

4-4

5-5

WGB3441 轴测图

1-1

2-2

3-3

示例二

总说明

示例一

示例二

外挂墙板模板图二（S-W-3D015）

图集号	川2017G127-TY
审核 毕琼	校对 邓世斌	设计 雷雨
页	141

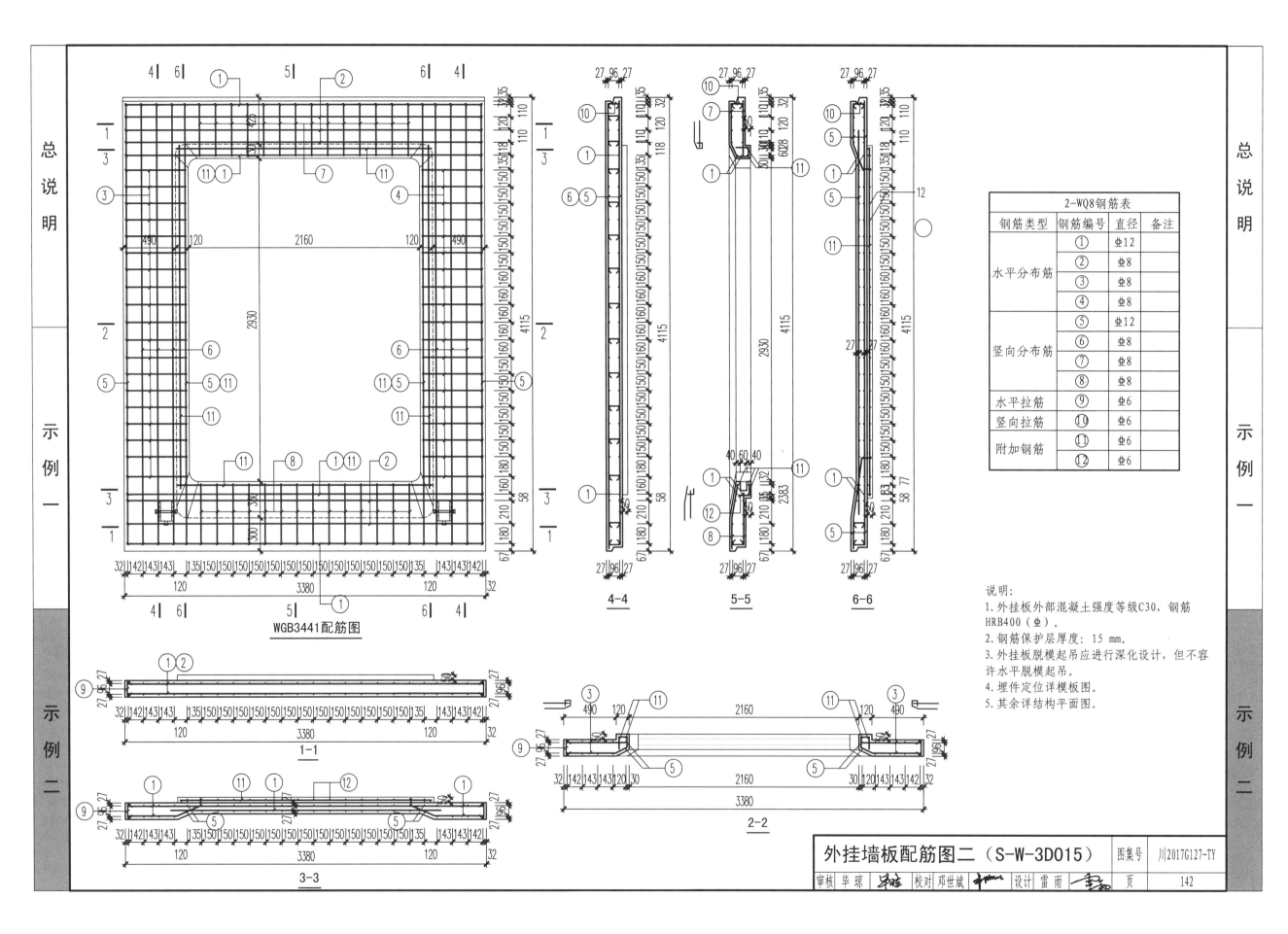

2-WQ8钢筋表

钢筋类型	钢筋编号	直径	备注
水平分布筋	①	Φ12	
	②	Φ8	
	③	Φ8	
	④	Φ8	
竖向分布筋	⑤	Φ12	
	⑥	Φ8	
	⑦	Φ8	
	⑧	Φ8	
水平拉筋	⑨	Φ6	
竖向拉筋	⑩	Φ6	
附加钢筋	⑪	Φ6	
	⑫	Φ6	

WGB3441配筋图

4-4

5-5

6-6

1-1

3-3

2-2

说明：
1. 外挂板外部混凝土强度等级C30，钢筋HRB400（Φ）。
2. 钢筋保护层厚度：15 mm。
3. 外挂板脱模起吊应进行深化设计，但不容许水平脱模起吊。
4. 埋件定位详模板图。
5. 其余详结构平面图。

外挂墙板配筋图二（S-W-3D015）

图集号	川2017G127-TY
审核 毕琼	校对 邓世斌	设计 雷雨	页 142

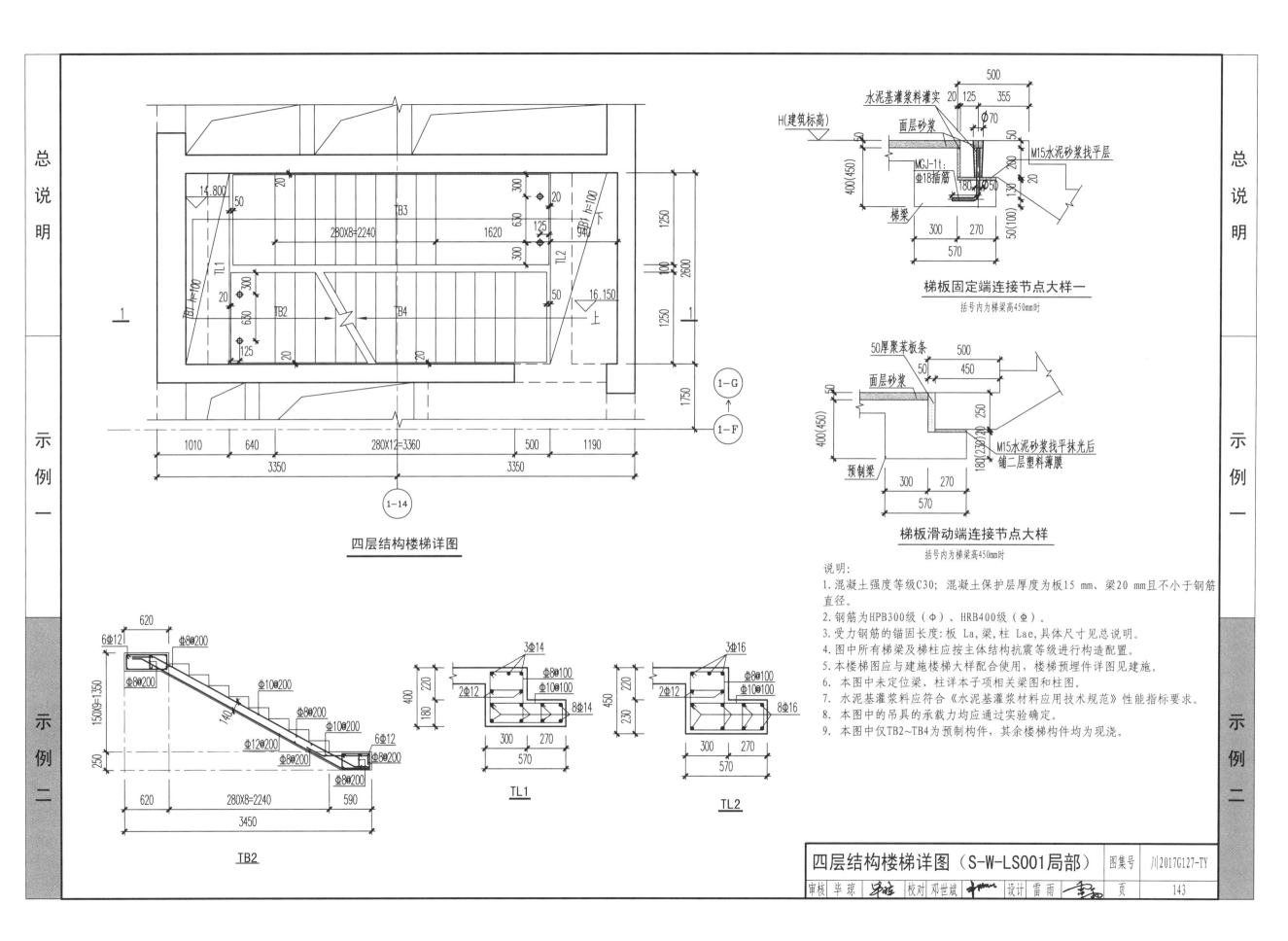

四层结构楼梯详图

梯板固定端连接节点大样一

括号内为梯梁高450mm时

水泥基灌浆料灌实
面层砂浆
MGJ-1t:
Φ18插筋
梯梁
M15水泥砂浆找平层

梯板滑动端连接节点大样

括号内为梯梁高450mm时

50厚聚苯板条
面层砂浆
预制梁
M15水泥砂浆找平抹光后铺二层塑料薄膜

说明:
1. 混凝土强度等级C30;混凝土保护层厚度为板15 mm、梁20 mm且不小于钢筋直径。
2. 钢筋为HPB300级(Φ)、HRB400级(Φ)。
3. 受力钢筋的锚固长度:板 La,梁,柱 Lae,具体尺寸见总说明。
4. 图中所有梯梁及梯柱应按主体结构抗震等级进行构造配置。
5. 本楼梯图应与建施楼梯大样配合使用,楼梯预埋件详图见建施。
6. 本图中未定位梁、柱详本子项相关梁图和柱图。
7. 水泥基灌浆料应符合《水泥基灌浆材料应用技术规范》性能指标要求。
8. 本图中的吊具的承载力均应通过实验确定。
9. 本图中仅TB2~TB4为预制构件,其余楼梯构件均为现浇。

TB2

TL1

TL2

四层结构楼梯详图（S-W-LS001局部）

审核 毕琼　校对 邓世斌　设计 雷雨

施工图图纸目录

注:本目录为示例二原工程的图纸目录,备注栏文字是编制者为说明对示例二中图纸选用情况和对应页次而加注的。

　　由于示例图集图幅限制,本图中略去常规施工图图纸目录中的图纸版本及出图时间等信息。

　　图纸目录中各代号含义: CL—图纸目录
　　　　　　　　　　　　　　NT—设计说明
　　　　　　　　　　　　　　QP—给排水平面图
　　　　　　　　　　　　　　LS—给排水大样图
　　　　　　　　　　　　　　SY—系统展开图

设计总说明

1 设计依据

1.1 建设单位的设计要求。

1.2 本院建筑等专业提供的资料。

1.3 本专业采用的设计规范、法规：

《建筑给水排水设计规范》	GB 50015-2009（2009年版）
《建筑设计防火规范》	GB 50016-2014
《汽车库、修车库、停车场设计防火规范》	GB 50067-2014
《自动喷水灭火系统设计规范》	GB 50084-2001（2005年版）
《建筑灭火器配置设计规范》	GB 50140-2005
《气体灭火系统设计规范》	GB 50370-2005
《消防给水及消火栓系统技术规范》	GB 50974-2014
《建筑机电工程抗震设计规范》	GB 50981-2014
《商店建筑设计规范》	JGJ 48－2014
《旅馆建筑设计规范》	JGJ 62－2014
《办公建筑设计规范》	JGJ 67－2006
《四川省民用建筑消防水池设计的补充技术措施》	公厅消发〔2011〕319号
《四川省城市排水管理条例》	NO: SC 112341
其他国家及当地现行规程规范。	

1.4 采用的暴雨强度公式（成都地区）：

$$i = \frac{44.594(1+0.6511\lg P)}{(t+27.346)^{0.953[(\lg P)^{-0.017}]}} (mm/min)$$

1.5 据业主提供的资料，本工程建设地市政给水管网水压为0.25 MPa，可满足地上3层的用水要求。给水接入口为两根管径为DN150 mm的给水管，分别为地块南面和东面的市政给水管接入，污雨水分别排入南面的市政污雨水管，具体接管位置见总平面图。

2 工程概况

本工程位于**区**路地块。规划建设净用地面积：**平方米。总建筑面积约**平方米，其中地上建筑面积约**平方米，地下室建筑面积约**平方米。地上由3栋建筑组成，其中1-1号楼建筑高度73.65 m，1层商业、2~10层办公、11~18层酒店，为一类高层综楼；1~2号楼建筑高度23.65 m，为多层商业建筑；2号楼建筑高度42.80 m，1~2层商业、3~12层公寓，为二类高层公共建筑。 地下室共2层，地下1层为汽车库、物管用房、设备用房（发电机房、消防水池、配电间及通风机房等），局部夹层为自行车库。地下2层为汽车库及设备用房。

本工程地下停车位约为511辆，为I类汽车库。

本工程消防设防等级为建筑高度大于50m的一类高层综合楼。

3 系统设计（略）

4 管材（略）

5 阀门及附件（略）

6 消防设备和器材（略）

7 卫生设备（略）

8 其他设备和器材（略）

9 管道敷设（略）

10 管道保温（略）

11 管道试压（略）

12 管道冲洗（略）

13 装配式建筑设计

13.1 本项目采用装配式框架核心筒结构体系，除核心筒外所有结构构件均为工厂化预制，其他装配式构件包括预制外墙板，装配式内隔墙，预制楼梯，整体卫浴。

13.2 给排水设计应结合预制构件的拆分情况，优化给排水管线、设备布置，尽可能让构件标准化，在保证给排水系统合理、安装规范的同时，提高构件加工效率。

13.3 本项目核心筒给排水管井、消火栓箱等均设置于现浇部分。当消火栓箱需要嵌入预制构件时，应采用适宜的安装方式及处理措施，不得影响构件的结构安全，并应满足相应防火、保温及隔声要求。

13.4 户内给水管首选高位敷设方式，贴板底或梁底敷设，管道走向布置充分考虑用户装修、使用的要求。

13.5 当户内给水管必须在地面预制叠合板内敷设时，于叠合板现浇层的钢筋保护层压槽敷设。

13.6 在预制PC墙体内敷设的给水支管，采用在预制墙体上预留管槽的方式，在墙体预制时完成留槽，管槽宽度50 mm。

13.7 在工厂加工预制楼板、预制梁等构件时均需根据设计图纸事先预留所有管线安装所需的孔洞及预埋件，不得事后开凿。

13.8 本项目整体卫浴地漏构造自带水封（水封深度不小于50 mm），当整体卫浴设备厂家采用直通式地漏时应在下部管道增设存水弯，存水弯水封深度不小于50 mm。

13.9 本项目卫生间采用容积式电热水器供应热水，电热水器安装于卫生间整体卫浴顶棚上部的土建墙体上或结构板下，并靠近整体卫浴顶棚检修孔。

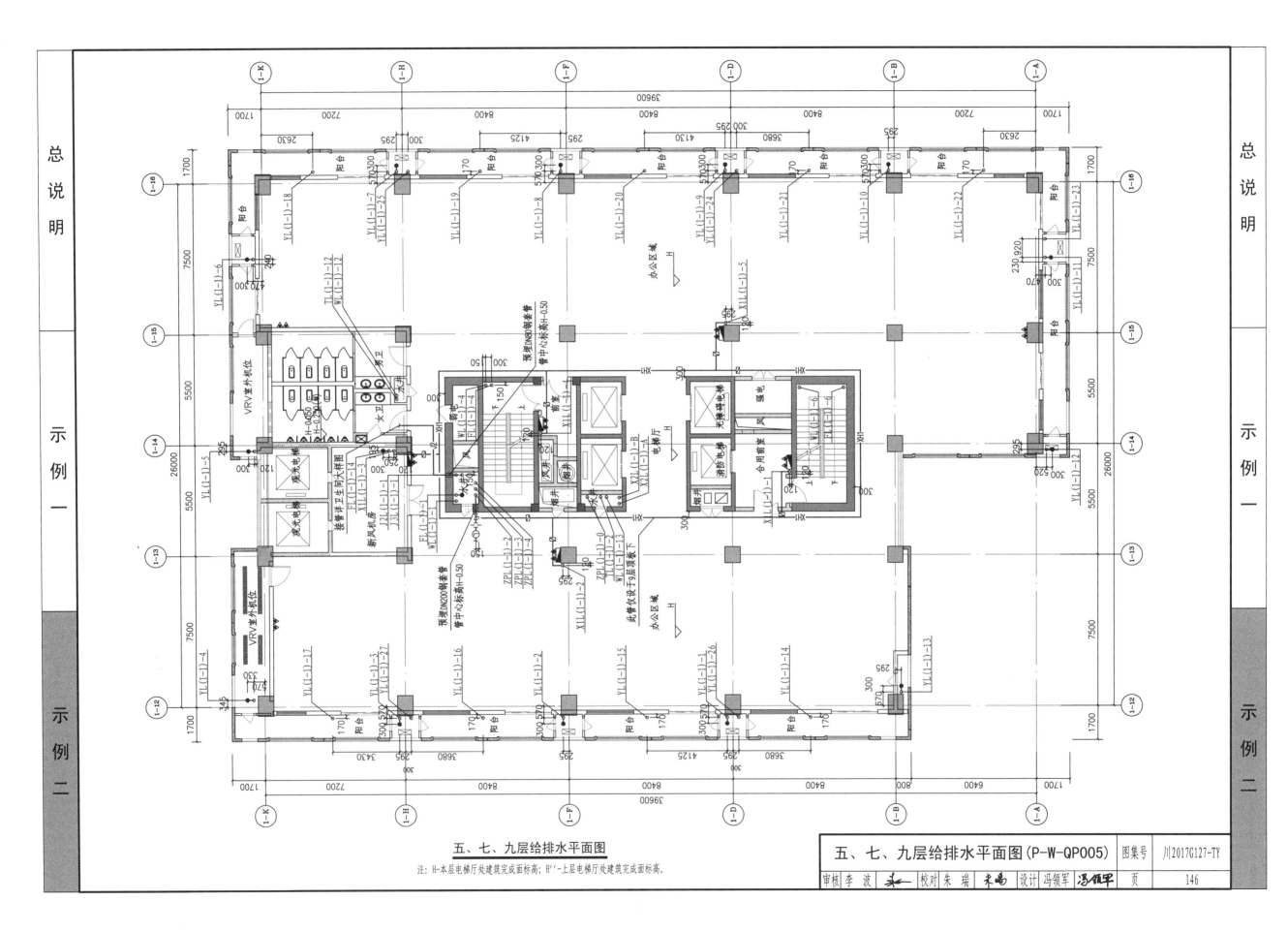

五、七、九层给排水平面图

注：H=本层电梯厅处建筑完成面标高；H′=上层电梯厅处建筑完成面标高。

五、七、九层给排水平面图（P-W-QP005）

图集号	川2017G127-TY
审核 李波	校对 朱瑞	设计 冯领军	页	146

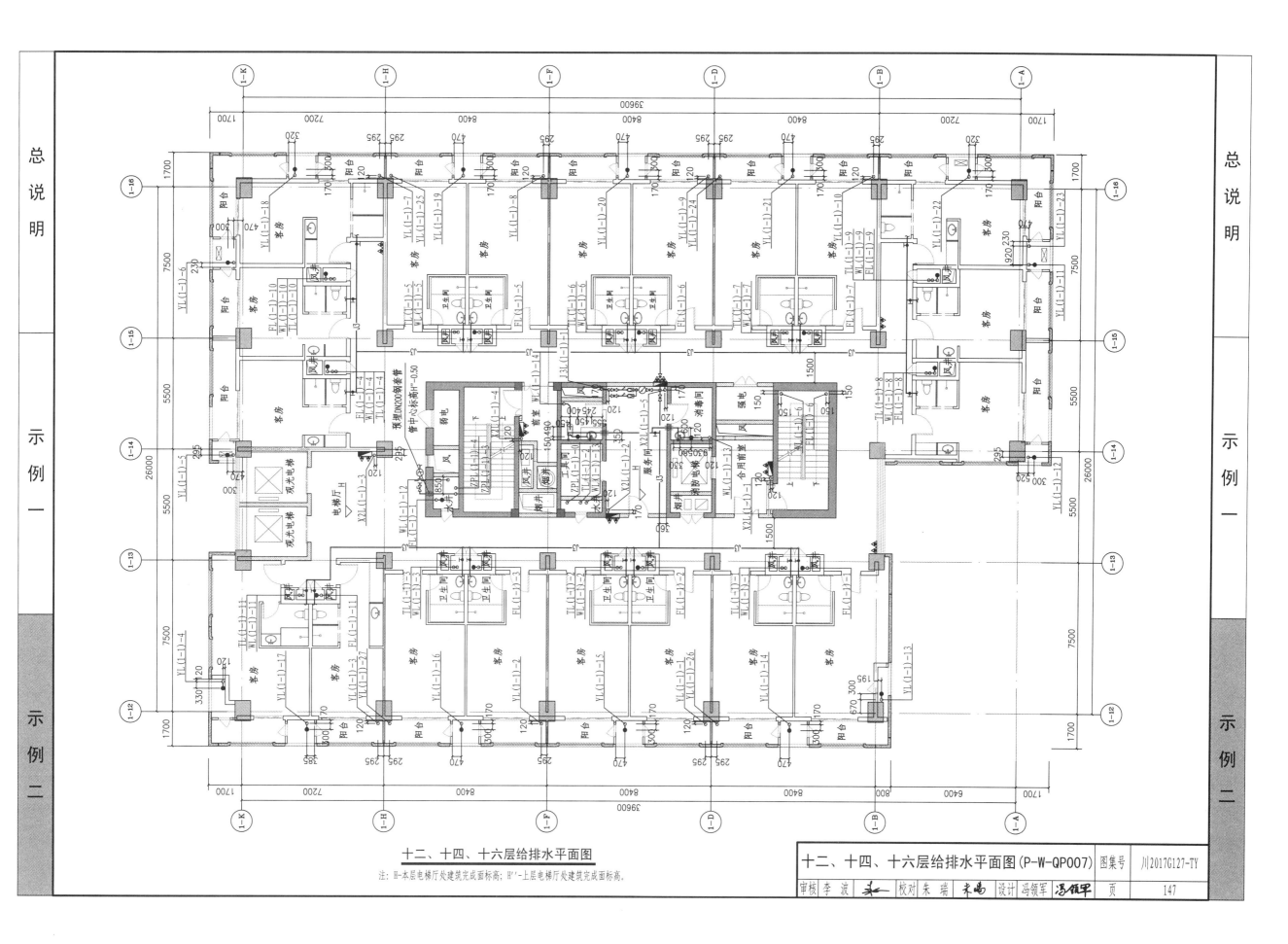

十二、十四、十六层给排水平面图

注：H-本层电梯厅处建筑完成面标高；H'-上层电梯厅处建筑完成面标高。

十二、十四、十六层给排水平面图(P-W-QP007)	图集号	川2017G127-TY
审核 李波 　校对 朱瑞 　设计 冯领军	页	147

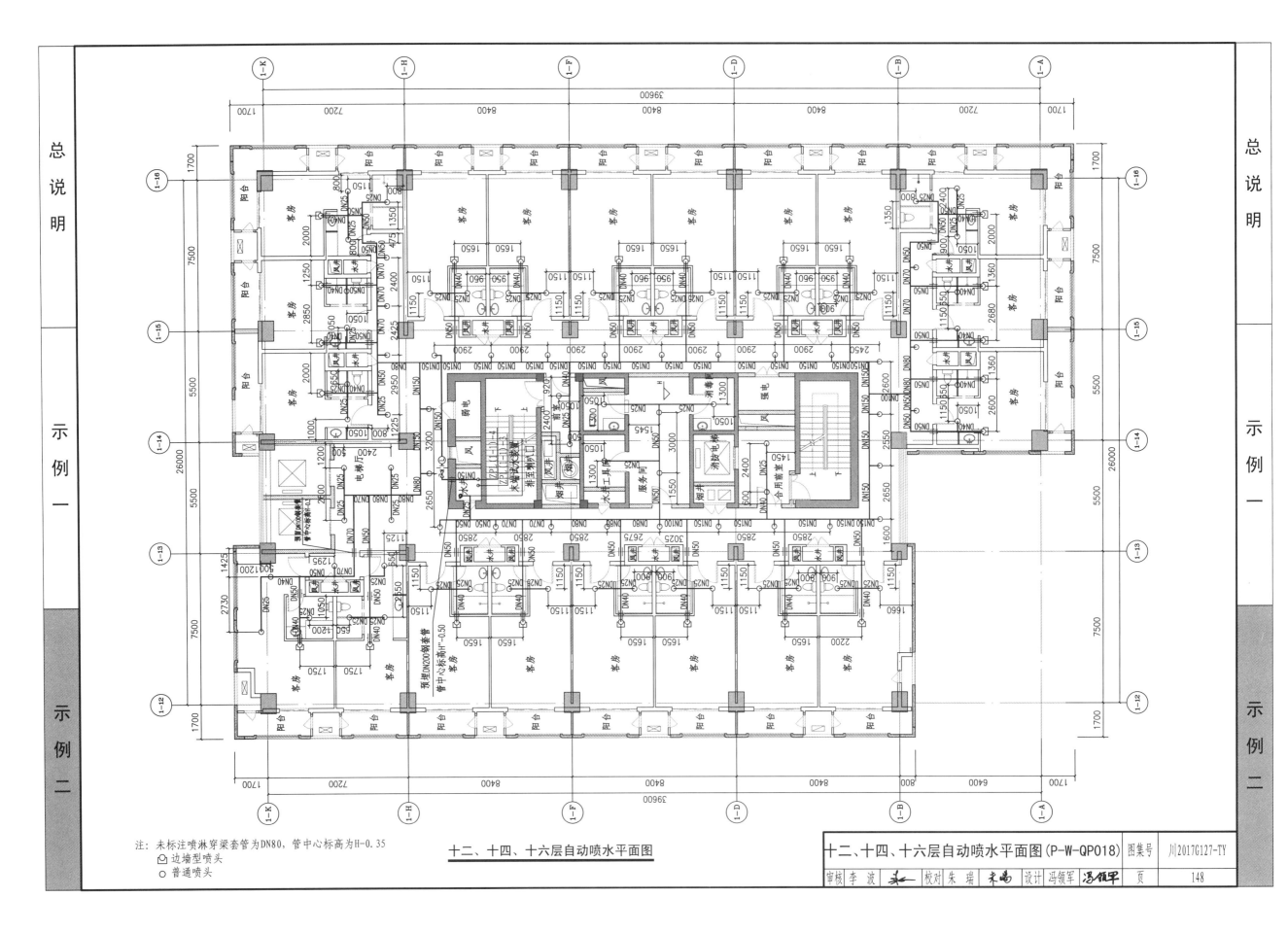

注：未标注喷淋穿梁套管为DN80，管中心标高为H-0.35
⌒◯ 边墙型喷头
○ 普通喷头

十二、十四、十六层自动喷水平面图

十二、十四、十六层自动喷水平面图(P-W-QP018)

图集号 川2017G127-TY

| 审核 | 李波 | | 校对 | 朱瑞 | | 设计 | 冯领军 | | 页 | 148 |

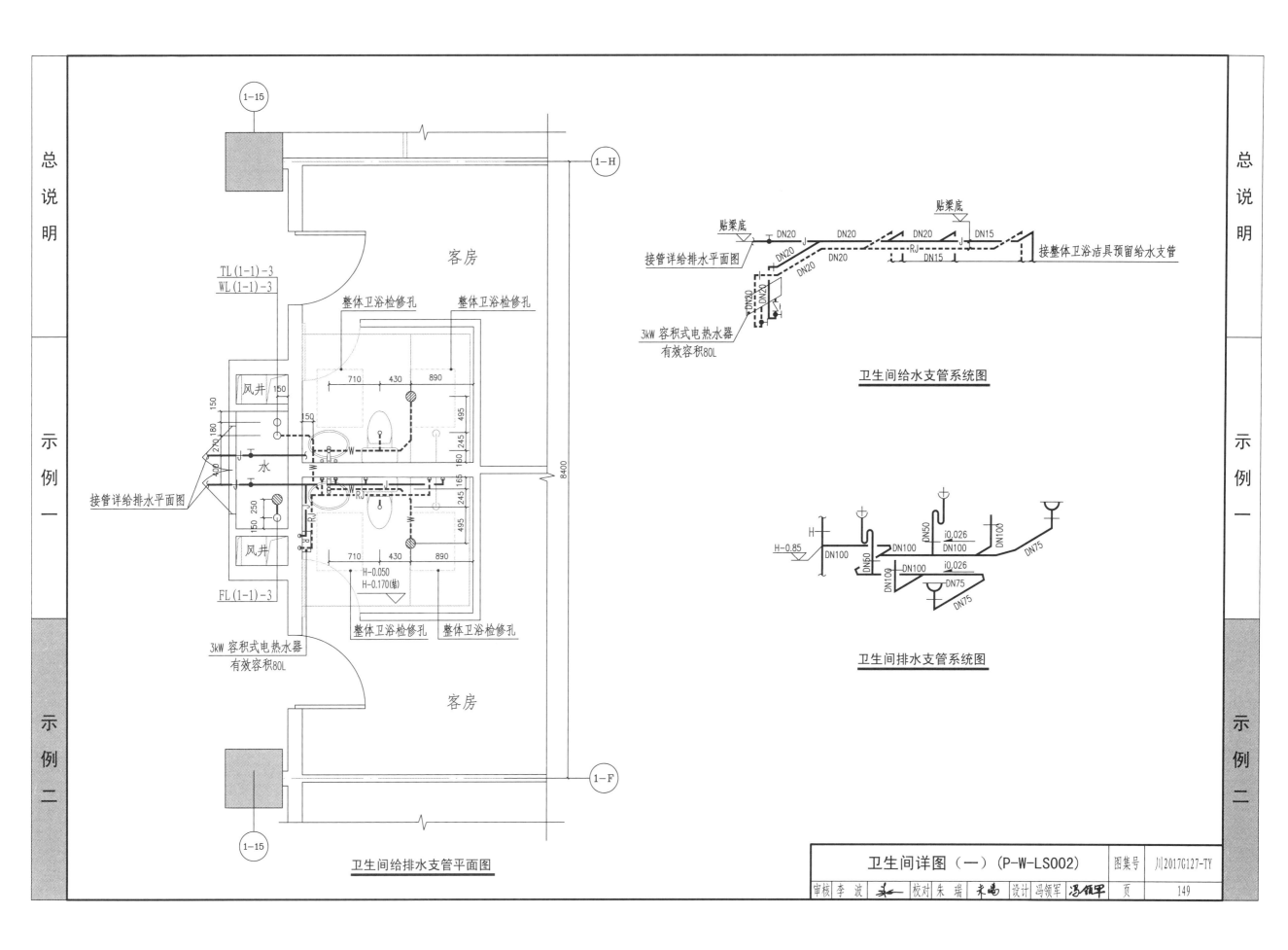

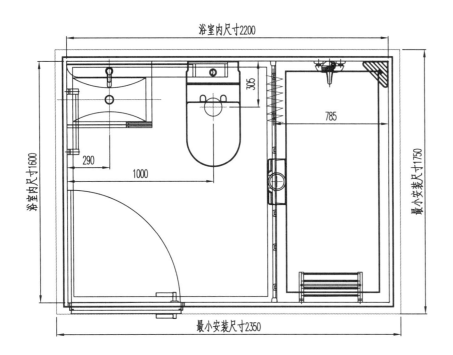

整体卫浴平面布置图

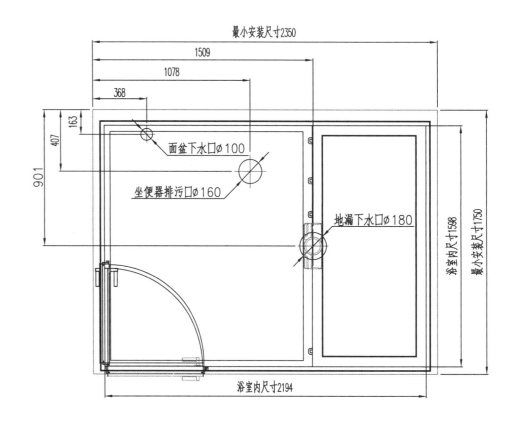

整体卫浴开孔图

注:

1. 此图整体卫浴楼板开孔尺寸均以浴室最小安装尺寸线作为基准,现场实际尺寸大于浴室最小安装尺寸后则可根据实际情况做相应调整。整体卫浴对应在楼板上所需孔洞建议在整体卫浴底盘定位完后后采用专用工具现场开孔。

2. 浴室面盆下水预留PVC直接DN50,坐便器排污预留PVC直接DN100,地漏下水均预留PVC直接DN75,管件的对接及汇总工作由主体施工方和整体卫浴厂家共同协调完成。

3. 整体卫浴剖面示意图详建施图纸(本图集111页),当采用同层排水时,排水横管于整体卫浴底盘和卫生间土建底板之间的架空层内敷设。

整体卫浴详图(P-W-LS006)	图集号	川2017G127-TY
审核 李 波　校对 朱 瑞　设计 冯领军	页	150

施工图图纸目录

序号	图纸名称	备注
1	图纸目录 (M-W-CL001)	本图集151页
2	设计说明 (M-W-NT001)	本图集152页
3	施工说明 (M-W-NT002)	本图集略
4	图例 (M-W-NT003)	本图集152页
5	主要暖通设备表 (M-W-SH001)	本图集略
6	主要暖通材料表 (M-W-SH002)	本图集略
7	加压送风、竖向排烟系统图 (M-W-SY001)	本图集略
8	一层通风、防排烟及空调风管平面图 (M-W-QP001)	本图集略
9	一层多联机冷媒管、凝结水管平面图 (M-W-QP002)	本图集略
10	二层通风、防排烟及空调风管平面图 (M-W-QP003)	本图集略
11	二层多联机冷媒管、凝结水管平面图 (M-W-QP004)	本图集略
12	三层通风、防排烟及空调风管平面图 (M-W-QP005)	本图集略
13	三层多联机冷媒管、凝结水管平面图 (M-W-QP006)	本图集略
14	四层、六层、八层、十层通风、防排烟及空调风管平面图(M-W-QP007)	本图集略
15	四层、六层、八层、十层多联机冷媒管、凝结水管平面图(M-W-QP008)	本图集略
16	五层、七层、九层通风、防排烟及空调风管平面图(M-W-QP009)	本图集略
17	五层、七层、九层多联机冷媒管、凝结水管平面图(M-W-QP010)	本图集略
18	十一层通风、防排烟及空调风管平面图(M-W-QP011)	本图集略
19	十二层、十四层、十六层通风、防排烟及空调风管平面图(M-W-QP012)	本图集略
20	十三层、十五层、十七层通风、防排烟及空调风管平面图(M-W-QP013)	本图集略
21	十八层通风、防排烟及空调风管平面图(M-W-QP014)	本图集略
22	屋顶层通风、防排烟及空调风管平剖面图(M-W-QP015)	本图集略
23	77.850米标高通风、防排烟平剖面图(M-W-QP016)	本图集略
24	一层通风机房平、剖面图(M-W-LS001)	本图集略
25	办公单元空调平、剖面图(M-W-DT001)	本图集153页
26	整体卫生间通风平、剖面图(M-W-DT002)	本图集154页
27	暖通节点大样图(M-W-DT003)	本图集155页

图纸目录（M-W-CL001）

图集号	川2017G127-TY

| 审核 | 革非 | | 校对 | 倪先茂 | | 设计 | 钱成功 | | 页 | 151 |

设计说明

1 设计依据:

1.1 主要规范和标准

1.1.1 《民用建筑供暖通风与空气调节设计规范》　　　GB 50736－2012

1.1.2 《公共建筑节能设计标准》　　　GB 50189－2015

1.1.3 《建筑设计防火规范》　　　GB 50016－2014

1.1.4 《绿色建筑评价标准》　　　GB/T 50378－2014

1.1.5 《装配式混凝土建筑技术标准》　　　GB/T 51231－2016

1.1.6 《建筑工程设计文件编制深度规定》　　　2016年版

1.2 其他规范、标准及相关文件(略)。

2 项目概况

2.1 项目名称:(略)

2.2 本子项为办公楼及酒店部分,建筑面积:20 261.71 m²,占地面积2397.29 m²;建筑数:18层;建筑高度:70.050 m²;本建筑为装配整体式框架核心筒结构办公楼,按绿色一星级设计。

3 设计范围(略)

4 设计参数(略)

5 空调设计(略)

6 通风设计(略)

7 防排烟设计(略)

8 自控设计(略)

9 环保及卫生防疫(略)

10 绿色建筑及节能设计(略)

11 装配式建筑暖通设计

11.1 风管、风口、管件等尺寸严格按照国家规范标准尺寸设计。

11.2 选用通用设备的常用型号,减少设备型号数量。

11.3 管道(风管、水管、冷凝水管等)与附件(调节阀、软接头、消声器等)的连接点位设计应遵循相应的模数规律。

11.4 暖通管道走向及设备安装位置除了满足本专业需求外,还应考虑与装配式构件的关系:

11.4.1 暖通管道宜减少穿越预制构件的数量,必须穿时,同类构件的穿越位置宜一致。

11.4.2 管道穿越预制构件(预制墙板、预制楼板等)处,应配合预留相应孔洞或套管,尺寸及定位应准确,且不应靠近预制构件受力薄弱位置(如预制墙板的四角边缘等)、核心受力点处以及吊装附件等处。

11.4.3 管道穿越预制构件处应按相关规范采取必要的防火、防水、隔声、保温等措施。

11.4.4 设备与管道的安装位置应考虑装配式构件的结构形式及其受力情况,确定其承重能力,避开受力薄弱区。

11.4.5 当设备与管道的支吊架需在预制构件中设置预埋件时,应将预埋件准确反映到预制构件深化图中。

11.4.6 采用整体卫浴的卫生间,卫生间排风系统预留接口与整体卫浴的排风接口界面交接清晰,接口尺寸协调一致,便于系统安装。根据排风系统设计,需对整体卫浴排风设备风量、风压提出具体要求;竖向排风道出屋面设置无动力风帽。

图例

图　例	名　称
＊＊×＊＊	矩形风管(可见面×不可见面mm)
⊠　　　⊡	送风管(可见剖面/不可见剖面)
⊿　　　⊘	回风管、排风管(可见剖面/不可见剖面)
～	风管软接头
⊘	蝶阀
FVD	70 ℃防火调节阀(常开,70 ℃熔断关)
⊠	送风口
⊠	排风口
─·─·─	空调冷凝水管
───	冷媒管(液、气)
V45H	多联式空调室内机

注:本图例为从示例二中摘选的部分,未包括所有图例。

风口、设备、标高代号

风口表示方法:

风口代号	风口名称
HH	门铰型百叶回风口
E＊	条形散流器(＊为条缝数)

注:1.风口代号;2.附件(可选);3.风口颈尺寸;4.数量;5.每个风口风量(m³/h)。

附件代号	附件名称
F	带过滤网
D	带调节阀

设备编号	名称及说明
V45H	V:多联机空调室内机;45:多联机型号,4.5 kW;H:高静压H

标高表示	名称及说明
TL: 3.000	管顶、设备顶或洞口顶距所在楼层楼面标高:3.000 m
CL: 3.000	管中心、洞口中心距所在楼层楼面标高:3.000 m

设计说明(M-W-NT001)、图例(M-W-NT003)	图集号	川2017G127-TY
审核 革非　　校对 倪先茂　　设计 王蕾 王蕾	页	152

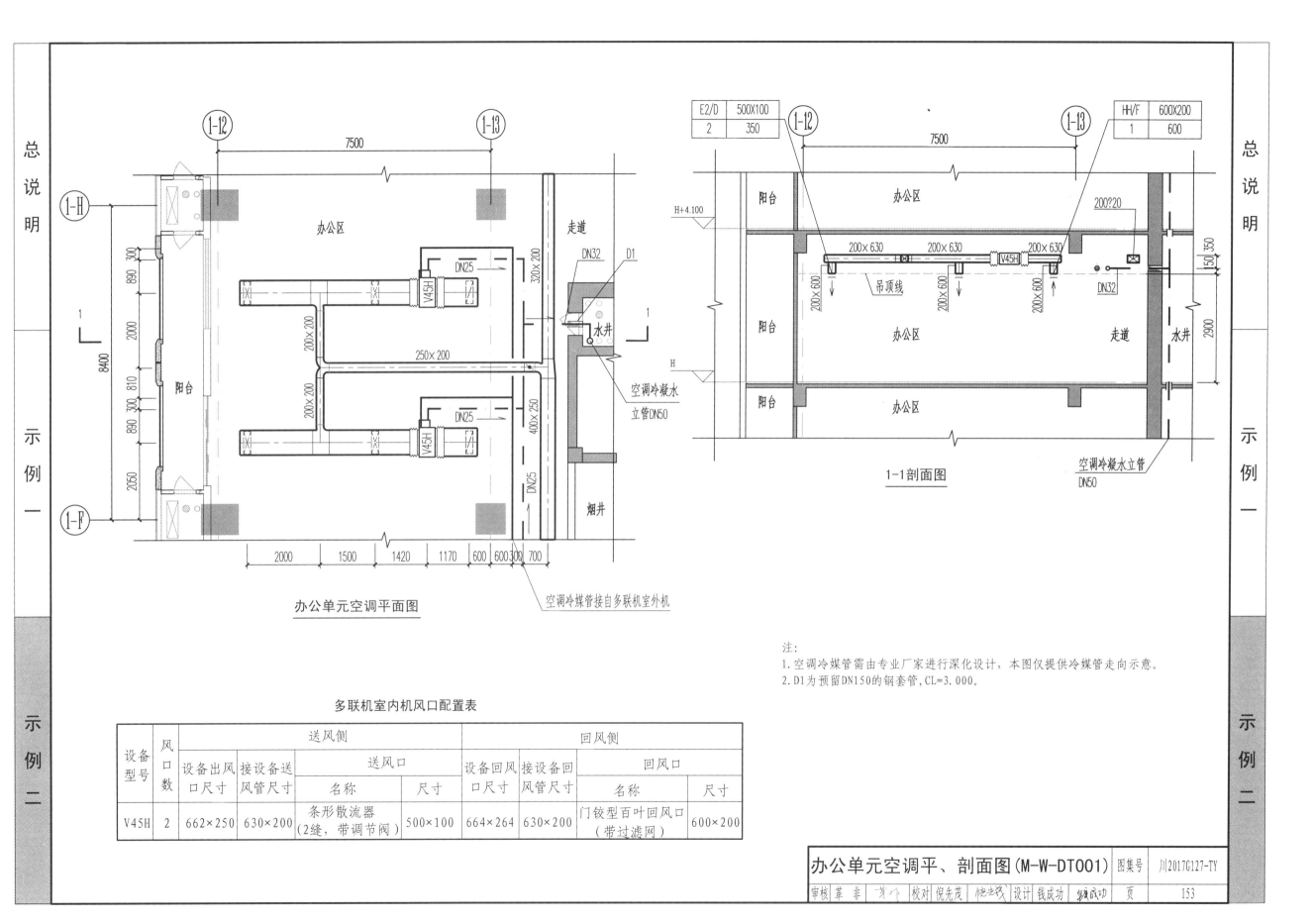

办公单元空调平面图

多联机室内机风口配置表

设备型号	风口数	送风侧				回风侧			
		设备出风口尺寸	接设备送风管尺寸	送风口		设备回风口尺寸	接设备回风管尺寸	回风口	
				名称	尺寸			名称	尺寸
V45H	2	662×250	630×200	条形散流器（2缝，带调节阀）	500×100	664×264	630×200	门铰型百叶回风口（带过滤网）	600×200

DN32 D1

空调冷凝水立管DN50

空调冷媒管接自多联机室外机

1-1剖面图

空调冷凝水立管DN50

注：
1. 空调冷媒管需由专业厂家进行深化设计，本图仅提供冷媒管走向示意。
2. D1为预留DN150的钢套管，CL=3.000。

E2/D	500×100
2	350

HH/F	600×200
1	600

办公单元空调平、剖面图（M-W-DT001）

图集号　川2017G127-TY

审核　革非　校对　倪先茂　设计　钱成功

页　153

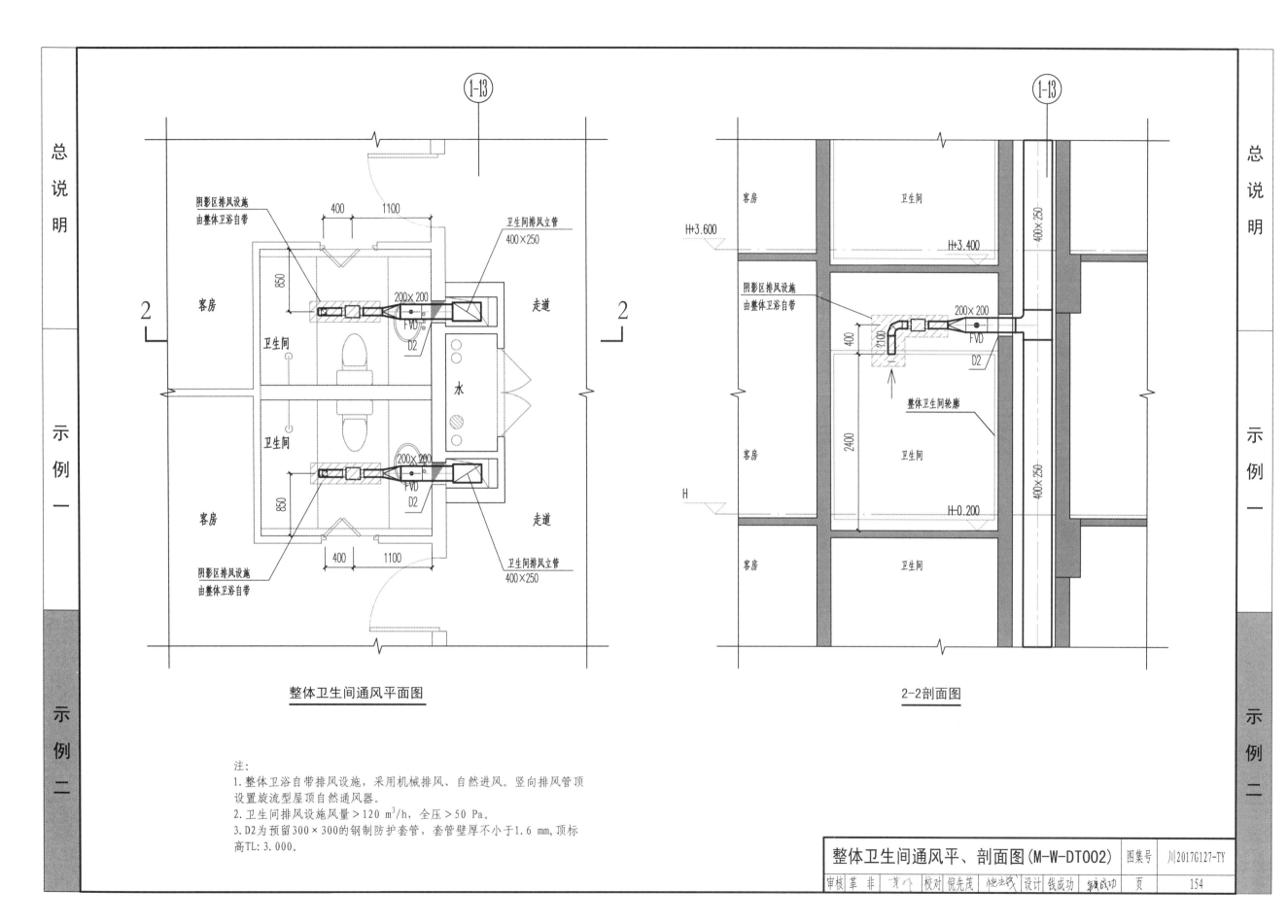

整体卫生间通风平面图

2-2剖面图

注:
1. 整体卫浴自带排风设施,采用机械排风、自然进风。竖向排风管顶设置旋流型屋顶自然通风器。
2. 卫生间排风设施风量>120 m³/h,全压>50 Pa。
3. D2为预留300×300的钢制防护套管,套管壁厚不小于1.6 mm,顶标高TL: 3.000。

整体卫生间通风平、剖面图(M-W-DT002)	图集号	川2017G127-TY
审核 革非　芋乍　校对 倪先茂　　设计 钱成功	页	154

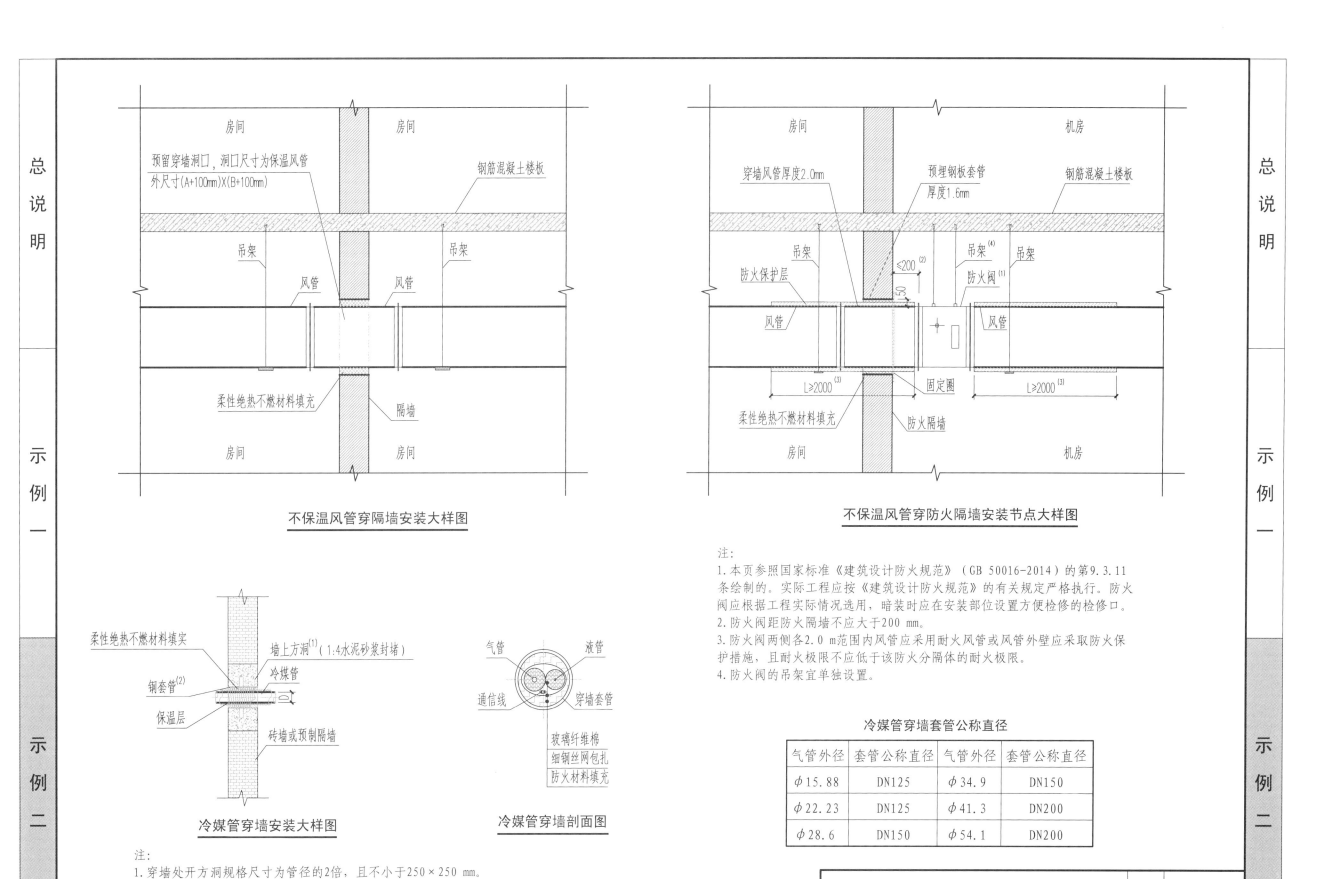

不保温风管穿隔墙安装大样图

不保温风管穿防火隔墙安装节点大样图

注:
1. 本页参照国家标准《建筑设计防火规范》(GB 50016-2014)的第9.3.11条绘制的。实际工程应按《建筑设计防火规范》的有关规定严格执行。防火阀应根据工程实际情况选用,暗装时应在安装部位设置方便检修的检修口。
2. 防火阀距防火隔墙不应大于200 mm。
3. 防火阀两侧各2.0 m范围内风管应采用耐火风管或风管外壁应采取防火保护措施,且耐火极限不应低于该防火分隔体的耐火极限。
4. 防火阀的吊架宜单独设置。

冷媒管穿墙安装大样图

冷媒管穿墙剖面图

冷媒管穿墙套管公称直径

气管外径	套管公称直径	气管外径	套管公称直径
φ15.88	DN125	φ34.9	DN150
φ22.23	DN125	φ41.3	DN200
φ28.6	DN150	φ54.1	DN200

注:
1. 穿墙处开方洞规格尺寸为管径的2倍,且不小于250×250 mm。
2. 钢套管长度与墙体两侧饰面齐平。

暖通节点大样图(M-W-DT003)

	图集号	川2017G127-TY
审核 革非 校对 倪先茂 设计 钱成功	页	155

注：由于示例图集图幅限制，本图中略去常规施工图纸目录中的图纸版本及出图时间等信息。

总说明 示例一 示例二

图纸目录（E-W-CL001）

图集号 川2017G127-TY

审核 徐建兵 校对 李慧 设计 叶琦 叶琦

页 156

设 计 说 明

1 工程概况

1.1 项目名称：（略）。

1.2 建筑单位：（略）。

1.3 建设地点：（略）。

1.4 设计概况：项目规划净用地22546.81 m²，总建筑面积为91492.12 m²。共4个子项；分别为：总平面图（00子项），1-1号楼（01子项），1-2号楼、2号楼（02子项），地下室（03子项）。

1.5 本子项为1-1号楼子项（01子项），总建筑面积20261.71 m²，地上18层，建筑高度74.05 m，属于一类高层建筑，耐火等级为一级。

1.6 本子项主要功能为办公及酒店。

1.7 主要结构类型：装配整体式框架核心筒，抗震设防烈度为7度。

1.8 绿色建筑评价等级：绿色一星。

2 装配式建筑电气设计要点

2.1 本工程为装配整体式框架核心筒高层建筑 。从一层起核心筒以外的梁、柱、板（除阳台外），以及从四层起建筑外墙采用预制，内墙采用装配式改性石膏轻质隔墙，采用整体卫浴。

2.2 在预制构件上为电气开关、插座、灯具、各类火灾自动报警等设备设置的接线盒、连接管、操作空间等均应在预制构件上预留预埋；轻质隔墙内的暗敷管线需采用专用剔槽工具现场施工 。

2.3 竖向系统：本工程配电和智能化系统的竖向干线在电气竖井内敷设；电气管井设于核心筒内，其墙板均为常规现浇或砌筑。

2.4 水平系统：由电气管井引出的应急照明及火灾自动报警系统管线采用在现浇板内暗敷，超出现浇板至叠合板处时，沿叠合板上层现浇层内暗敷；由电气管井引出的普通照明、电力、智能化系统线缆采用线缆槽盒在吊顶内水平吊装敷设。

2.5 末端系统：

2.5.1 配电箱设置于现浇（砌）墙体或内隔墙体上。普通照明及智能化系统管线，采用吊顶内明敷或沿轻质隔墙暗敷。

2.5.1.1 房间内照明、空调室内机配电线路采用套结紧定式钢导管（JDG）在吊顶内或墙内暗敷；

2.5.1.2 房间内低位电源及各类信息插座支线采用穿套接紧定式钢导管（JDG）在吊顶内或墙内、叠合楼板现浇层内暗敷；在轻质复合墙上暗敷设时应采用专用剔槽工具,剔槽深度为不小于30 mm。

2.5.1.3 走道、卫生间等公共区域的线路采用穿套接紧定式钢导管（JDG）沿线槽在吊顶内或墙内暗敷设。

2.5.2 应急照明、火灾自动报警及消防联动控制系统管线沿现浇、叠合板现浇层或轻质隔墙内暗敷。

2.5.2.1 应急灯具、探测器、消防广播接线盒在叠合楼板预制部分上预埋接线盒，安装完成后的深度应大于叠合楼板预制部分厚度40 mm，并保证接线孔在现浇层内。

2.5.2.2 开关、手报按钮、消火栓报警按钮等线引下至开关盒的导线穿越叠合楼板时，预留直径50mm的孔洞；当电力管线穿越预制构件时，在预制板上预留比保护管管径大两级且不小于直径50mm的孔洞。

2.5.2.3 应急照明、火灾自动报警系统管线在现浇楼板板或叠合楼板现浇层内敷设时，保护层厚度不小于30mm；在轻质复合墙上暗敷设时，应急照明回路预埋JDG管前应先刷防火涂料，剔槽深度见5.1.2条。

2.6 类线缆的保护套管穿越预埋套管及孔洞时，应做好防火封堵，防火封堵应符合现行国家标准《建筑设计防火规范》GB50016的有关规定。

2.7 预制梁柱、外墙及屋顶处防雷做法详见防雷平面图及其节点大样图。

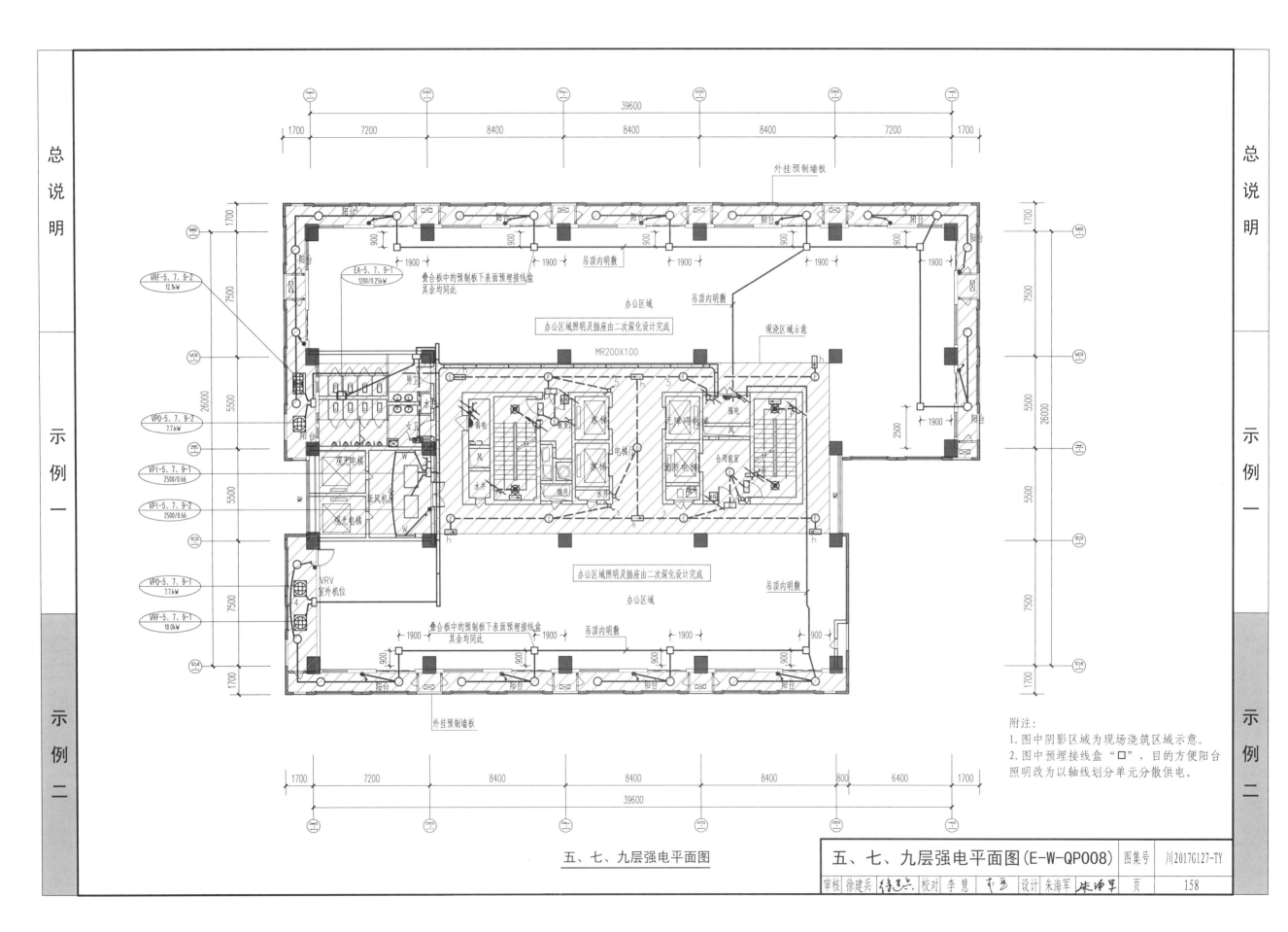

图集号 川2017G127-TY

五、七、九层强电平面图

五、七、九层强电平面图（E-W-QP008）

附注：
1. 图中阴影区域为现场浇筑区域示意。
2. 图中预埋接线盒"口"，目的方便阳台
照明改为以轴线划分单元分散供电。

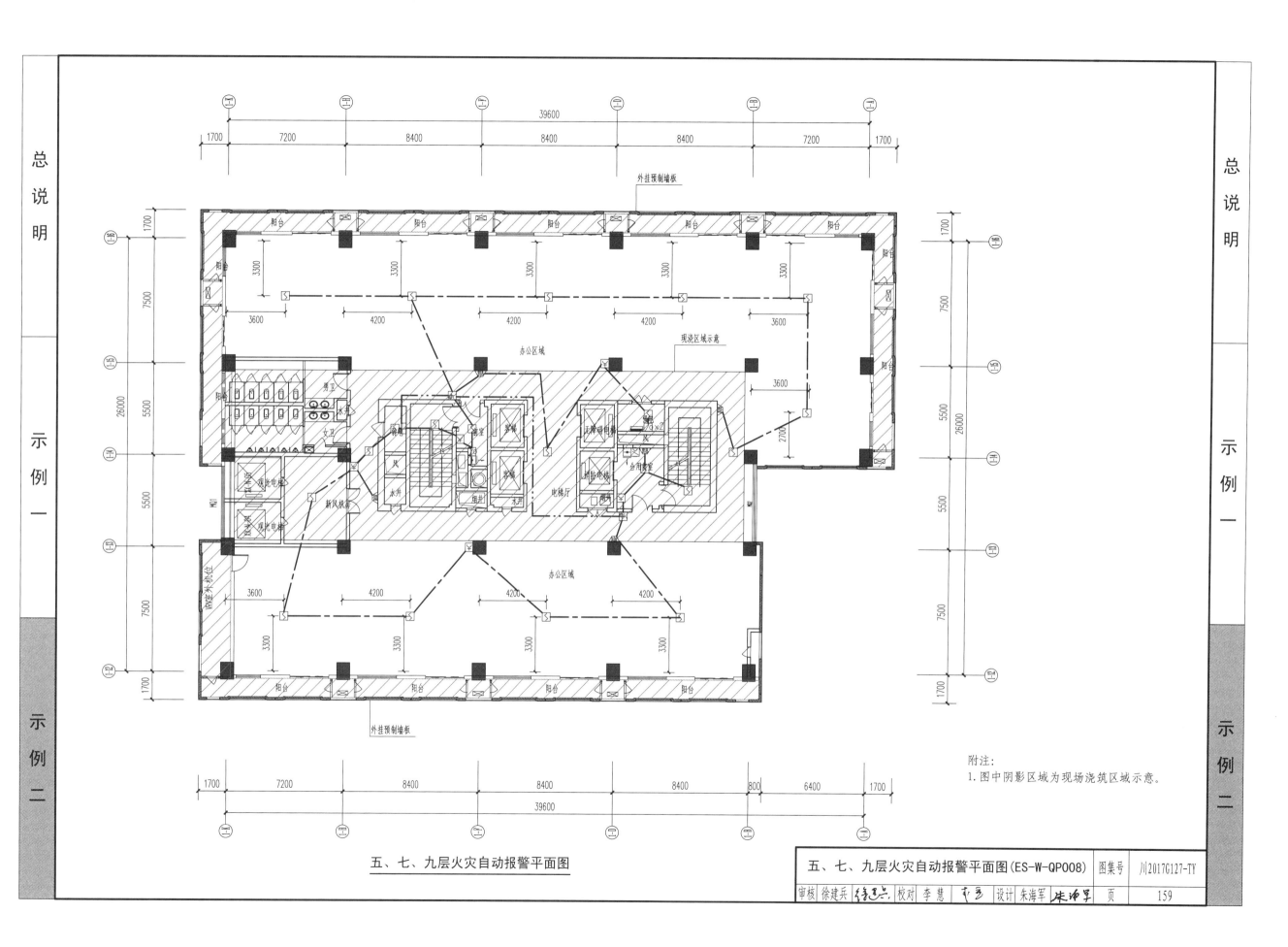

外挂预制墙板

办公区域

现浇区域示意

男卫

女卫

办公区域

外挂预制墙板

附注：
1.图中阴影区域为现场浇筑区域示意。

五、七、九层火灾自动报警平面图

五、七、九层火灾自动报警平面图(ES-W-QP008)

图集号 川2017G127-TY

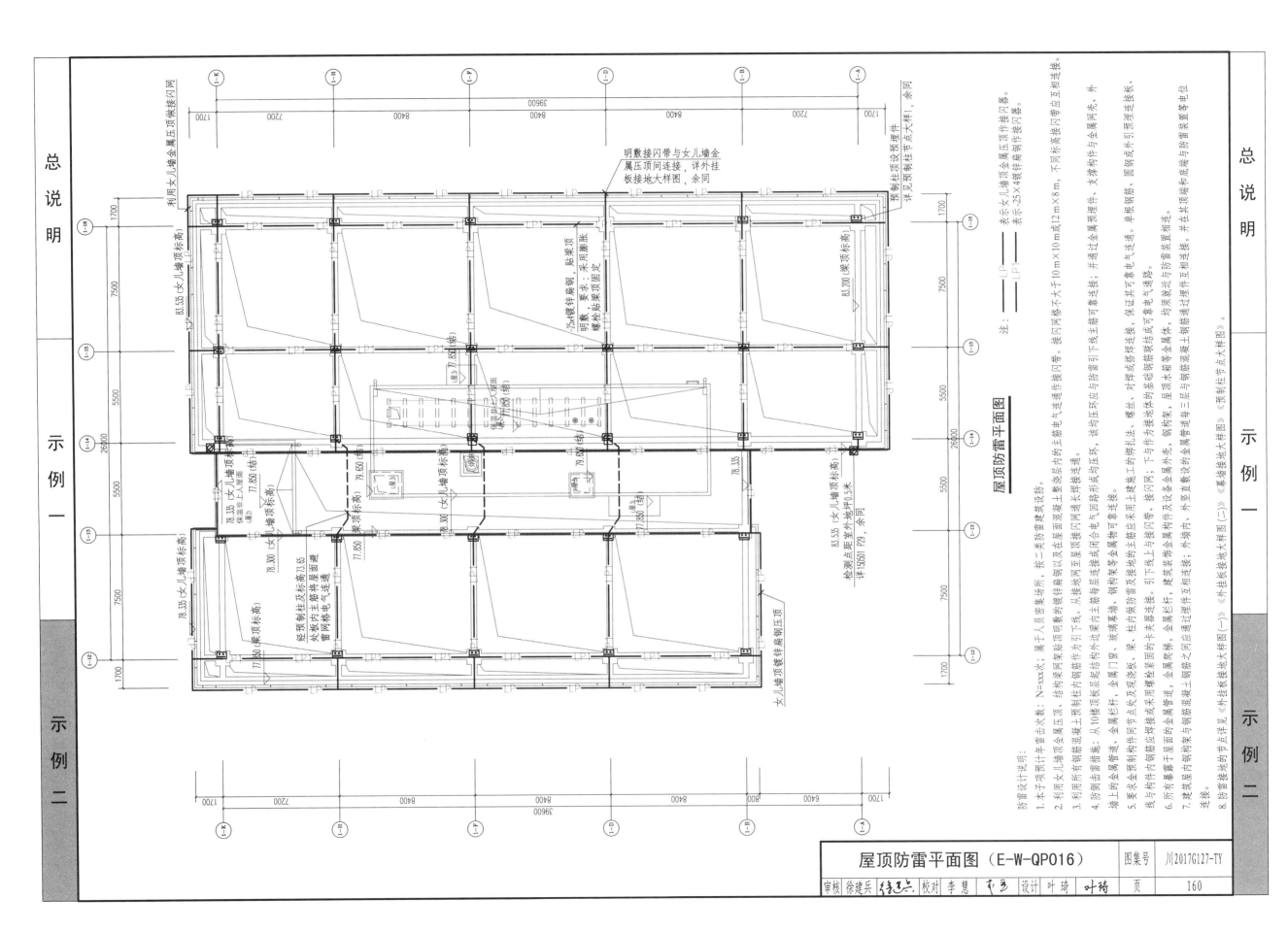

屋顶防雷平面图

注：
—— LP ——　表示女儿墙顶金属压顶作接闪器。
—— LP1 ——　表示-25×4镀锌扁钢作接闪器。

防雷设计说明：

1. 本子项设计年雷击次数：N=××××次；属于人员密集场所，按二类防雷建筑设防。
2. 利用女儿墙顶金属压顶，结构梁顶贴顶明敷的镀锌扁钢以及屋面混凝土整浇层内的主筋作电气连通作接闪带。接闪网格不大于10 m×10 m或12 m×8 m，不同标高接闪带应互相连接。
3. 利用所有钢筋混凝土顶柱内钢筋作为引下线。从接地网至屋顶接闪器形成闭合电气回路形成均压环，该均压环应与防雷引下线主筋可靠连接，并通过金属顶埋件、支撑构件与金属网壳、外墙水平钢筋至屋顶接闪网通长焊接连通。
4. 防闪侧击雷措施：从10楼顶板层起结构外边梁内主筋至各层内设成闭合电气回路形成均压环。从接地网至屋面层连接成每层均压环，钢结构架、钢与纵筋互联防雷及接地均须用土建施工时的绑扎法、螺丝、对焊或搭接焊连接，保证其可靠电气连通。
5. 要求全预制构件同节点处及现浇板、梁、柱内纵筋互联均须可靠连接。金属门窗、玻璃幕墙、玻璃采光顶等均与接地装置及接地装置固定牢固的预埋件互相连接。引下线上与接闪带、接闪网，下与接地网可靠连接。
6. 所有暴露于屋面上的金属管道，金属栏杆、金属爬梯，建筑装饰金属等金属物，屋顶水箱等金属壳、钢筋架、屋顶水柜等金属物，均须就近与防雷装置互相连接。
7. 建筑屋顶内钢构架与钢筋混凝土钢筋混凝土结构每三层与金属管道互相连接；外墙内外、外立面敷设的金属管道、外墙内外钢筋混凝土钢筋应通过埋件互相连接，并在其顶端和底端与防雷装置等电位连接。
8. 防雷接地的节点详见《外挂板接地大样图（一）》《外挂板接地大样图（二）》《幕墙接地大样图》《预制柱节点大样图》。

明敷接闪带与女儿墙金属压顶间连接，详见外挂板接地大样图，余同

预制柱顶设预埋件
详见顶柱节点大样，余同

83.535（女儿墙顶标高）

83.200（梁顶标高）

-25×4镀锌扁钢 贴梁顶
明敷。要求：采用膨胀螺栓贴梁顶固定

83.535（女儿墙顶标高）

78.335（女儿墙顶标高）
保温非上人屋面
（屋2）

78.335（女儿墙顶标高）

78.300（女儿墙顶标高）
梁顶标高
79.650（结）

78.335（女儿墙顶标高）

78.300 梁顶标高73.65

77.850 梁顶标高

77.650 梁顶标高

83.535（女儿墙顶标高）

79.650（结）

79.650（结）

78.335

77.850（结）

77.650（结）
经预制柱及主筋将屋面通连雷网格内电气连通

检测点距室外地坪0.5米
详见15D501 P29

77.650 梁顶标高
女儿墙顶镀锌扁钢压顶

利用女儿墙金属压顶作接闪网

3960

1700　7200　8400　8400　8400　7200　1700

1700　1700

7500　26000　5500　5500　7500

3960

1700　6400　800　8400　8400　6400　1700

屋顶防雷平面图（E-W-QP016）

图集号	川2017G127-TY
审核	徐建兵	校对	李慧	设计	叶琦	叶琦	页	160

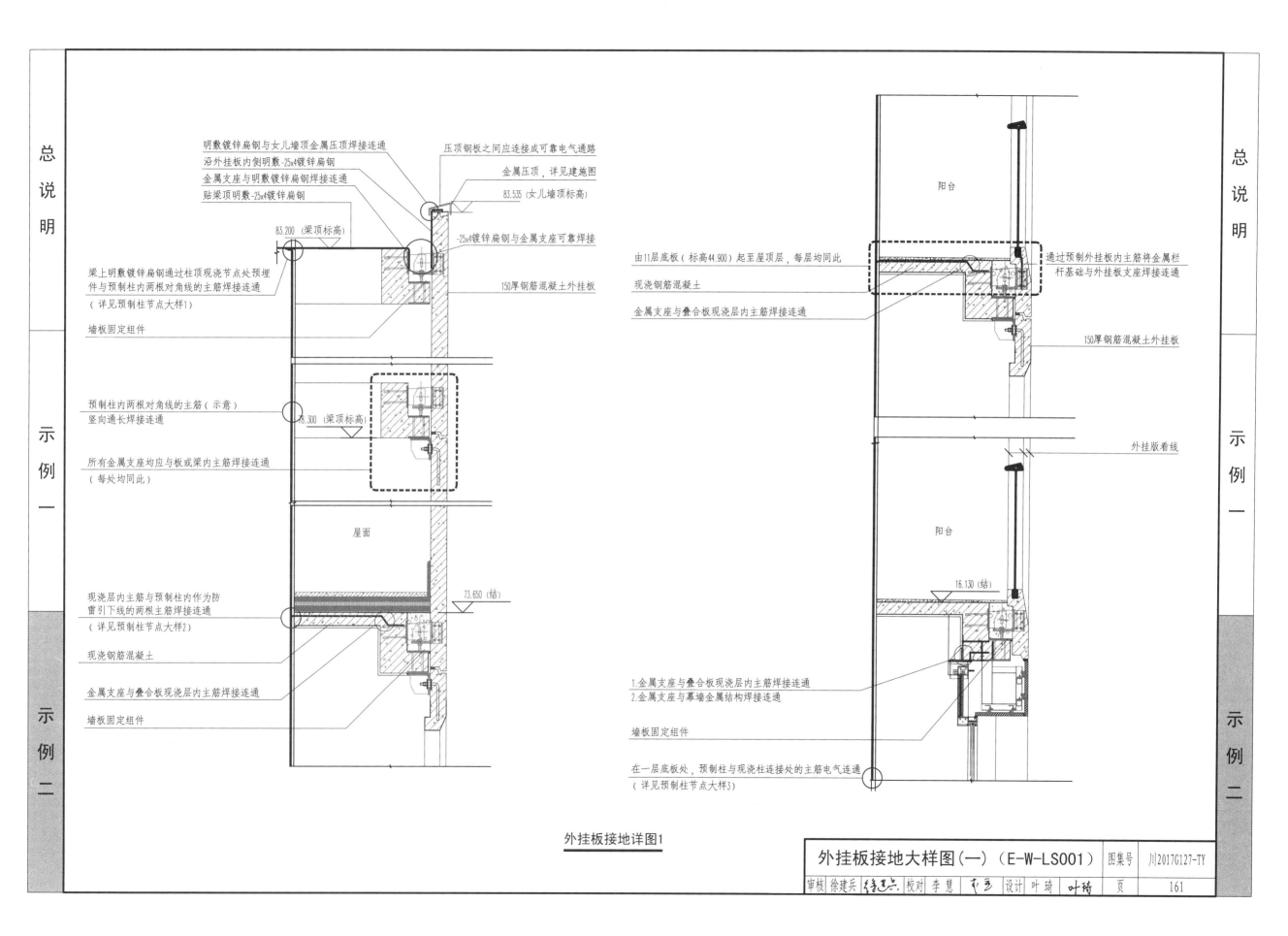

明敷镀锌扁钢与女儿墙顶金属压顶焊接连通
沿外挂板内侧明敷-25x4镀锌扁钢
金属支座与明敷镀锌扁钢焊接连通
贴梁明敷-25x4镀锌扁钢

压顶钢板之间应连接成可靠电气通路
金属压顶，详见建施图
83.535（女儿墙顶标高）
-25x4镀锌扁钢与金属支座可靠焊接

83.200（梁顶标高）

梁上明敷镀锌扁钢通过柱顶现浇节点处预埋
件与预制柱内两根对角线的主筋焊接连通
（详见预制柱节点大样1）

墙板固定组件

150厚钢筋混凝土外挂板

预制柱内两根对角线的主筋（示意）
竖向通长焊接连通

78.300（梁顶标高）

所有金属支座均应与板或梁内主筋焊接连通
（每处均同此）

屋面

现浇层内主筋与预制柱内作为防
雷引下线的两根主筋焊接连通
（详见预制柱节点大样2）

现浇钢筋混凝土

金属支座与叠合板现浇层内主筋焊接连通

墙板固定组件

73.650（结）

阳台

由11层底板（标高44.900）起至屋顶层，每层均同此
现浇钢筋混凝土
金属支座与叠合板现浇层内主筋焊接连通

通过预制外挂板内主筋将金属栏
杆基础与外挂板支座焊接连通

150厚钢筋混凝土外挂板

外挂版看线

阳台

16.130（结）

1.金属支座与叠合板现浇层内主筋焊接连通
2.金属支座与幕墙金属结构焊接连通

墙板固定组件

在一层底板处，预制柱与现浇柱连接处的主筋电气连通
（详见预制柱节点大样3）

外挂板接地详图1

外挂板接地大样图（一）（E-W-LS001）

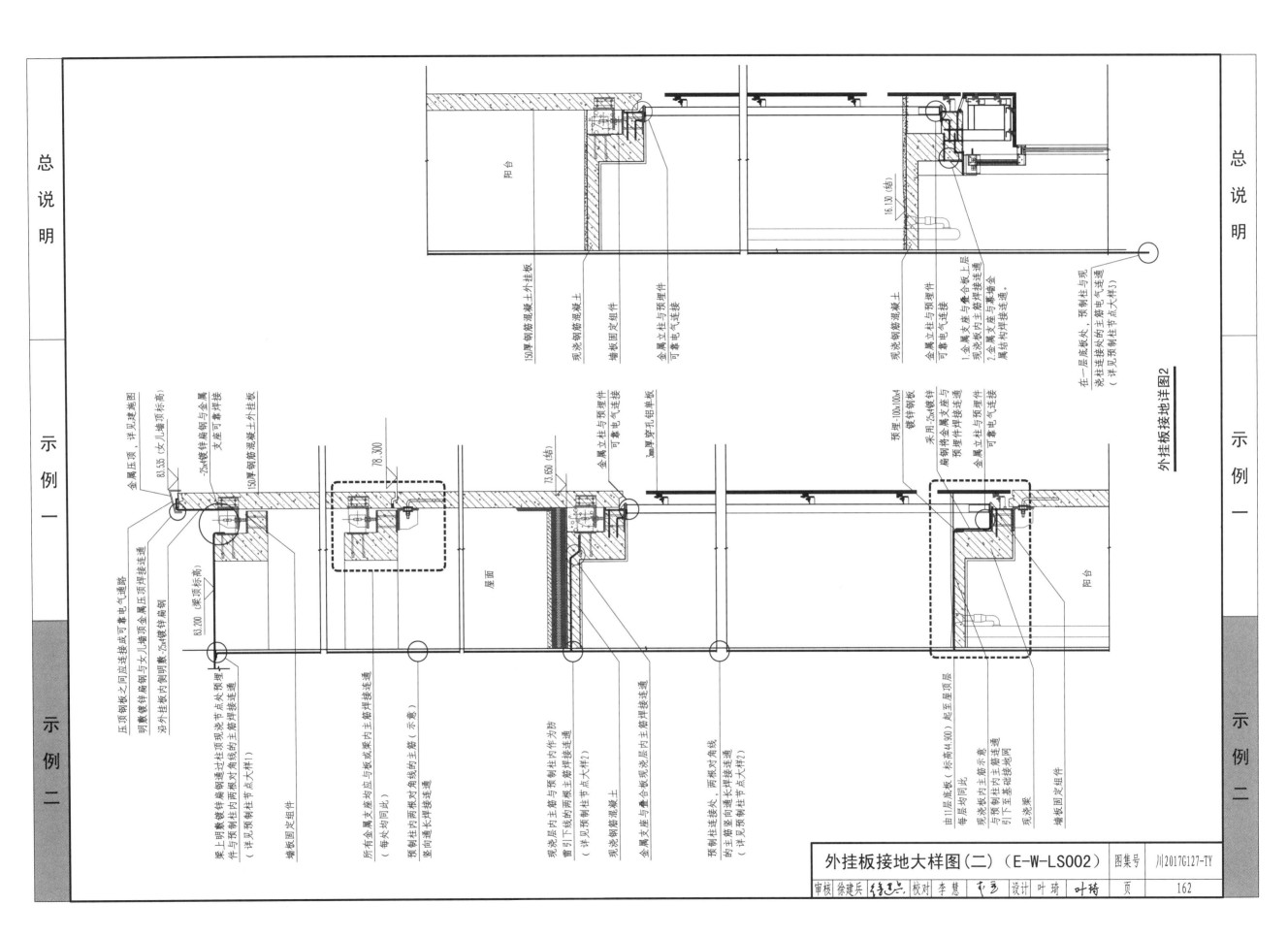

外挂板接地大样图（二）（E-W-LS002）

图集号	川2017G127-TY
审核 徐建兵	校对 李慧	设计 叶琦	页 162

外挂板接地详图2

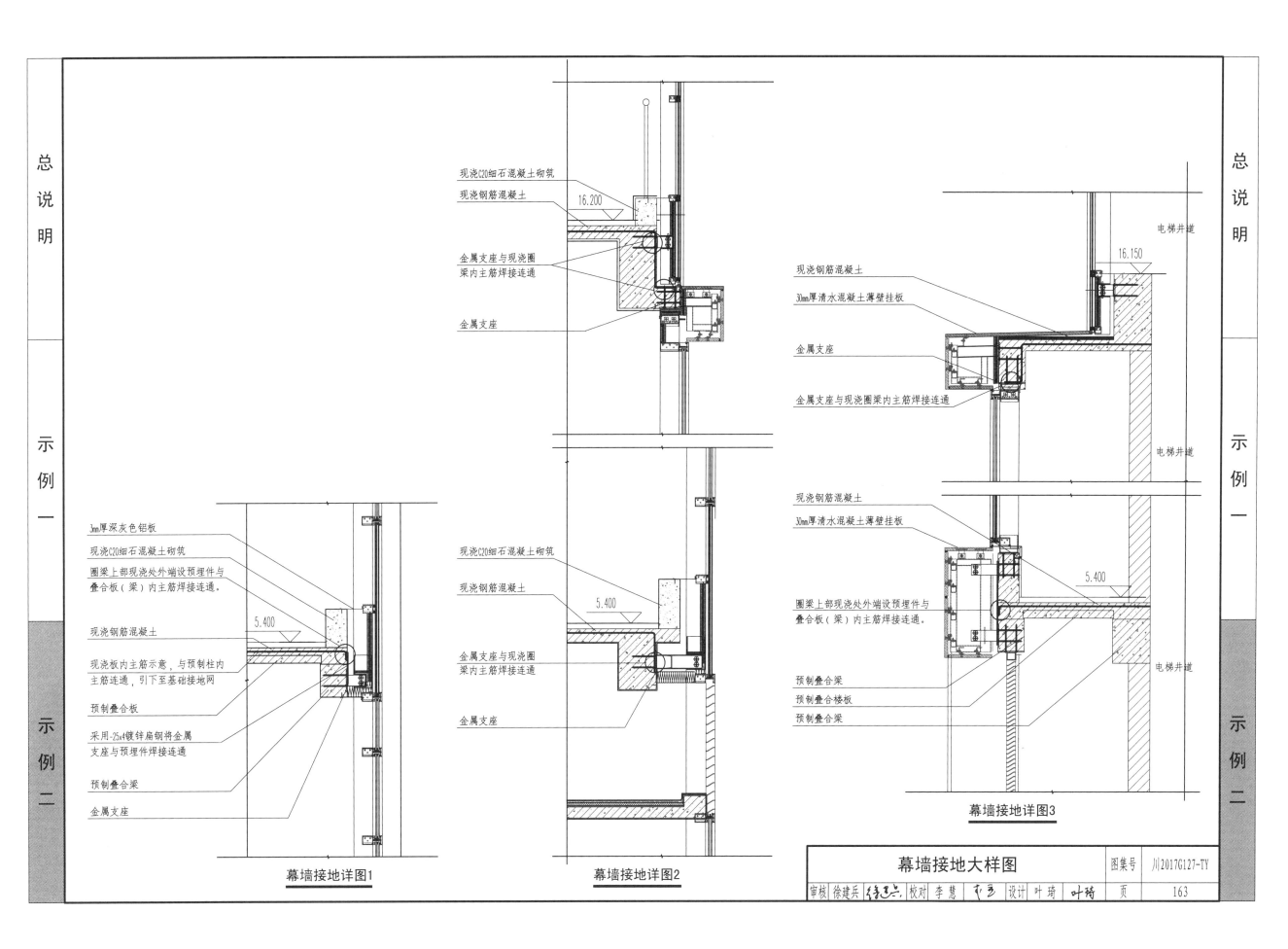

现浇C20细石混凝土砌筑

现浇钢筋混凝土

16.200

金属支座与现浇圈
梁内主筋焊接连通

金属支座

现浇钢筋混凝土

30mm厚清水混凝土薄壁挂板

金属支座

金属支座与现浇圈梁内主筋焊接连通

电梯井道

16.150

电梯井道

3mm厚深灰色铝板

现浇C20细石混凝土砌筑

圈梁上部现浇处外端设预埋件与
叠合板（梁）内主筋焊接连通。

现浇钢筋混凝土

5.400

现浇板内主筋示意，与预制柱内
主筋连通，引下至基础接地网

预制叠合板

采用-25x4镀锌扁钢将金属
支座与预埋件焊接连通

预制叠合梁

金属支座

现浇C20细石混凝土砌筑

现浇钢筋混凝土

5.400

金属支座与现浇圈
梁内主筋焊接连通

金属支座

现浇钢筋混凝土

30mm厚清水混凝土薄壁挂板

圈梁上部现浇处外端设预埋件与
叠合板（梁）内主筋焊接连通。

5.400

电梯井道

预制叠合梁

预制叠合楼板

预制叠合梁

幕墙接地详图1

幕墙接地详图2

幕墙接地详图3

幕墙接地大样图

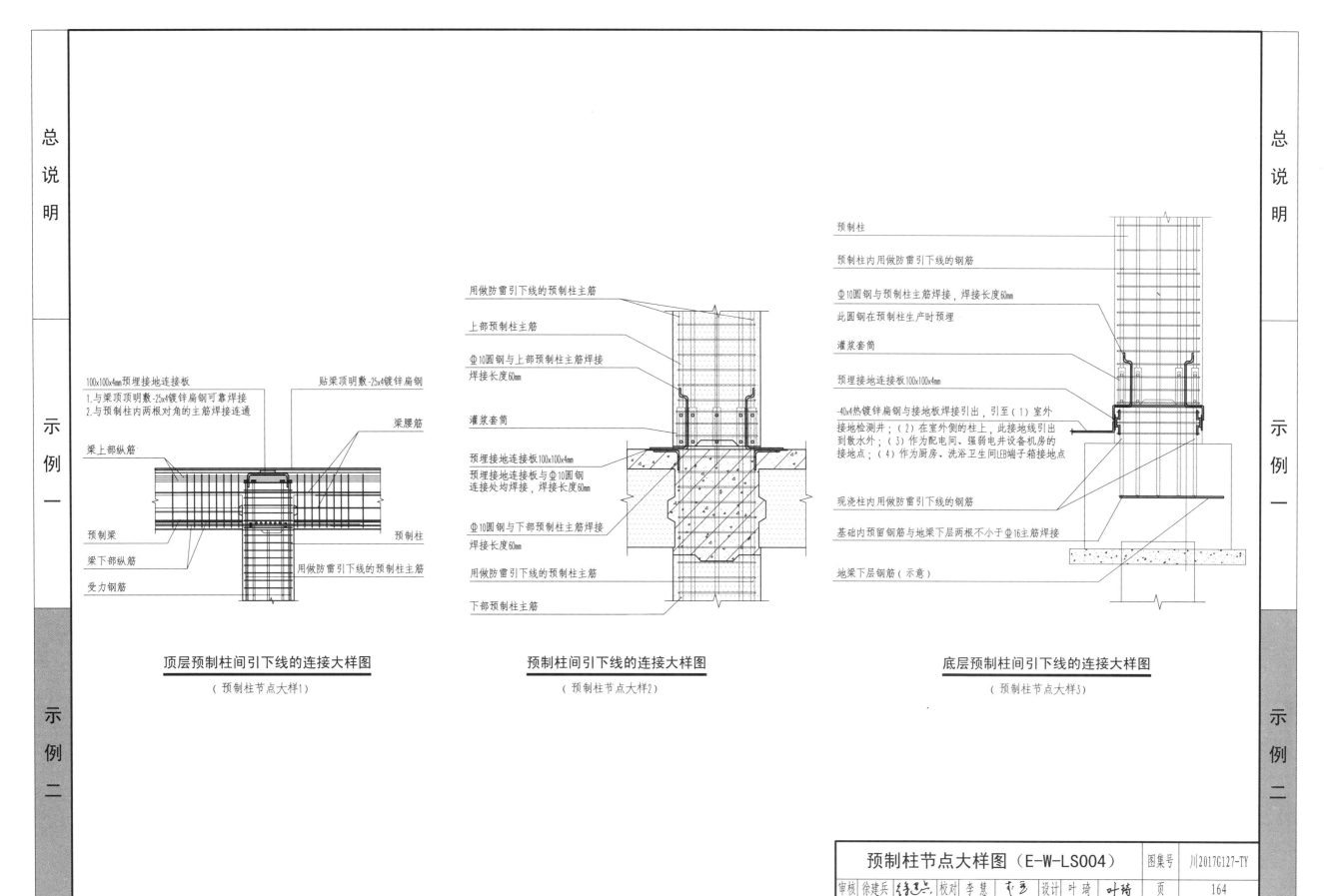

100x100x4mm预埋接地连接板
1.与梁顶顶敷-25x4镀锌扁钢可靠焊接
2.与预制柱内两根对角的主筋焊接连通

贴梁顶明敷-25x4镀锌扁钢

梁腰筋

梁上部纵筋

预制梁

梁下部纵筋

受力钢筋

预制柱

用做防雷引下线的预制柱主筋

顶层预制柱间引下线的连接大样图

（预制柱节点大样1）

用做防雷引下线的预制柱主筋

上部预制柱主筋

Φ10圆钢与上部预制柱主筋焊接
焊接长度60mm

灌浆套筒

预埋接地连接板100x100x4mm

预埋接地连接板与Φ10圆钢
连接处均焊接，焊接长度60mm

Φ10圆钢与下部预制柱主筋焊接
焊接长度60mm

用做防雷引下线的预制柱主筋

下部预制柱主筋

预制柱间引下线的连接大样图

（预制柱节点大样2）

预制柱

预制柱内用做防雷引下线的钢筋

Φ10圆钢与预制柱主筋焊接，焊接长度60mm

此圆钢在预制柱生产时预埋

灌浆套筒

预埋接地连接板100x100x4

-40x4热镀锌扁钢与接地板焊接引出，引至（1）室外
接地检测井；（2）在室外侧的柱上，此接地线引出
到散水外；（3）作为配电间、强弱电井设备机房的
接地点；（4）作为厨房、洗浴卫生间LEB端子箱接地点

现浇柱内用做防雷引下线的钢筋

基础内预留钢筋与地梁下层两根不小于Φ16主筋焊接

地梁下层钢筋（示意）

底层预制柱间引下线的连接大样图

（预制柱节点大样3）

预制柱节点大样图（E-W-LS004）	图集号	川2017G127-TY
审核 徐建兵　　校对 李慧　　设计 叶琦	页	164

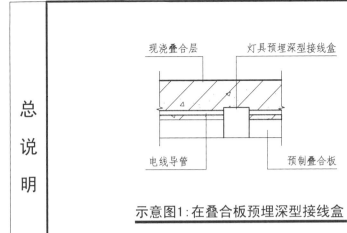

示意图1：在叠合板预埋深型接线盒

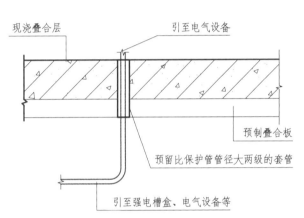

示意图2：管线穿越叠合楼板与电气设备连接大样图

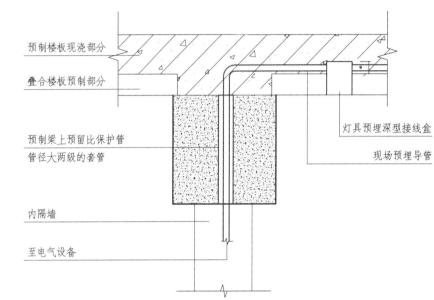

示意图3：管线从叠合楼板穿叠合梁至电气设备连接大样图

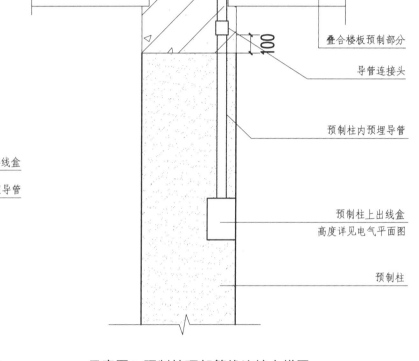

示意图4：预制柱顶部管线连接大样图

电气管线及设备在预制构件处连接示意说明		
示意图序号	适用场所说明	附注
1	管线在叠合板上层现浇板内暗敷，在预制板该电气设备点位处预埋深型接线盒。 适用于在在叠合板的下表面安装的电气设备配线，如：各类灯具电气设备。	本工程应急照明、火火灾自动报警系统管线在顶板敷设均采用此方式。
2	管线穿越叠合板，垂直敷设。 适用于跨越楼层配电敷设管线。	用于1~10层VRV及空调设备，屋顶设备配电。图中采用"／／"表示管线垂直敷设。在核心筒的管线采用常规现场预理方式。
3	管线穿越顶板叠合预浇梁，垂直向下沿后砌墙体敷设至各电气设备处。 适用于设于墙上的各类电气设备配线，如：门口上方安全出口标志灯、开关、空调控制器等设备配线。	各类电气设备的暗装高度详见图例说明或图中标注。
4	管线在叠合板上层现浇板内暗敷，在预制柱处转向下敷设至预制柱上电气设备。 适用于设于预制柱上的电气设备配线，如：柱上的开关、空调控制器等设备配线。	各类电气设备的暗装高度详见图例说明或图中标注。

电气管线在预制构件处连接大样图（E-W-LS005）	图集号	川2017G127-TY
审核 徐建兵　　校对 李慧　　设计 叶琦 叶琦	页	165

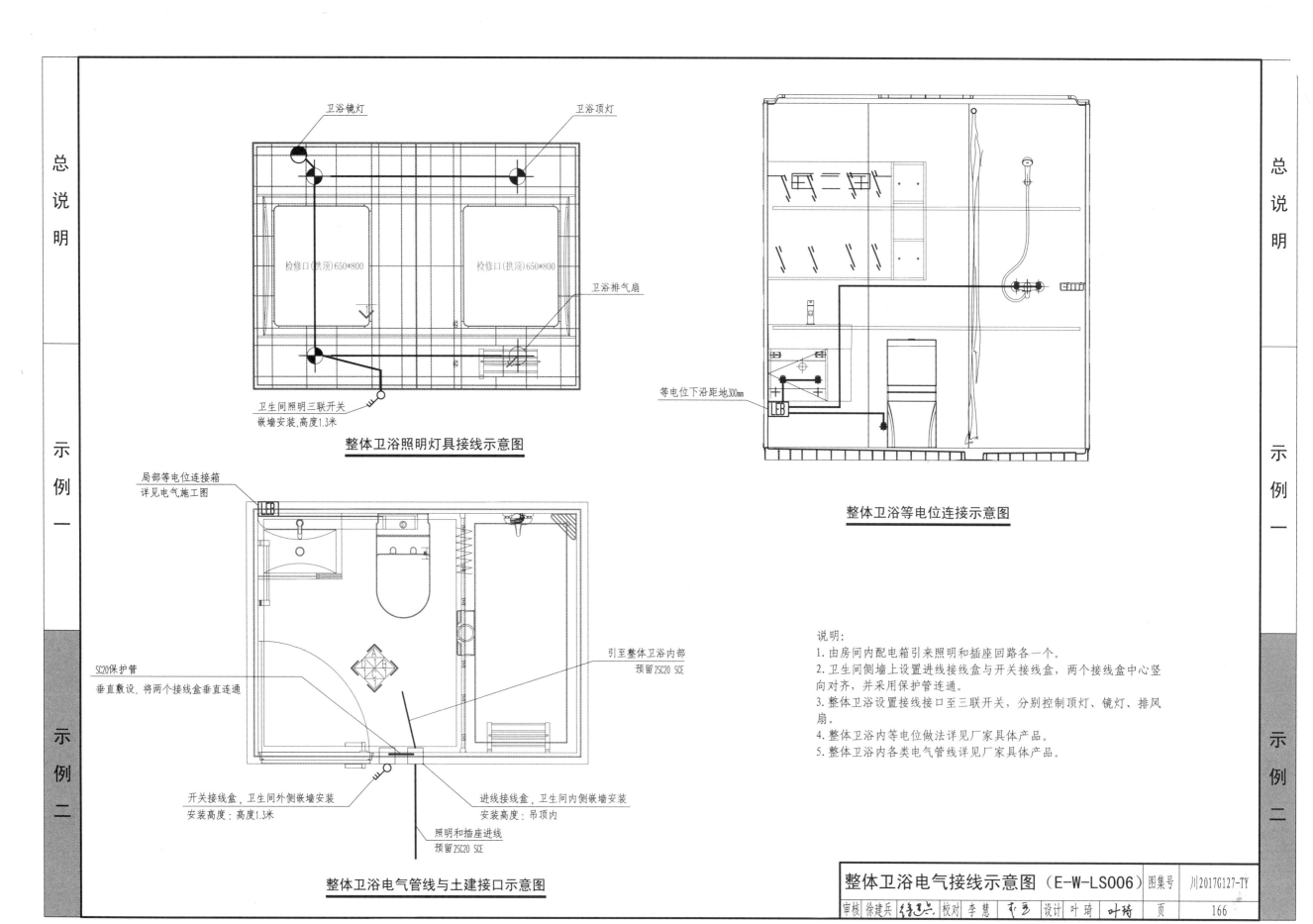

卫浴镜灯　　　　　　　　　　卫浴顶灯

检修口(拱顶)650*800　　　检修口(拱顶)650*800

卫浴排气扇

卫生间照明三联开关
嵌墙安装,高度1.3米

整体卫浴照明灯具接线示意图

等电位下沿距地300mm

整体卫浴等电位连接示意图

局部等电位连接箱
详见电气施工图

引至整体卫浴内部
预留2SC20 SCE

SC20保护管
垂直敷设,将两个接线盒垂直连通

开关接线盒,卫生间外侧墙嵌墙安装
安装高度:高度1.3米

进线接线盒,卫生间内侧墙嵌墙安装
安装高度:吊顶内

照明和插座进线
预留2SC20 SCE

说明:
1.由房间内配电箱引来照明和插座回路各一个。
2.卫生间侧墙上设置进线接线盒与开关接线盒,两个接线盒中心竖向对齐,并采用保护管连通。
3.整体卫浴设置接线接口至三联开关,分别控制顶灯、镜灯、排风扇。
4.整体卫浴内等电位做法详见厂家具体产品。
5.整体卫浴内各类电气管线详见厂家具体产品。

整体卫浴电气管线与土建接口示意图

整体卫浴电气接线示意图（E-W-LS006）

图集号　川2017G127-TY

审核 徐建兵　　校对 李慧　　设计 叶琦　叶琦

页 166